機能材料としての
ホイスラー合金

鹿又 武 編著

内田老鶴圃

編集者

鹿又　武（かのまた　たけし）　東北学院大学　名誉教授

執筆者

伊東　航（いとう　わたる）	仙台高等専門学校　助教	7
貝沼　亮介（かいぬま　りょうすけ）	東北大学　大学院　工学研究科　教授	2,7
鹿又　武（かのまた　たけし）	東北学院大学　名誉教授	1,3
木村　昭夫（きむら　あきお）	広島大学　大学院　理学研究科　准教授	5
桜田　新哉（さくらだ　しんや）	株式会社　東芝　研究開発センター　研究主幹	10
桜庭　裕弥（さくらば　ゆうや）	東北大学　金属材料研究所　助教	9
白井　正文（しらい　まさふみ）	東北大学　電気通信研究所　教授	6
高梨　弘毅（たかなし　こうき）	東北大学　金属材料研究所　教授	9
西原　弘訓（にしはら　ひろのり）	龍谷大学　理工学部　教授	4
深道　和明（ふかみち　かずあき）	東北大学　名誉教授	8
藤枝　俊（ふじえだ　しゅん）	東北大学　多元物質科学研究所　助教	8
藤田　麻哉（ふじた　あさや）	東北大学　大学院　工学研究科　准教授	8

（執筆者は五十音順，数字は担当章）

本書の全部あるいは一部を断わりなく転載または複写(コピー)することは，著作権および出版権の侵害となる場合がありますのでご注意下さい．

はじめに

　ホイスラー合金はドイツの片田舎の精錬所で非磁性3元素からなる強磁性体として偶然発見された．発見以来約100年経過した1996年に，超磁歪現象がNi_2MnGaホイスラー合金において観測された．以来，同合金は高速で大変位が期待できるアクチュエータ材料の有力な候補となり，現在ではNi-Mn-Gaホイスラー合金を使用したアクチュエータが市販されるに至っている．磁気アクチュエータ以外にも，ホイスラー合金は磁場誘起形状記憶材料，熱電変換素子，磁気抵抗メモリーのようなスピントロニクス材料，磁気冷凍材料，磁気センサーなどの機能材料の有力な候補として注目され，最近膨大な研究成果が報告され続けている．

　上述した背景のもとで，最近ホイスラー合金の機能特性発現機構に関するわかりやすい成書が要望されていた．本書は，機能材料としてのホイスラー合金に興味を持つ初学者と想定する読者にとって，読みやすくかつわかりやすいように最大心がけた機能材料の入門書である．

　多忙中にもかかわらず執筆を快諾された全執筆者に感謝申し上げる．
　ホイスラー合金に関して多くの知見を与えてくれた恩師金子武次郎先生，共同研究者 K. R. A. Ziebeck ケンブリッジ大学教授，ラフバラ大学 K.-U. Neumann 博士に感謝申し上げる．K. H. O. Bärner ゲッチンゲン大学元教授，U. Sondermann マールブルグ大学元講師には F. Heusler に関する貴重な資料を送っていただき感謝申し上げる．また，本書の刊行を企画され，執筆を薦めていただき種々便宜を図っていただいた内田老鶴圃の内田学取締役社長をはじめとする関係各位に対して厚く御礼を申し上げる．

　2011年6月

鹿又　武

目　次

はじめに………………………………………………………………………………i

1　機能材料としてのホイスラー合金概説
　　　　　　………………………………………………（鹿又　武）……1

1.1　ホイスラー合金の発見　　1
1.2　機能材料としてのホイスラー合金　　3
1.3　磁性に現れる諸量の単位　　6
参考文献　　7

2　ホイスラー合金の結晶構造と相安定性
　　　　　　………………………………………………（貝沼　亮介）……9

2.1　ホイスラー合金の結晶構造(フルホイスラーとハーフホイスラー)　　9
2.2　実用的に重要な3元系状態図(状態図の読み方)　　11
　2.2.1　Fe基ホイスラー合金系　　13
　2.2.2　Co基ホイスラー合金系　　13
　2.2.3　Ni基ホイスラー合金系　　15
　2.2.4　Cu基ホイスラー合金系　　16
2.3　フルホイスラー合金の規則-不規則変態　　17
　2.3.1　$X_2TiAl(X = Fe, Co, Ni)$ホイスラー相の安定性　　19
　2.3.2　Co_2YGa系$(Y = Ti, V, Cr, Mn, Fe)$とCo_2MnZ系
　　　　$(Z = Al, Ga, Sn, Ge, Si)$　　20
　2.3.3　$Ni_{50}Mn_{50-x}Z_x$系$(Z = Al, Ga, In)$　　24
2.4　まとめ　　25
参考文献　　25

3 ホイスラー合金の磁性

....（鹿又　武）……*29*

3.1　はじめに　*29*
3.2　X 線, 中性子線回折によるホイスラー合金の結晶構造解析　*30*
3.3　ホイスラー合金の磁性　*33*
　　3.3.1　X_2MnZ 合金の磁性　*33*
　　3.3.2　Mn_2YZ 合金の磁性　*39*
　　3.3.3　Fe_2YZ 合金の磁性　*41*
　　3.3.4　Co_2YZ 合金の磁性　*41*
　　3.3.5　Ni_2YZ と Cu_2YZ 合金の磁性　*46*
　　3.3.6　Ru_2YZ 合金の磁性　*47*
　　3.3.7　Rh_2YZ 合金の磁性　*48*
　　3.3.8　ハーフホイスラー合金の磁性　*50*
3.4　ホイスラー合金の伝導特性　*52*
参考文献　*56*

4　NMR から見たホイスラー合金の電子状態

....（西原　弘訓）……*61*

4.1　NMR の基礎　*61*
　　4.1.1　NMR の共鳴条件　*61*
　　4.1.2　電子が核の位置に作る磁場　*65*
　　4.1.3　核四重極共鳴(NQR)　*68*
　　4.1.4　強い磁場と弱い電場勾配がある場合の NMR スペクトル　*70*
　　4.1.5　四重極相互作用が強い場合のスペクトル　*72*
　　4.1.6　パルス法 NMR　*74*
　　4.1.7　スピン格子緩和時間　*78*
4.2　Co_2FeAl 系フルホイスラー合金における ^{59}Co の超微細磁場の分布　*80*

4.3　Co基フルホイスラー合金中の^{59}Coにおける正の超微細磁場　84
4.4　Fe$_2$VSi系フルホイスラー合金のNMR　88
4.5　ハーフホイスラー合金CoSbのNMR　89
4.6　その他のホイスラー合金のNMR　90
4.7　まとめ　90
参考文献　91

5　光電子分光および内殻吸収分光から見たホイスラー合金の電子状態
〔木村　昭夫〕……95

5.1　はじめに　95
5.2　光電子分光の基礎　95
　5.2.1　光電子分光の原理　95
　5.2.2　共鳴光電子分光　97
5.3　内殻吸収分光スペクトルのX線磁気円二色性(XMCD)　97
　5.3.1　X線磁気円二色性の原理　97
　5.3.2　磁気光学総和則　102
5.4　高スピン偏極材料の電子状態　103
　5.4.1　光電子スペクトル　104
　5.4.2　光イオン化断面積による光電子スペクトル形状の違い　107
　5.4.3　共鳴光電子スペクトル　107
　5.4.4　光電子スペクトルの温度依存性　111
　5.4.5　内殻吸収磁気円二色性スペクトルから求める元素選択的磁気モーメント　112
5.5　熱電変換材料の電子状態　117
　5.5.1　擬ギャップによる内殻シフト　118
5.6　強磁性形状記憶合金のマルテンサイト変態と電子状態　120
5.7　まとめ　127
参考文献　128

6 第一原理計算から見たホイスラー合金の電子状態
　　　　　　　　　　　　　　　　　　　　　　　　　　（白井　正文）……131

6.1 高スピン偏極ホイスラー合金　*131*
6.2 高スピン偏極電子状態と磁性　*132*
6.3 不規則構造における電子状態　*134*
6.4 表面の電子状態　*137*
6.5 半導体との界面の電子状態　*139*
6.6 絶縁体との界面の電子状態　*142*
6.7 有限温度における電子状態　*144*
参考文献　*146*

7 ホイスラー系形状記憶合金と磁場誘起歪
　　　　　　　　　　　　　　　　　　　　　（伊東　航，貝沼　亮介）……151

7.1 はじめに　*151*
7.2 マルテンサイト変態と形状記憶効果　*152*
　7.2.1 マルテンサイト変態　*152*
　7.2.2 形状記憶効果と超弾性効果　*154*
7.3 メタ磁性形状記憶効果　*158*
7.4 双晶磁歪　*165*
　7.4.1 双晶磁歪現象とは　*165*
　7.4.2 双晶磁歪のメカニズム　*169*
7.5 ホイスラー系形状記憶合金　*171*
　7.5.1 Ni-Mn 基系　*171*
　7.5.2 Ni-Fe-Ga 系　*185*
　7.5.3 Fe-Mn-Ga 系　*185*
　7.5.4 Cu-Mn-Al 系　*186*
7.6 おわりに　*188*
参考文献　*189*

8 ホイスラー合金の磁気冷凍特性
　　　　　　　　　　　　　　　　　　　　　　（深道 和明，藤田 麻哉，藤枝　俊）……*195*

8.1　磁気冷凍が注目される理由　*195*
8.2　気体冷凍と磁気冷凍の熱力学相関　*196*
8.3　磁気冷凍に要求される材料特性　*201*
8.4　ホイスラー合金の磁気熱量効果　*204*
　8.4.1　$Ni_{50}Mn_{25}Ga_{25}$ 系フルホイスラー合金および
　　　　その元素部分置換合金　*204*
　8.4.2　$Ni_{50}Mn_{25}In_{25}$，$Ni_{50}Mn_{25}Sn_{25}$ および $Ni_{50}Mn_{25}Sb_{25}$ 系フルホイスラー
　　　　合金およびそれらの元素部分置換合金　*214*
　8.4.3　$Ni_{50}Fe_{25}Ga_{25}$ および $Fe_{50}Mn_{25}Si_{25}$ 系フルホイスラー合金および
　　　　それらの元素部分置換合金　*224*
　8.4.4　CoNbSb 系セミホイスラー合金　*224*
8.5　ホイスラー合金と他の候補物質との特性比較　*225*
8.6　今後の展開　*228*
参考文献　*228*

9 スピントロニクス材料としてのホイスラー合金
　　　　　　　　　　　　　　　　　　　　　　　　（桜庭 裕弥，高梨 弘毅）……*233*

9.1　はじめに　*233*
9.2　ホイスラー合金ハーフメタルを用いた強磁性トンネル接合　*234*
　9.2.1　トンネル磁気抵抗効果　*234*
　9.2.2　Al-O 障壁層を用いた強磁性トンネル接合　*238*
　9.2.3　MgO 障壁層を用いた強磁性トンネル接合　*241*
　9.2.4　今後の課題と展望　*245*
9.3　ホイスラー合金ハーフメタルを用いた面直通電型
　　　巨大磁気抵抗(CPP-GMR)素子　*249*
　9.3.1　面内通電型(CIP)と面直通電型(CPP)巨大磁気抵抗効果　*249*

viii　目　　次

　　　9.3.2　ホイスラー合金ハーフメタルを用いたCPP-GMR素子の
　　　　　　磁気抵抗効果　*253*
　　　9.3.3　ホイスラー合金ハーフメタルを用いたCPP-GMR素子の
　　　　　　界面およびバルク散乱のスピン非対称性　*255*
　　　9.3.4　今後の課題と展望　*259*
　9.4　ホイスラー合金におけるスピンダイナミクス　*261*
　9.5　その他のトピックス　*263*
　　　9.5.1　フェリ磁性・反強磁性を有するハーフメタル
　　　　　　ホイスラー合金　*263*
　　　9.5.2　半導体へのスピン注入源としてのホイスラー合金
　　　　　　ハーフメタル　*264*
　9.6　まとめ　*264*
　参考文献　*265*

10　ホイスラー合金の熱電変換材料への応用
　　　　　　　　　　　　　　　　　　　　　　　（桜田　新哉）……*271*

　10.1　序論　*271*
　　　10.1.1　はじめに　*271*
　　　10.1.2　熱電変換の原理　*272*
　　　10.1.3　熱電変換材料の設計指針　*273*
　　　10.1.4　熱電変換材料としてのホイスラー合金　*276*
　　　10.1.5　まとめ　*277*
　10.2　フルホイスラー合金の熱電特性　*278*
　　　10.2.1　はじめに　*278*
　　　10.2.2　Fe$_2$VAlフルホイスラー合金のバンド構造　*278*
　　　10.2.3　Fe$_2$VAl系の熱電変換材料への適用　*279*
　　　10.2.4　Fe$_2$VAl系材料を用いた熱電変換モジュール　*286*
　　　10.2.5　まとめ　*287*

- 10.3 ハーフホイスラー合金の熱電特性　287
  - 10.3.1　はじめに　287
  - 10.3.2　MNiSn(M=Ti, Zr, Hf)系材料の熱電特性　288
  - 10.3.3　MCoSb(M=Ti, Zr, Hf)系材料の熱電特性　294
  - 10.3.4　まとめ　295
- 10.4　おわりに　296
- 参考文献　297

索引 …………………………………………………………………… 301

機能材料としてのホイスラー合金

第1章
機能材料としてのホイスラー合金概説

1.1 ホイスラー合金の発見

　ホイスラー家は，ドイツ，ゲッチンゲン（Göttingen）からフランクフルト（Frankfurt）に向かって約60 kmの距離にある大学の町マールブルグ（Marburg）の出身である．ホイスラー合金発見当時，ホイスラー（Fritz Heusler, 1866-1947）はディレンベルグ（Dillenburg）にあるイザベレンヒュッテ（Isabellenhütte）社の取締役であった．1827年以後，イザベレンヒュッテ社はホイスラー家の所有する企業となり，現在はイザベレンヒュッテ・ホイスラー社となっている．ディレンベルグはマールブルグから西数10 kmに位置している．イザベレンヒュッテ社では，当時アルミニウム，スズなどの第3元素を添加した銅-マンガンブロンズを精錬していた．1889年，イザベレンヒュッテ社で生産する15トンのマンガン合金のうち，12トンがブロンズ生産であった．そのときホイスラーはブロンズ合金の一部が鉄製の工具にくっついていることを発見した．ホイスラー合金研究の歴史はこのときに始まったと言える．合金の一部が鉄製の工具にくっついたことを見たホイスラーの驚きは想像しがたいほど大きかったに違いない．今ではα-Mnが反強磁性体であることがわかっているが，当時はα-Mnは単に非磁性体の一元素だったのである．
　最初にホイスラーが強磁性合金を発見したのは1898年のことである．その合金の構成元素はCu，Mn，Snであった．以来，ホイスラーはCuとMnを基本とした種々の3元合金を作製し，その磁性を調べ研究成果を次々と論文として公表した．ホイスラーが特に力を入れた研究はCu-Mn-Al 3元合金である．彼の最初の論文は1903年に発表されている[1]．**図1-1**はCu-Mn-Al 3元

第1章 機能材料としてのホイスラー合金概説

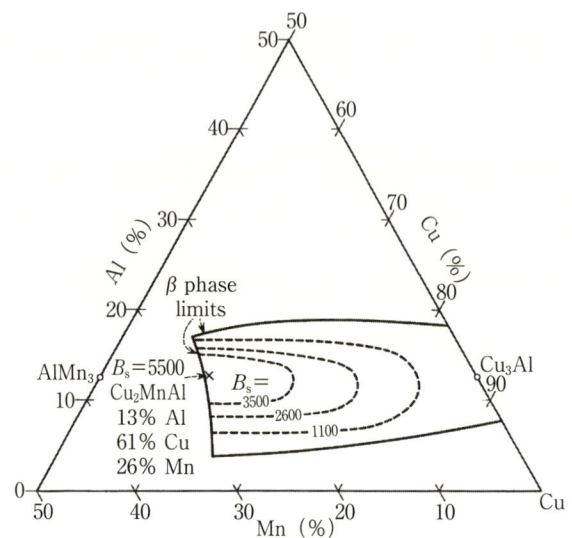

図 1-1 Cu-Mn-Al ホイスラー合金の相境界（実線）と飽和磁束密度（点線）[2,3].

合金の相図である[2,3]．強磁性の出現は図中の実線で囲まれた β 相の出現と密接に関係していることが後に明らかになった．図中の B_s は室温における Cu-Mn-Al 3元合金の室温における飽和磁束密度である．その単位はガウスである．β 構造を示す上記合金の中で，最大の磁束密度を示す合金の組成は重量％で 13% Al, 61% Cu, 26% Mn で，その組成は化学量論的組成 Cu_2MnAl に非常に近い．

ホイスラー合金の結晶構造を初めて発表したのは，Persson[4]と Potter[5]である．彼らは，Cu_2MnAl の結晶構造が立方 DO_3 型構造を持つ Fe_3Al と同じ超格子構造であることを X 線回折実験で示した．その後，O. Heusler[6]と Bradley と Rodgers[7]は，Cu および Mn 原子も規則構造を持つことを明らかにした．F. Heusler が非磁性3元素からなる強磁性合金を発見してから，その結晶構造が解明されるまで約30年の歳月を要したことになる．

1.2 機能材料としてのホイスラー合金

ホイスラー合金は，X_2YZ の分子式を持つ典型的規則合金である．本書で扱うホイスラー合金においては，X，Y 元素が遷移金属，Z 元素は s，p 元素である．また，XYZ の分子式を持つハーフ（セミ）ホイスラー合金も X_2YZ ホイスラー合金と同様に，古くからそれらの物性，特に磁気物性の研究がされてきた．

これら合金の結晶構造と相安定性が第 2 章に詳しく述べられている．第 3 章には，上記合金の磁気特性が網羅してある．ホイスラー合金の機能性を理解するには，物質の微視的電子状態を調べることが必須である．核磁気共鳴，光電子分光から見たホイスラー合金の電子状態が，それぞれ第 4 章と第 5 章にわかりやすく述べられている．物質の電子状態の理解においては，理論的に電子状態を調べることが最近では特に重要になっている．第一原理計算から見たホイスラー合金の電子状態が第 6 章に詳しく述べられている．

ホイスラー合金の中でも Y 原子が Mn である X_2MnZ 合金は古くから研究対象物質であった．Webster らは約 376 K にキュリー温度を持つ Ni_2MnGa が約 200 K でホイスラー構造（$L2_1$ 構造）から正方晶に熱弾性型のマルテンサイト変態を起こすことを 1984 年に発表した[8]．その後，Ullakko らは Ni_2MnGa のマルテンサイト変態直下の温度において 8 kOe の磁場を作用して約 0.2% の歪を観測した[9]．Ullakko らの研究に刺激され，その後多くの研究者によって Ni-Mn-Ga ホイスラー合金の磁歪の研究がなされ，現在では比較的弱い磁場で数 % の磁歪が観測されるに至っている．この磁歪の大きさは超磁歪材料として有名な Terfenol-D（$Tb_{0.3}Dy_{0.7}Fe_2$）のそれに比べてけた違いであるので，Ni-Mn-Ga 合金は，大変位アクチュエータ材料の有力な候補となり現在では Ni-Mn-Ga 合金を材料としたアクチュエータデバイスが市販されるに至っている．

膨大な Ni-Mn-Ga 合金の研究が続くなかで，最近 Ni-Mn-Z（Z＝In, Sn, Sb）ホイスラー合金が熱弾性型のマルテンサイト変態を示すことが報告された[10]．

上記合金において，温度を高温から減少していくとキュリー温度以下で自発磁化が出現する．さらに温度を減少すると，磁化が急激に減少し，マルテンサイト変態が現れる．マルテンサイト変態温度 T_m 直下の磁性は常磁性である．この T_m 直下の温度で磁場を作用するとメタ磁性転移，すなわち常磁性から強磁性への転移が現れる[11]．この転移は磁場誘起逆マルテンサイト変態で，磁場による構造転移を伴う．ここで重要なことは T_m 直下のマルテンサイト相の磁化の値と強磁性を示す母相の磁化の値の差が大きいことである．このメタ磁性転移はゼーマンエネルギーの利得によって現れるからである．これらの研究結果は磁場誘起形状記憶効果研究の初発となった．上記合金は"メタ磁性形状記憶合金"と呼ばれ最近国内外で精力的な研究が続けられている．上記合金における磁場誘起逆マルテンサイト変態では数十 MPa 程度の応力が得られる．ここまで概略的に述べた超磁歪現象，磁場誘起形状記憶効果については第7章に詳しく述べられている．

近年気体冷媒に代わる冷凍技術として磁気冷凍がクローズアップされている．それは環境に優しいからである．磁気冷凍は磁気熱量効果を利用した冷凍法である．磁性体に等温で外部磁場を作用すると，磁性体を構成する磁気原子の磁気モーメントが磁場方向に揃うので磁気エントロピーが減少する．このとき磁性体は熱浴に熱量を放出する．次に断熱状態で磁場を取り去ると磁性体の温度が低下する．これらの現象は磁気熱量効果と呼ばれている．室温近傍では磁性体の格子エントロピーが大きく，系全体において磁場で制御可能な磁気エントロピーの割合は小さくなる．したがって，磁気転移温度が室温近傍でかつ磁気エントロピー変化が大きく，格子のエントロピー変化に比べて小さくないことが望まれる．磁性体の中でも1次の磁気相転移を示す物質は磁気転移温度前後で磁場を作用すると鋭いメタ磁性転移が観測される場合が少なくない．磁気冷凍実現のために，高性能の磁気冷凍作業物質を開発することは極めて重要であり，磁気冷凍の高効率化を可能にする磁性体の探索が国内外で精力的に行われている．ホイスラー合金の磁気熱量効果については第8章に詳しく述べられている．

薄膜の絶縁体層を2枚の強磁性金属相で挟んだ磁気トンネル接合素子

（MTJ）の開発はスピントロニクス分野の重要課題である．2枚の強磁性金属電極の磁気モーメントの相対的な向きが平行の場合と反平行の場合ではMTJ素子の抵抗が大きく変化する．強磁性金属電極材料の有力候補がハーフメタルである．ハーフメタルでは上向きスピンを持つ電子に対しては金属的，下向きスピンを持つ電子に対しては半導体的電子構造になっている．すなわちハーフメタルではスピン分極率が100%であるので，ハーフメタルを強磁性接合に適用すると無限に大きなトンネル磁気抵抗の発現が期待される．最近ではIwaseらはAg薄膜をホイスラー合金Co_2MnSiで挟んだ巨大磁気抵抗（GMR）素子にて室温で28.8%の磁気抵抗比を報告している[12]．スピントロニクス材料としてのホイスラー合金について第9章に詳しく述べられている．

これからの科学技術は省エネルギーであることと，環境にやさしいことが社会的に要請されている．その中でも熱電変換技術は社会から注目されている．熱電変換技術とは，名の通り熱エネルギーを電気エネルギーにまたは電気エネルギーを冷却エネルギーに変換する技術である．熱電変換技術の中で特に重要なものは熱電変換材料の特性向上である．市販され従来から使用されている熱電変換材料の一つが半導体Bi_2Te_3である．熱電変換材料の性能は無次元性能指数で比べられる．Bi_2Te_3の室温における無次元性能指数は約1.3である．しかしながら，Bi_2Te_3を構成するBi，Teは重金属であり，環境にやさしいとは言えない．またBi_2Te_3は約200℃以上の温度で分解し高温では使用できないので，Bi_2Te_3は現在主にペルチェ素子として使用されている．ペルチェ効果とは熱電素子に電流を流すと，導線との接合部分で吸熱・発熱を起こす現象で，Bi_2Te_3は冷却素子として使用されている．一方，現代は自動車のエンジンからの廃熱など，無駄な熱エネルギーを有用な電気エネルギーに変換する技術が渇望されてきた．最近半導体的特性を持つハーフホイスラー合金NiTiSn，ZrTiSn，HfTiSnの混晶の無次元性能指数が1より大であることが報告された[13]．さらに上記合金は約700Kで無次元性能指数が最高値を持つので，上記合金はゼーベック効果を利用した熱電変換素子の最有力候補となった．ホイスラー合金の熱電特性については第10章に詳しく述べられている．

1.3 磁性に現れる諸量の単位

　本書の主なる記述内容は，ホイスラー合金の磁気特性に関連している．磁性体に現れる諸量と単位が表 1-1 にまとめられている．磁性体の単位系は少し厄介である．磁気学の分野，特に磁気物理学の分野ではいまだに cgs 単位系が広く使用されている．MKS 単位系においては，電場 E に対応する磁場を磁束密度 B とし磁荷の存在を認めない E-B 対応よりは，磁荷の存在を仮定した E-H 対応の単位系が多く使われている．本書においても，磁性体の諸量の単位

表 1-1 cgs 単位系および MKS 単位系における磁性に関する物理量の単位．最後の欄は cgs 単位系から MKS 単位系への換算．

物理量	記号	cgs 単位 $B=H+4\pi M$	MKS 単位 (E-H 対応) $B=\mu_0 H+M$	cgs—MKS
磁場（磁界）	H	Oe	A/m	$1\,\mathrm{Oe}=10^{+3}/4\pi$ $\simeq 80\,\mathrm{A/m}$
磁束密度	B	G	T(=Wb/m^2)	$1\,\mathrm{G}=1\times 10^{-4}\,\mathrm{T}$
磁束	$\varPhi$	Mx	Wb	$1\,\mathrm{Mx}=10^{-8}\,\mathrm{Wb}$
磁気モーメント	μ_m	emu	Wb·m	$1\,\mathrm{emu}$ $=4\pi\times 10^{-10}\,\mathrm{Wb\cdot m}$
磁化/質量	M	emu/g	(Wb·m)/kg	$1\,\mathrm{emu/g}$ $=4\pi\times 10^{-7}$ $(\mathrm{Wb\cdot m})/\mathrm{kg}$
磁化率/体積	χ	無次元 (emu/cm^3)	H/m	$1\,\mathrm{emu/cm^3}=(4\pi)^2\times$ $10^{-7}\,\mathrm{H/m}$
磁化率/質量	χ_m	cm^3/g	H·m^2/kg	$1\,\mathrm{cm^3/g}=(4\pi)^2\times$ $10^{-10}\,\mathrm{H\cdot m^2/kg}$
透磁率	μ	無次元	H/m	$1(\mathrm{cgs})$ $=4\pi\times 10^{-7}\,\mathrm{H/m}$
エネルギー	E	erg/cm^3	J/m^3	$1\,\mathrm{erg/cm^3}$ $=10^{-1}\,\mathrm{J/m^3}$

系に関しては cgs 単位系か E-H 対応 MKS 単位系に統一されている．磁性に現れる諸量と単位系に関しては参考文献[14, 15]を参照してほしい．なお，単位体積当たりの磁化の単位は cgs 単位系と MKS 単位系（E-H 対応）ではそれぞれ emu/cm^3，Wb/m^2（=T）で，1 emu/cm^3 = $4\pi \times 10^{-4}$ Wb/m^2 である．表1-1に示したように磁気モーメントの記号は μ_m であるが，第5章と第6章において磁気モーメントをそれぞれ m および M_s と記述している．

参考文献

[1] Fr. Heusler : Verhandl. deut. physik. Ges. **5** (1903) 219.
[2] R. M. Bozorth : Ferromagnetism, IEEE PRESS (1993) p. 329.
[3] Fr. Heusler and F. Richarz : Z. anorg. allgem. Chem. **61** (1909) 265.
[4] E. Persson : Naturwissenshaften **16** (1928) 613.
[5] H. H. Potter : Proc. Phys. Soc. (London) **41** (1929) 135.
[6] O. Heusler : Ann. Physik **19** (1934) 155.
[7] A. J. Bradley and J. W. Rodgers : Proc. Roy. Soc. (London) **144A** (1934) 340.
[8] P. J. Webster, K. R. A. Ziebeck, S. L. Town and M. S. Peak : Phil. Mag. B **49** (1984) 295.
[9] K. Ullakko, J. K. Huang, C. Kantner, R. C. O'Handley and V. V. Kokorin : Appl. Phys. Lett. **69** (1996) 1966.
[10] Y. Sutou, Y. Imano, N. Koeda, T. Omori, R. Kainuma, K. Ishida and K. Oikawa : Appl. Phys. Lett. **85** (2004) 4358.
[11] R. Kainuma, Y. Imano, W. Ito, Y. Sutou, H. Morito, S. Okamoto, O. Kitakami, K. Oikawa, A. Fujita, T. Kanomata and K. Ishida : Nature **439** (2006) 957.
[12] T. Iwase, Y. Sakuraba, S. Bosu, K. Saito, S. Mitani and K. Takanashi : Appl. Phys. Exp. **2** (2009) 063003.
[13] S. Sakurada and N. Shutoh : Appl. Phys. Lett. **86** (2005) 082105.
[14] 志賀正幸：磁性入門，内田老鶴圃 (2007).
[15] 高梨弘毅：磁気工学入門，共立出版 (2008).

機能材料としてのホイスラー合金

第2章
ホイスラー合金の結晶構造と相安定性

2.1 ホイスラー合金の結晶構造（フルホイスラーとハーフホイスラー）

ホイスラー構造は，図 2-1（a）に示す通り位相のずれた四つの面心立方 (fcc) 副格子からなる面心立方晶であるが，原子種を無視すれば体心立方 (bcc) 晶の規則相として理解できる．そのような見方をする場合，Cu-Mn-Al 系を例に取れば，図 2-2 に示すように構成元素が完全にランダムに配列したのが bcc-Cu 固溶体である A2 構造，Cu が A, C サイトを占有し，Mn と Al がランダムに B, D サイトを占有するのが Cu(Mn, Al)-B2 構造，B2 構造におけ

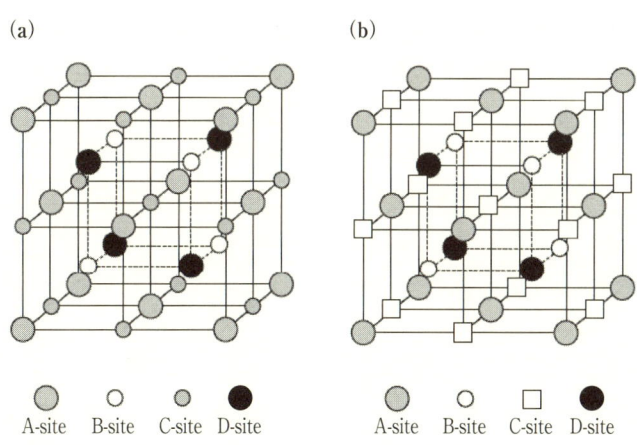

図 2-1 （a）フルホイスラーおよび（b）ハーフホイスラー構造の結晶構造と副格子点.

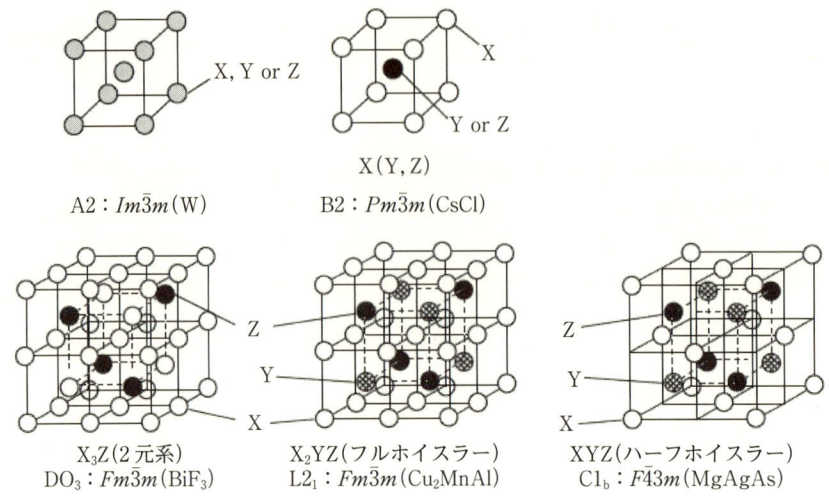

図 2-2 ホイスラー構造に関連した bcc 規則構造とプロトタイプ.

る Mn と Al がそれぞれ B, D サイトに分かれて入るのが Cu₂MnAl-フルホイスラー構造である. また, 図 2-1 (b) に示すように C サイトを空孔 (構造空孔) が占有するのがハーフホイスラー構造である. なお, Cu-Al 2 元系において A, B, C サイトに Cu, D サイトに Al が入る構造がフルホイスラー構造と類似した Cu₃Al-DO₃ 構造である. 以上のように, ホイスラー合金には A2 や B2 といった 2 種類の"不規則相"があり, 高温度域で規則-不規則変態を有する合金系は少なくない. フルホイスラー構造の規則-不規則変態に関しては, 本章の後半で具体例を紹介する. 一方, NiMnSb などで報告されているハーフホイスラー構造は, 構成元素における 2 : 1 : 1 から 1 : 1 : 1 への化学量論組成からのずれにより A, C サイトに異常に導入される空孔の規則配列により形成される. このような観点から, ハーフホイスラー相は「非化学量論フルホイスラー相の規則相である」ということもできるであろう.

現実のホイスラー合金では, 以上のように各副格子サイトに対し占有する原子種が決まっているわけではなく, 温度によって溶質元素のサイト占有率 (長範囲規則度) が変化するとともに, 化学量論組成からのずれにより空孔やアン

チサイト原子等の点欠陥濃度が大きく変化することを理解しておく必要がある．以降，特に断りのない限りフルホイスラー合金（構造）を単にホイスラー合金（構造）と呼ぶこととする．

2.2 実用的に重要な3元系状態図（状態図の読み方）

　ホイスラー合金の多くは，組成比2：1：1以外の非化学量論組成にわたって存在する．また，化学量論組成を有するからといって，必ずしもホイスラー相が単相として安定に存在するとは限らない．そこで，基礎的に重要なのが合金を溶解・熱処理する場合に必要となる高温度域における合金状態図（相図）である．ホイスラー合金は，3成分以上の元素からなるので，必然的に3元系状態図が重要となる．そこで，ここではFe，Co，Ni，Cu系の中で比較的実用的に重要な3元系状態図を収録した．紙面の制約上，原則的には各合金系に対し一つの温度における等温状態図を掲載した．他の温度についても知りたい方は，参考文献を参照いただきたい．

　状態図は，材料学の中でも最も重要な基礎データであるが，専門外の読者のために状態図の読み方を簡単に説明する．常圧において3元系合金を表示する場合，温度 T と三つの溶質元素の原子分率（f_a^A, f_a^B, f_a^C）もしくは質量分率（f_m^A, f_m^B, f_m^C）を用いるが，合金組成については $f_a^A+f_a^B+f_a^C=1$，$f_m^A+f_m^B+f_m^C=1$ であるから，温度を加えた独立変数の数は計三つである．したがって，2次元の紙面上に3元系状態図を完全に表示することはできず，独立変数の中の一つを固定する必要がある．温度を固定したのが等温状態図であり，一つの組成（もしくは組成比）を固定して描くのが縦断面状態図である．一般に等温状態図は，三角形のグラフ（ギブスの三角形と呼ばれる）に表示される．**図2-3**は，A-B-C 3元系における状態図用グラフである．この図面上における点Pの合金組成を読み取ってみよう．グラフの基本は，f_a^B と f_a^C をそれぞれX軸，Y軸として示す直交座標を60°に傾けたにすぎないので，頭の中で直交座標に直してから読み取ることができる．しかし，ギブスの三角形表示では，図2-3に例示したように，点Pから各辺へ垂線を下し，その目盛りを対応する辺の

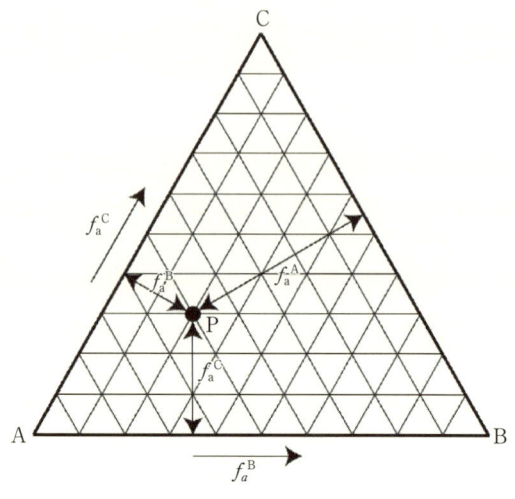

$f_a^A=0.5$, $f_a^B=0.2$, $f_a^C=0.3$
よって点Pの組成はA-20% B-30% C

図 2-3 3元系状態図の組成表示法.

反対側の頂点の元素組成として読み取れば,構成する全元素の組成 (f_a^A, f_a^B, f_a^C) が直ちに読み取れて便利である.

　相の平衡状態を与える"ギブスの相律"によれば,等温・等圧状態における3元系合金の相の自由度 F は,単相で $F=2$, 2相で $F=1$, 3相で $F=0$ となる.したがって,3元系等温状態図上の3相共存状態は,合金組成に依存せず画一的に定まっている.すなわち,3相共存域は平衡する3相の合金濃度同士を直線で結んでできた三角形の領域となり,相の組成は三角形の各頂点組成に対応する.また,2相域では合金組成を与えることで平衡する2相の組成がその共役線の終端によって表示される.状態図のさらに重要な情報は,出現する相の分率が,いわゆる「天秤の法則」により見積もれる点である. α, β が2相平衡状態にあるとき,各相の存在分率 (w_α, w_β) は,合金組成の点から α, β 各平衡組成へ引いた線分 (l_α, l_β) を用いて $w_\alpha/w_\beta = l_\beta/l_\alpha$ によって与えられる.深く合金状態図を学びたい方は,参考文献[1,2]を参照していただきたい.

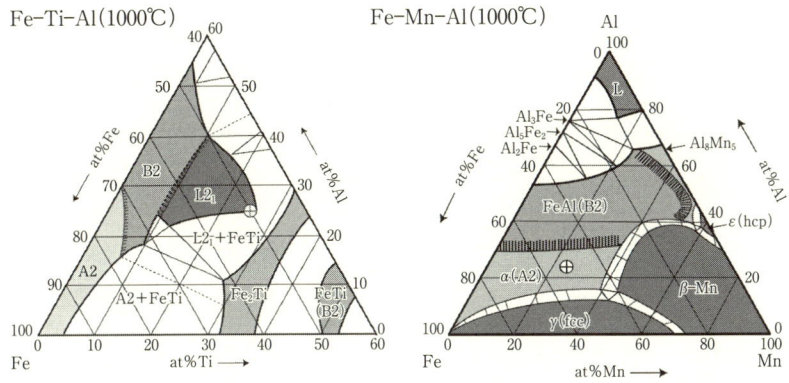

図 2-4 Fe-Ti-Al[3] および Fe-Mn-Al[4] 系状態図（Fe$_2$YAl の化学量論組成は，⊕ で表示した）．

2.2.1 Fe 基ホイスラー合金系

Fe 基ホイスラー合金系として，**図 2-4** に Fe-Ti-Al[3] および Fe-Mn-Al[4] 系状態図を示した．Fe-Al 2 元系には Fe$_3$Al-DO$_3$ 相が安定に存在しており，Ti や Mn の添加により，L2$_1$ 相として 3 元系状態図中央付近まで張り出してくる．特に周期律表の左側に位置する Ti は，ホイスラー相を非常に安定化し，Fe-Ti-Al 系では 1000℃ 以上の高温でもホイスラー相が存在できる．後述するが，このようなホイスラー相の安定性は Y 元素が周期律表の右側になるほど低下する．なお，Fe 基ホイスラー合金としては，優れた熱電特性を示す Fe$_2$VAl が重要であるが，Fe-V-Al 系状態図は未だ決定されていない．

2.2.2 Co 基ホイスラー合金系

Co 基ホイスラー合金は，ハーフメタル磁性体として注目を集めている．そこで，ここではハーフメタル磁性体として知られる代表的な状態図を収録した．Co-Cr-Al[5] および Co-Cr-Ga[6] 系状態図を**図 2-5** に示す．Co$_2$CrAl は，古くから理論計算により高いスピン分極率が予測されてきたが，実験結果は予想とはかけ離れたものであった[7]．Co-Cr-Al 系において Co$_2$CrAl 合金は

14　第2章　ホイスラー合金の結晶構造と相安定性

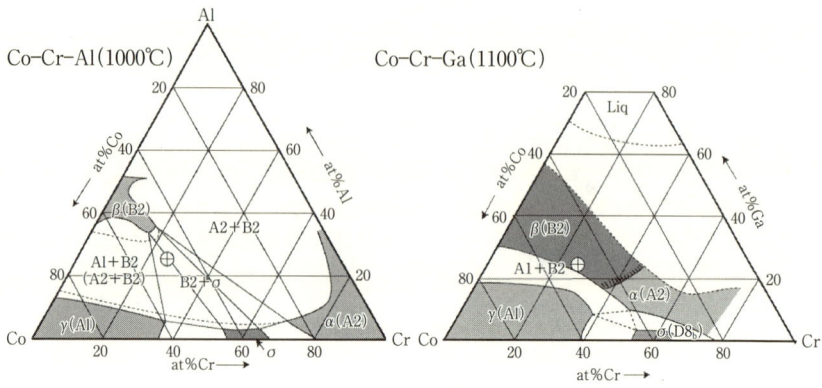

図 2-5　Co-Cr-Al[5] および Co-Cr-Ga[6] 系状態図.

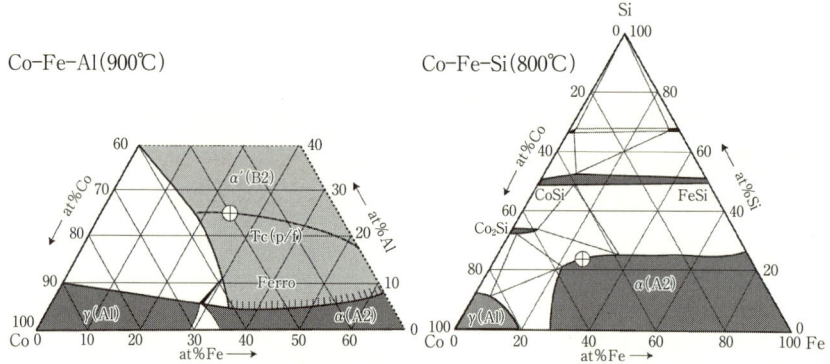

図 2-6　Co-Fe-Al[10] および Co-Fe-Si[11] 系状態図.

1200℃では単相域にあるが，図 2-5 の通り 1000℃ではほぼ B2+σ2 相域にあり，安定な単相状態を得るためには高温から急冷する必要がある．しかし，急冷材においても B2 マトリクス中に Cr の濃縮した A2 相が微細析出することがわかった[8]．この 2 相組織は図 2-5 中に破線で示した準安定な A2+B2 2 相平衡によると考えられる．一方，Co-Cr-Ga 系では A2+B2 の相分離傾向は弱いため Co_2CrGa 合金においてはホイスラー単相状態を得ることが可能であり，理論から予測される磁気特性が確認されている[9]．

図 2-6 および **図 2-7** に，ハーフメタル磁性体として重要な，Co-Y-Z

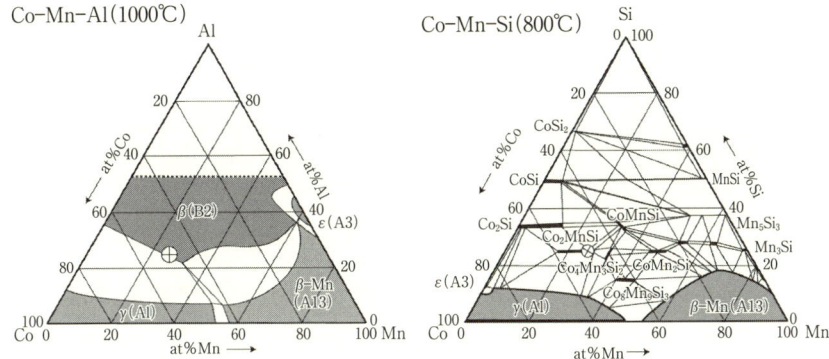

図 2-7　Co-Mn-Al[12]および Co-Mn-Si[13]系状態図.

(Y＝Fe, Mn；Z＝Al, Si) 合金[10~13]の状態図を示す．(X-Y-Z 合金の Y の文字が周期表のイットリウム (Y) と同じなので，混乱を招かないように本章では X-Y-Z 合金を X-**Y**-Z 合金と記した) いずれも化学量論組成において bcc 単相状態にあり，広い組成域にわたって存在するが，Co-Mn-Si 系[13]では 3 元化合物の単相域が非常に狭いことがわかる．以上の情報は，ハーフメタル磁性体の合金探索を非化学量論組成へと拡張する上で大きな指針となる．しかし，平衡状態図はバルク試料における最終安定状態を与えるのであり，スパッタなどの非平衡プロセス材では，高温での熱処理を行わない限り必ずしも平衡状態図と一致しないことに注意が必要である．

2.2.3　Ni 基ホイスラー合金系

図 2-8 に Ni-Ti-Sn[14]，Ni-Mn-Ga[15]，Ni-Mn-In[16]，Ni-Fe-Ga[17]各 3 元系状態図を示す．Ni-Ti-Sn 系には，熱電材料として注目されている NiTiSn ハーフメタル相が存在しているが，フルホイスラー同様その単相域は非常に狭い．Ni-Mn-Z 系ではホイスラー組成は安定な単相域に存在するが，Ni_2FeGa 合金は A1(fcc 固溶体)＋B2 の 2 相域に存在するため，Ga 濃度を高めにしない限り単相は得られにくい．Ni 基形状記憶合金では，A1＋B2 2 相組織化することで多結晶でも延性を示すため[18, 19]，加工性改善の組織制御法として利用で

16　第2章　ホイスラー合金の結晶構造と相安定性

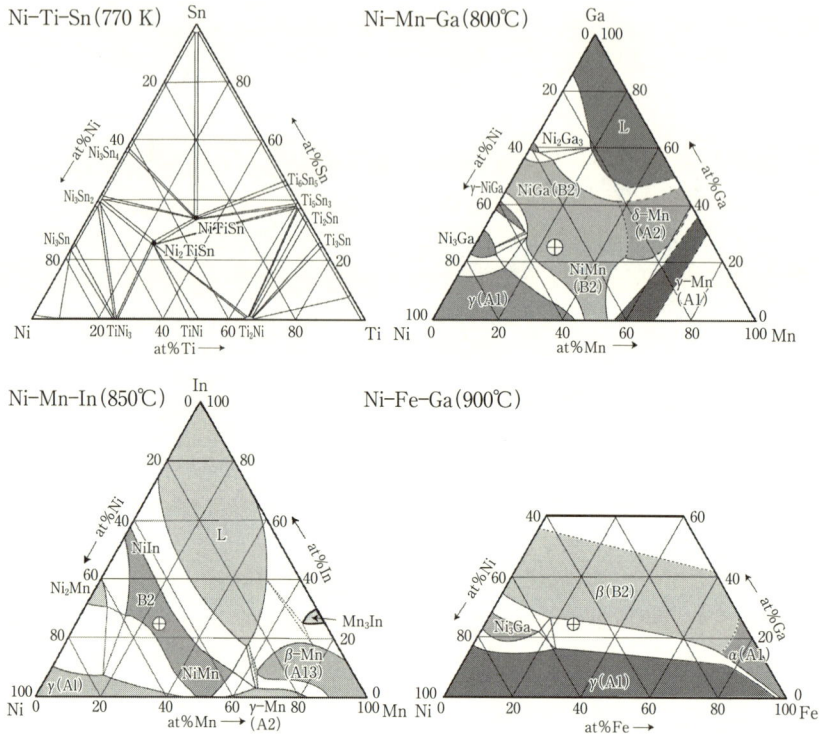

図 2-8　Ni-Ti-Sn[14], Ni-Mn-Ga[15], Ni-Mn-In[16], Ni-Fe-Ga[17] 3元系状態図.

きる．

2.2.4　Cu 基ホイスラー合金系

図 2-9 に，Cu-Mn-Al 系の Cu 側状態図と，10% Mn 合金の縦断面図を示す[20]．Cu-Mn-Al は，ホイスラーが初めて取り上げた歴史的な合金系であるが，近年，Cu-10 at% Mn-17 at% Al 付近のホイスラー合金が高い加工性と優れた超弾性特性を両立することが報告され[21]，実用化が進んでいる．本合金では，図 2-9 の 10% Mn 縦断面図に示すように Al 濃度を 20% 以下に減らすことで A2/B2 および B2/L2$_1$ 規則-不規則温度を大きく低下させることができ，

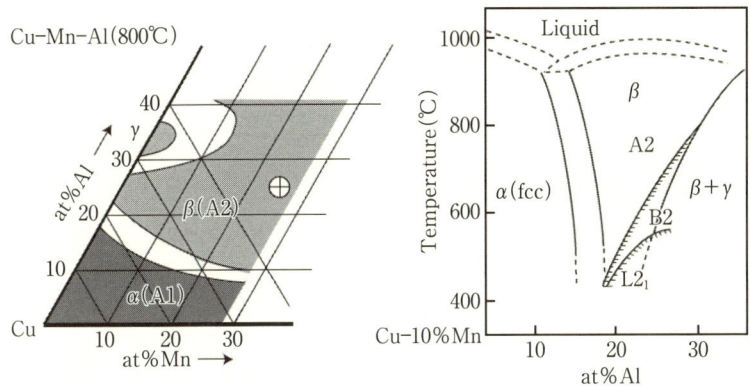

図 2-9　Cu-Mn-Al 系等温状態図と 10% Mn の縦断面状態図[20].

金属間化合物特有の粒界脆弱性を低減することで加工性の改善を達成した[22].

2.3　フルホイスラー合金の規則-不規則変態

　2.1 節で述べたように，ホイスラー構造は体心立方格子を基本にした規則相である．この規則相の規則-不規則変態を熱力学的に取り扱うには，四つの副格子を取り入れた統計熱力学的な解析が必要である．統計熱力学では，近年クラスター変分法など，精度の高いエントロピー近似を取り入れた手法も発展しているが，本書で取り扱う bcc 格子を基本とした A2/B2/L2$_1$ 間の変態挙動に対しては，むしろ最も単純なブラッグ-ウィリアムズ-ゴルスキー（BWG）近似[23,24]が実験結果とよく一致することが知られている．とはいえ，3元系では BWG 近似でも厳密な説明にはかなりの紙面を必要とするので，ここでは，その基本的な取り扱いと特殊なケースについて触れた上で，今までに報告されているホイスラー合金の規則-不規則変態の状態図をいくつか紹介する．

　工業的に材料を取り扱う場合，相の安定性評価に容易に利用できる自由エネルギーが，温度と圧力を変数とするギブスエネルギー（G）である．ギブスエネルギーは，化学的結合エネルギーに起因するエンタルピー（H），状態の乱

雑さを示すエントロピー（S），温度（T）を用いて次式で示される．

$$G = H - TS \tag{2-1}$$

温度変化による相変態（転移）は，相によってHやSが異なることによって生じる．例えば，α, β 2 相間で $H_\alpha < H_\beta$ かつ $S_\alpha < S_\beta$ であれば，低温で安定相だったαが，昇温により，よりエントロピーの大きなβ相に変態する．さて，規則-不規則変態の場合を考えてみよう．すでに図 2-2 に関して触れたように低温で安定だった X_2YZ-$L2_1$ ホイスラー相は，温度の上昇と共により規則性の低い $X(Y, Z)$-$B2$ 相を経由して完全ランダムな配列を持つ $A2$ 相へと逐次変態する．規則-不規則変態では，常に高温側が不規則性の高い構造となることがわかる．その理由は，それぞれの有するエントロピーに起因する．統計熱力学では，エントロピーはボルツマンの式

$$S = k_B \ln W \tag{2-2}$$

によって与えられる．ここで，k_B はボルツマン定数，W は有し得るミクロな状態の組み合わせ数である．規則構造では，異種原子の配列の仕方は制約されるが，不規則構造では何通りもの配列の仕方が存在する．したがって，常に $S_{規則相} < S_{不規則相}$ となるのである．BWG 近似によれば，規則-不規則変態温度や規則性の度合い（長範囲規則度）は，合金の組成や温度の関数として与えられる．実験においてしばしば取り上げられる XY-XZ（50 at% X）組成断面においては，$A2/B2$ 規則-不規則変態温度が十分に高く，X 原子がほとんど自らの原子サイトに留まる場合，$B2/L2_1$ 規則-不規則温度（$T_t^{B2/L2_1}$）は，Z 原子の組成（f_Z）に対し，次式で与えられることが報告されている[25]．

$$T_t^{B2/L2_1} = \frac{24 W_{YZ}^{(2)}}{k_B} f_Z(0.5 - f_Z) \tag{2-3}$$

ここで，$W_{YZ}^{(2)}$ は互いに第 2 隣接に位置する Y-Z 原子間の化学的交換相互作用エネルギーであり，第 2 隣接にある i-j 結合エネルギー $\varepsilon_{ij}^{(2)}$ を用いて，

$$W_{YZ}^{(2)} \equiv \varepsilon_{YY}^{(2)} + \varepsilon_{ZZ}^{(2)} - 2\varepsilon_{YZ}^{(2)} \tag{2-4}$$

によって定義されている．式(2-3)から，BWG 近似においては，50 at% X 断面の $T_t^{B2/L2_1}$ は，Z 組成に対し 25% Z を頂点とする放物線で与えられることがわかる．

2.3.1 X₂TiAl（X=Fe, Co, Ni）ホイスラー相の安定性

XAl，XTi が共に B2 規則構造を有し，安定な X₂TiAl ホイスラー相を持つ XAl-XTi（X=Fe, Co, Ni）系における $T_t^{B2/L2_1}$ 温度および B2+L2₁ 平衡組成を図 2-10（a）[26]に示す．図中細点線は式(2-3)で与えられる放物線であり，熱分析等の実験で得られた $T_t^{B2/L2_1}$ をフィッティングした曲線である．Co-Ti-Al 系では $T_t^{B2/L2_1}$ が理論線と完全に一致しているが，1300 K 以下では CoTi，CoAl 両側で B2+L2₁ の 2 相域が出現する．Ni-Ti-Al 系では，固相が安定な 1600 K 以下では規則変態は見られず，B2+L2₁ 2 相域しか存在しないが，B2，L2₁ それぞれの溶解度線を高温へ外挿すると 2 相域が閉じる温度は，NiTi，NiAl 両側で共通した 1 本の放物線上にぴったりと一致する．一方，Fe-Ti-Al 系においては，1300 K 以上の温度で $T_t^{B2/L2_1}$ が急激に平坦化する様子が見られる．このような現象は，XAl における B2 相の安定性により説明で

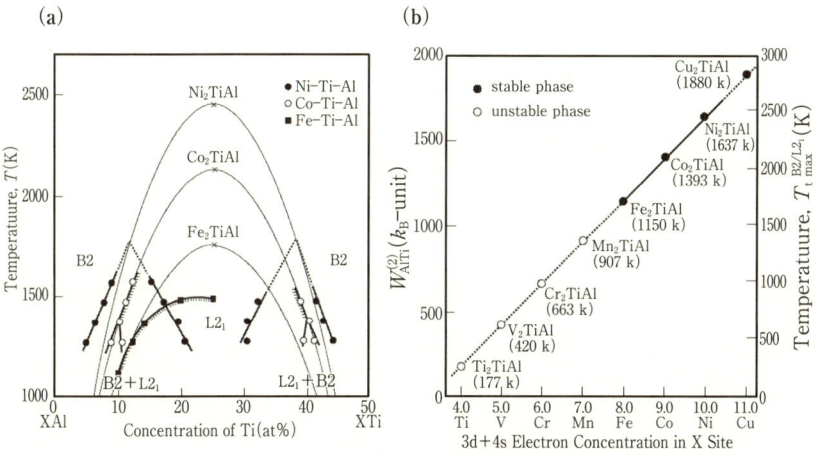

図 2-10 （a）XAl-XTi（X=Fe, Co, Ni）縦断面状態図と，（b）理論曲線によるフィッティングを用い，（a）から見積もられる，第 2 隣接 Al-Ti 原子間相互作用エネルギー[26]．ホスト原子が周期表の右側にあるほど，ホイスラーは安定である．

きる.すなわち,B2/L2₁ 規則-不規則変態に先立つ A2/B2 規則-不規則変態の変態温度 $T_t^{A2/B2}$ が十分に高くない場合には,式(2-3)を得るための仮定に反するため $T_t^{B2/L2_1}$ が低温に押し下げられる.NiAl,CoAl,FeAl の $T_t^{A2/B2}$ は,それぞれ 3400 K,3300 K,1600 K 程度と見積もられる[12,27]ことから,Fe-Ti-Al では $T_t^{A2/B2}$ が十分高くないため $T_t^{B2/L2_1}$ が低温に押し下げられたと考えられる.しかしながら,比較的低温度でのデータを用いることで,式(2-3)で与えられる放物線を活用することができる.**図 2-10**(a)に示す放物線から化学量論組成の仮想の $T_t^{B2/L2_1}$ を見積もり,それらについてホスト原子 X を周期律の順番(すなわち 3d+4s 電子数)でプロットしたのが図 2-10(b)[26]である.実験で得られた 3s+4s=8.0(Fe)～10(Ni) のデータはきれいな直線上に乗ることがわかる.式(2-3)に化学量組成である $f_z=0.25$ を代入すると式(2-5)が得られ,得られた $T_t^{A2/B2}$ から $W_{TiAl}^{(2)}$ を見積もることができる.

$$T_t^{B2/L2_1} = \frac{3W_{TiAl}^{(2)}}{2k_B}$$

$$W_{TiAl}^{(2)} = \frac{2k_B T_t^{B2/L2_1}}{3} \qquad (2\text{-}5)$$

図 2-10(b)に示した結果から,第 2 隣接 Ti-Al 原子間相互作用はホスト元素 X に大きく影響を受けることがわかる.また,この直線関係を他の 3d 遷移元素まで外挿すると Mn より 3d+4s 電子の少ないホスト元素ではホイスラー相はあまり安定でないことが伺える.実際,Mn₂TiAl 以下でホイスラー相の報告はない.

2.3.2　Co₂YGa 系(Y=Ti, V, Cr, Mn, Fe)と Co₂MnZ 系(Z=Al, Ga, Sn, Ge, Si)

この節では,Co 基ホイスラー合金を対象にホイスラー相の安定性に及ぼす Y および Z 元素の影響を見てみたい.**図 2-11**[28]は,Co₂YGa(Y=Ti, V, Cr, Mn, Fe)合金の $T_t^{B2/L2_1}$ とキュリー温度 T_C である.Co₂YGa の $T_t^{B2/L2_1}$ は,X₂TiAl の場合とは全く異なり,**Y** が周期表の右側へ行くほど低下する傾向が見られる.ただし,**Y**=Cr の場合はホイスラーの安定性が大きく低下する.

2.3 フルホイスラー合金の規則-不規則変態　21

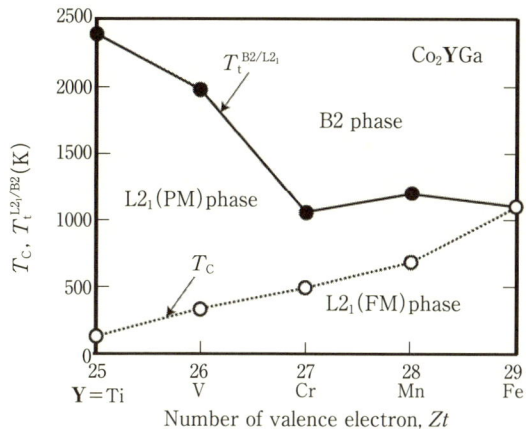

図 2-11　Co₂YGa（Y=Ti, V, Cr, Mn, Fe）合金の B2/L2₁ 規則-不規則変態温度とキュリー温度[28]．概して，Y 原子が周期表の右側にあるほどホイスラー相は不安定であり，キュリー温度が高い．

　Co₂YGa 合金に見られる規則-不規則変態は，典型的な 2 次変態で規則度は温度の関数であり，変態温度 $T_t^{B2/L2_1}$ が絶対零度に至るまで完全規則配列になることはない．そこで，773 K で最終熱処理を行った粉末試料の中性子回折実験を行い，規則度を評価した[29]．なお，磁性の影響を抑えるために，Y=Ti から Mn までは常磁性温度領域で実験を行うとともに，Y=Fe では磁性の影響をあまり受けない高角側データを利用した．図 2-12（a）は，Co と Ga 原子は互いに相手のサイトに入らないと仮定した上で，回折パターンのリートベルト解析を行った結果得られた Co および Ga のそれぞれのサイトへの占有率 f_X^{Co}，f_Z^{Ga} である．Co サイトは，いずれの試料においても，ほぼ 100% Co で占められている．しかし，Ga は Y=Ti, V においてほぼ完全な規則状態であるのに対し，Cr, Mn, Fe では 0.9 前後のサイト占有率となっていることが判明した．特に Y=Cr の場合に最も規則度の低下が顕著である．この結果は，図 2-11 における $T_t^{B2/L2_1}$ とよい対応を示し，$T_t^{B2/L2_1}$ の低い合金ほど規則度も低いことを示している．ホイスラー構造に関して行われた BWG 近似に基づく理論計

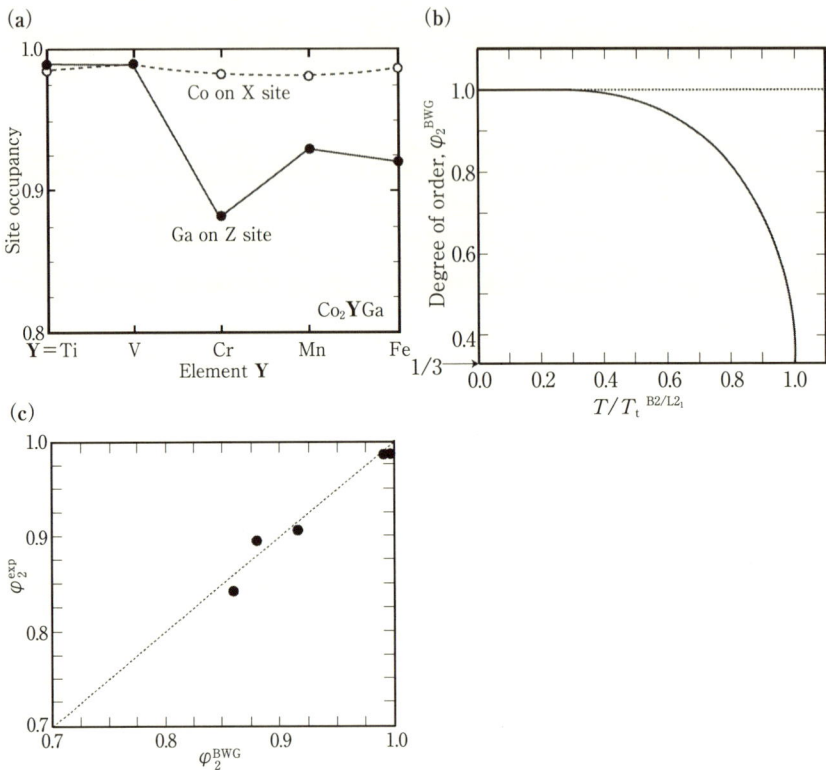

図 2-12 （a）中性子回折から得られた Co₂YGa（Y=Ti, V, Cr, Mn, Fe）合金のサイト占有率 f_X^{Co}, f_Z^{Ga}[29]．（b）理論計算から得られた規則度．（c）（a）から得た実験値と（b）の理論計算から得られた規則度との比較[29]．計算と実験結果は非常によく一致する．

算[28]によれば，Co および Ga の長範囲規則度を次式で定義した場合，

$$\varphi_1 = 2f_X^{Co} - 1 \tag{2-6}$$

$$\varphi_2 = \frac{1}{3}(4f_Z^{Ga} - 1) \tag{2-7}$$

簡単のために $\varphi_1=1$ を仮定すると，Ga サイトの規則度 φ_2 と $T_t^{B2/L2_1}$ との関係は式(2-8)で与えられる．

2.3 フルホイスラー合金の規則-不規則変態

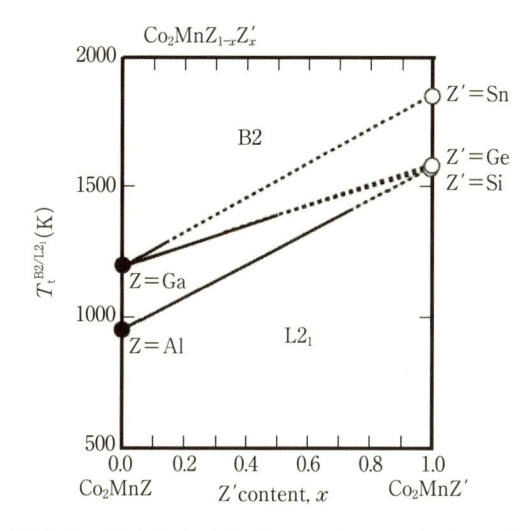

図 2-13 $Co_2MnZ_{1-x}Z'_x$ (Z=Al, Ga; Z'=Si, Ge, Sn) 合金の $T_t^{B2/L2_1}$[30, 31].

$$\frac{T}{T_t^{B2/L2_1}} = \frac{(3\varphi_2-1)}{\left(\ln\frac{(1+3\varphi_2)}{(3-3\varphi_2)}\right)} \tag{2-8}$$

図 2-12 (b) は，式(2-8)を用いて温度と規則度 φ_2 との関係を示したものである．各合金系での $T_t^{B2/L2_1}$ は図 2-11 ですでに見積もられており，中性子回折の最終熱処理温度（773 K）が判明しているので，この最終熱処理条件における合金の規則度 φ_2 を BWG 理論計算と実験とで比較を行った結果を図 2-12 (c)[29]に示す．計算と実験結果は非常によく一致することがわかる．以上より，$Co_2Y Ga$ 系においては Ga サイトの規則度 φ_2 を BWG 理論計算により予測することが可能である．

次に Z 元素の影響を見てみたい．Co_2MnZ は多くの Co-Mn 基系に実在するが，$T_t^{B2/L2_1}$ が融点より以下に存在する合金系は Co_2MnZ（Z=Al, Ga）に限定される．そこで，Z サイトに調査したい Z' を置換し 4 元合金の $T_t^{B2/L2_1}$ から外挿することで Co_2MnZ'（Z'=Si, Ge, Sn）の $T_t^{B2/L2_1}$ を決定した．**図 2-13**[30, 31]

は，$Co_2MnZ_{1-x}Z'_x$（$Z=Al, Ga ; Z'=Si, Ge, Sn$）合金の $T_t^{B2/L2_1}$ をまとめて示している．$Co_2MnAl_{1-x}Si_x$ や $Co_2MnGa_{1-x}Si_x$ では，測定した組成域において $T_t^{B2/L2_1}$ が直線的に変化することが判明したことから，直線外挿を利用した．図 2-13 から Co_2MnZ'（$Z'=Si, Ge, Sn$）における各 $T_t^{B2/L2_1}$ は，それぞれ 1580 K, 1590 K, 1870 K と見積もられる．ただし，Sn に関しては実験で得られた組成範囲が非常に狭いため大きな誤差を含んでいる可能性がある．図 2-13 からわかるように，ホイスラー合金の Z サイトに関しては，Al 族より Si 族の方が，また原子番号の大きな下の周期の方がより安定となる傾向が見られる．

2.3.3　$Ni_{50}Mn_{50-x}Z_x$ 系（$Z=Al, Ga, In$）

最後に，磁性形状記憶合金で有名な Ni-Mn-Z 系について紹介する．図 2-14[32] は，熱分析により実験的に決定された $Ni_{50}Mn_{50-x}Z_x$ 系（$Z=Al, Ga, In$）の $T_t^{B2/L2_1}$ を示している．この NiMn-NiZ は図 2-10（a）に示された XTi-XAl と等価な断面であり，Ni が完全に Ni サイトに入っている場合には，式(2-3) で与えられる放物線に乗るはずである．しかしながら，実際には図 2-14 に示

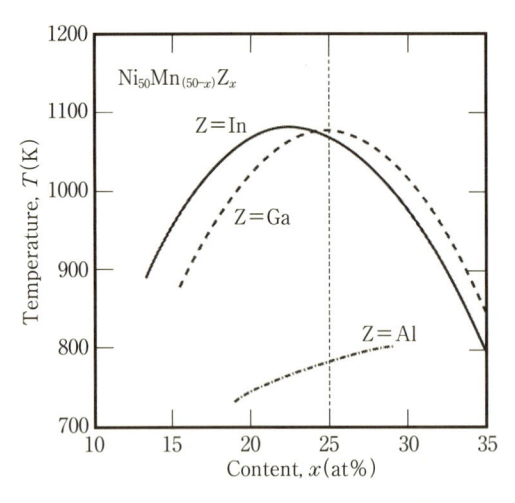

図 2-14　NiMn-NiZ（$Z=Al, Ga, In$）縦断面状態図[32]．

す通り Z＝Ga 以外は左右の対称性が失われたプロットとなった．このような挙動を示す理由は不明であるが，図 2-10（a）における Fe_2TiAl の場合に見られたように $T_t^{A2/B2}$ 温度が低く，Ni サイトの規則度が十分ではないことが理由として考えられる．化学量論組成に注目すると In と Ga は $T_t^{A2/B2} \approx 800℃$ であるのに対し，Al は $T_t^{A2/B2} \approx 500℃$ と低い．Ni_2MnGa と比べ Ni_2MnAl が磁性形状記憶として不十分なのは，このような低い規則度のために強磁性が十分に発現しないためである[33]．$Ni_{50}Mn_{50-x}In_x$ 系では，$x＝16\%$ 付近でマルテンサイトが生じるが，その組成域では $T_t^{A2/B2} \approx 700℃$ 程度であり熱処理条件で規則度が大きく変化する．マルテンサイト変態は，母相の規則度に強く影響を受けることが知られている[34]．

2.4 ま と め

ホイスラー合金は，数多くの興味深い物性を示すため機能性材料として世界的に研究がなされている．一方，本章で示したように，多くのホイスラー合金は単純な金属間化合物というより，幅広い固溶度（存在組成域）を持ち規則-不規則変態を示す等，金属的な特徴を色濃く示すため，相平衡・相変態の観点からも非常に興味深い材料であると言える．本章で収録した状態図が，ホイスラー系機能性材料の今後の開発に大いに役立つことを期待する．

状態図集録にあたり，宮本隆史氏（東北大学大学院），木村好里氏（東京工業大学準教授）にご協力いただきました．心より感謝いたします．

参考文献

[1] 須藤 一, 田村今男, 西澤泰二：金属組織学, 丸善 (1972).
[2] 西澤泰二：ミクロ組織の熱力学, 日本金属学会 (2005).
[3] V. Raghavan：J. Phase Equilibria **23** (2002) 367.
[4] R. Umino, X. J. Liu, Y. Sutou, C. P. Wang, I. Ohnuma, R. Kainuma and K. Ishida：

J. Phase Equilibr. & Diffusion **27**（2006）54.
- [5] K. Ishikawa, M. Ise, I. Ohnuma, R. Kainuma and K. Ishida : Ber Bunsenges, Phys. Chem. Solids **102**（1998）1206.
- [6] K. Kobayashi, R. Kainuma, K. Fukamichi and K. Ishida : J. Alloys Compd. **403**（2005）161.
- [7] K. Inomata, S. Okamura, A. Miyazaki, M. Kikuchi, N. Tezuka, M. Wojcik and E. Jedryka : J. Phys. D : Appl. Phys. **39**（2006）816.
- [8] K. Kobayashi, R. Umetsu, R. Kainuma, K. Ishida, R. Oyamada, A. Fujita and K. Fukamichi : Appl. Phys. Lett. **85**（2004）4684.
- [9] R. Y. Umetsu, K. Kobayashi, A. Fujita, K. Oikawa, R. Kainuma, K. Ishida, N. Endo, K. Fukamichi and A. Sakuma : Phys. Rev. B **72**（2005）214412.
- [10] N. Kamiya, T. Sasaki, R. Kainuma, I. Ohnuma and K. Ishida : Intermetallics **12**（2004）417.
- [11] P. Villars, A. Prince and H. Okamoto : in Handbook of Ternary Alloy Phase Diagrams, ASM International（1995）p. 8319.
- [12] R. Kainuma, M. Ise, K. Ishikawa, I. Ohnuma and K. Ishida : J. Alloys Compd. **269**（1998）173.
- [13] P. Villars, A. Prince and H. Okamoto : in Handbook of Ternary Alloy Phase Diagrams, ASM International（1995）p. 8522.
- [14] Yu. V. Stadnyk and R. V. Skolozdra : Inorganic Mater. **27**（1991）1884.
- [15] C. Wedel and K. Itagaki : J. Phase Equilibria **22**（2001）324.
- [16] T. Miyamoto and R. Kainuma : unpublished work.
- [17] R. Ducher, R. Kainuma and K. Ishida : J. Alloys Compd. **463**（2008）213.
- [18] K. Ishida, R. Kainuma, N. Ueno and T. Nishizawa : Metall. Trans. **22A**（1991）441.
- [19] R. Kainuma, K. Ishida and T. Nishizawa : Metall. Trans. **23A**（1992）1147.
- [20] R. Kainuma, N. Satoh, X. J. Liu, I. Ohnuma and K. Ishida : J. Alloys Compd. **266**（1998）191.
- [21] Y. Sutou, T. Omori, Y. Yamauchi, N. Ono, R. Kainuma and K. Ishida : Acta Mater. **53**（2005）4121.
- [22] 貝沼亮介, 高橋　心, 石田清仁：伸銅技術研究会誌 **34**（1995）213.
- [23] W. Gorsky : Z. Physik **50**（1928）64.
- [24] W. L. Bragg and E. J. Williams : Proc. Roy. Soc. A **145**（1934）699, A **151**

(1935) 540.
- [25] G. Inden : Z. Metallkde **66** (1975) 577.
- [26] K. Ishikawa, R. Kainuma, I. Ohnuma, K. Aoki and K. Ishida : Acta Mater. **50** (2002) 2233.
- [27] H. Okamoto : in Desk Handbook Phase Diagrams for Binary Alloys, ASM International (2000) p. 31.
- [28] K. Kobayashi, K. Ishikawa, R. Y. Umetsu, R. Kainuma, K. Aoki and K. Ishida : J. Magn. Magn. Mater. **310** (2007) 1794.
- [29] R. Y. Umetsu, K. Kobayashi, R. Kainuma, Y. Yamaguchi, K. Ohoyama, A. Sakuma and K. Ishida : J. Alloy. Compd. **499** (2010) 1.
- [30] R. Y. Umetsu, K. Kobayshi, A. Fujita, R. Kainuma and K. Ishida : Scr. Mater. **58** (2008) 723.
- [31] A. Okubo, R. Y. Umetsu, K. Kobayashi, R. Kainuma and K. Ishida : Appl. Phys. Lett. **96** (2010) 222507.
- [32] T. Miyamoto, W. Ito, R. Y. Umetau, R. Kainuma, T. Kanomata and K. Ishida : Scripta Mater. **62** (2010) 151.
- [33] H. Ishikawa, R. Y. Umetsu, K. Kobayashi, A. Fujita, R. Kainuma and K. Ishida : Acta Mater. **56** (2008) 4789.
- [34] W. Ito, M. Nagasako, R. Y. Umetsu, R. Kainuma, T. Kanomata and K. Ishida : Appl. Phys. Lett. **93** (2008) 232503.

機能材料としてのホイスラー合金

第3章

ホイスラー合金の磁性

3.1 はじめに

　フルホイスラー合金とハーフ（セミ）ホイスラー合金はそれぞれ X_2YZ，XYZ の分子式を持つ規則合金である．そこで，X，Y 元素は 3d，4d，5d 遷移金属，ランタナイド金属，アクチナイド金属であり，Z 原子は s，p 元素である．

　本章ではフルホイスラー合金をホイスラー合金として記述してある．本書は機能材料としてのホイスラー合金に焦点を絞っているので本章で扱うホイスラー合金は X，Y 元素が 3d，4d，5d 遷移金属の合金に限られる．紙面の都合上，多くの混晶系ホイスラー合金の磁性については記述できなかった．また磁気秩序を持たない大部分の非磁性のホイスラー合金の磁気特性についてもここでは取り上げなかった．本章では他章の理解に役立つようにホイスラー合金の磁気特性を意識的にある程度網羅的に記述した．ここでの内容はホイスラー合金の磁気特性の中でも磁気転移温度，磁気モーメント，交換相互作用に焦点を絞った．

　ホイスラー合金の結晶構造は立方対称性を持つ．合金内の鉄族遷移金属の軌道磁気モーメントは大部分消失しているので合金内の磁気異方性エネルギーは小さい．磁気異方性の説明は全て省略した．ホイスラー合金の磁気特性に関しては参考文献[1~5]も参照してほしい．本章 3.2 節，3.3.1 および 3.3.4 項の内容の一部は，筆者による解説（参考文献[5]）を参照して記述してある．

3.2　X線,中性子回折によるホイスラー合金の結晶構造解析

　ホイスラー合金 X_2YZ は立方 $L2_1$ 構造（空間群 $Fm\bar{3}m$）を持つ．その結晶構造が図 3-1 に示されている．$L2_1$ 構造は 4 個の面心立方格子が入れ子になっている．この 4 個の副格子を A，B，C，D とすると，その分数座標はそれぞれ (0 0 0)，(1/4 1/4 1/4)，(1/2 1/2 1/2)，(3/4 3/4 3/4) で表される．A と C のサイトは結晶学的に同等である．完全秩序状態（$L2_1$ 構造）の X_2YZ 合金では，X 原子が A，C サイトを占め，B，D サイトをそれぞれ Y と Z 原子が占める．A と C サイトを X 原子が占め，B と D サイトを占める Y，Z 原子が完全無秩序化すると結晶構造は $L2_1$ から CsCl 型の B2 構造（空間群 $Pm\bar{3}m$）に変化する．ハーフホイスラー構造は図 3-1 において，C サイトを占める原子が完全に空孔になっている（空間群 $F\bar{4}3m$）．作製した試料の結晶構造に関する評価は主に X 線回折実験の回折パターンを解析して行われる．粉末 X 線回折線強度は構造因子 F の 2 乗に比例する．$L2_1$ 構造は 4 個の面心立

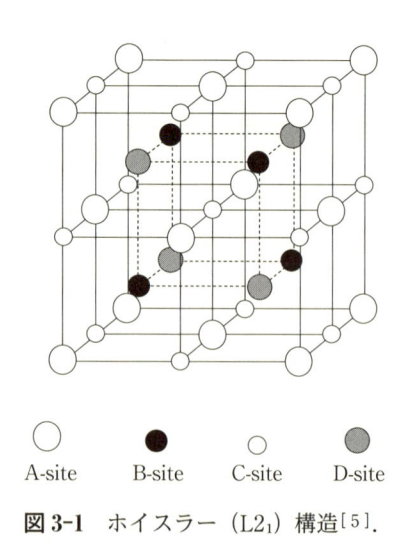

図 3-1　ホイスラー（$L2_1$）構造[5].

方格子が入れ子になっているため全ての回折線はミラー指数が偶数か奇数の回折線に限られる．構造因子 F は以下の式によって表される．

$$F(hkl) = \sum_n f_n \exp[2\pi i(hx_n + ky_n + lz_n)] \tag{3-1}$$

この和は単位胞内の全ての原子について行う．ここで，f_n は原子散乱因子，h, k, l はミラー指数，x_n, y_n, z_n は単位胞内の分数座標である．今，L2$_1$ 構造の構造因子を計算してみる．図 3-1 の A，B，C，D 各サイトを占める原子の原子散乱因子と原子座標を式(3-1)に代入すると各反射の構造因子が計算できる．ミラー指数が全て奇数の場合における構造因子の絶対値は以下のように表される．

$$F(111) = |4[(f_A - f_C)^2 + (f_B - f_D)^2]^{1/2}| \tag{3-2}$$

ミラー指数が全て偶数の場合においては，結晶構造因子は以下のように二つのタイプに分けられる．すなわち $(h+k+l)/2 = 2n+1$ （n：整数）の場合，構造因子は以下のように表される．

$$F(200) = |4[f_A - f_B + f_C - f_D]| \tag{3-3}$$

次にミラー指数が全て偶数でかつ $(h+k+l)/2 = 2n$ （n：整数）のとき，構造因子は以下のように表される．

$$F(220) = |4[f_A + f_B + f_C + f_D]| \tag{3-4}$$

式(3-2)，(3-3)，(3-4)の f_A, f_B, f_C, f_D はそれぞれ A，B，C，D サイトを占める原子の平均の原子散乱因子である．式(3-4)を見るとわかるように，$F(220)$ は原子散乱因子の和であり，回折線強度は原子秩序に依存しない．$F(220)$ で代表される回折線は基本線と呼ばれる．一方，$F(111)$ と $F(200)$ は原子散乱因子の差の項を含むので，回折線強度は原子秩序に依存し，$F(111)$, $F(200)$ に代表される回折線は規則格子線と呼ばれる．第 2 章で詳しく述べたように，ホイスラー合金は温度の上昇に伴い，L2$_1$ 型構造から B2 型構造に相変態する．B2 構造に変態すると式(3-2)からわかるように，(111)で代表される回折線は消失する．X, Y, Z 原子が完全無秩序化すると A2 構造になり，全ての規則格子線が消失する．式(3-2)，(3-3)を見るとわかるように，ホイスラー合金を構成する X, Y, Z 原子の原子散乱因子に差がある場合には，規則格子線の強

度が強く現れる．回折角が増大すると，個々の電子によって散乱された波は次第に位相が合わなくなり，原子散乱因子が減少する．また，原子散乱因子は入射X線の波長にも依存する．形状記憶効果や超磁歪効果を示すホイスラー合金 Ni_2MnGa の結晶構造解析について検討してみよう．合金を構成する Ni, Mn, Ga 各原子の原子番号が接近しているので，(220)のような基本線の回折線強度に比べて(111)，(200)のような規則格子線の回折線強度は非常に弱く，X線回折実験によって結晶構造を決定することは困難である．Ni_2MnGa のように，合金を構成する原子の原子番号が接近している場合の結晶構造解析に有効な方法は粉末中性子線回折実験である．中性子回折による結晶構造解析の原理と技術がX線回折の原理と技術を基礎として成り立っているので，その研究手段，技術，解析は極めて相似的である．結晶構造解析に中性子回折が用いられる理由は，実験に使用される熱中性子の波長が結晶内原子間距離と同じオーダーであることによる．中性子回折においても回折線強度は構造因子の2乗に比例し，構造因子は式(3-1)と同じように以下の式で表される．

$$F_n(hkl) = \sum_n b_n \exp[2\pi i(hx_n + ky_n + lz_n)] \quad (3\text{-}5)$$

式(3-1)の原子散乱因子 f が式(3-5)では核散乱振幅 b に置き換えられている．X線は前述したように原子内電子によって散乱されるので，散乱ポテンシャルの広がりはX線の波長と同程度である．中性子は核力によって散乱される．核力の及ぶ範囲は約 10^{-12} cm で中性子回折に用いる中性子の波長に比べ著しく小さい．したがって核による散乱ポテンシャルの広がりが中性子の波長に比べて著しく小さいので，核は幾何学的点と見なされ中性子による核散乱は核散乱角に無関係になる．中性子散乱の特徴の一つは，核散乱振幅が負になり得ることである．本書で扱われるホイスラー合金は構成元素として鉄族遷移金属を多く含む．鉄族遷移金属の中で Ti, V, Mn 原子は負の核散乱振幅を持っている．もう一つの特徴は中性子回折実験に使う程度のエネルギーを持つ中性子に対して核散乱振幅が乱雑な値を持つことである．Ni_2MnGa の Ni, Mn, Ga 原子の核散乱振幅はそれぞれ 10.3×10^{-13} cm, -3.7×10^{-13} cm, 7.2×10^{-13} cm である．核散乱振幅間の差が大きいので，Ni_2MnGa の結晶構造解析には中性子

回折実験が必須である．X₂YZ ホイスラー合金の X 線および中性子回折実験により，A，C サイトを優先的に占有する X 原子は周期表において Y 原子よりも右側に位置していることが明らかになっている．一般に中性子の物質透過能は大きいので真の吸収の影響はあまり顕著に現れない．ただし Li，B，Cl，Rh，In，Ir，Cd 元素，希土類元素などの吸収断面積は大きい．上記元素を含むホイスラー合金の中性子回折実験は吸収の影響が大きいので，回折実験には長時間の測定が必要となる．ホイスラー合金の磁気特性は原子秩序度に強く依存するので作製した試料の結晶評価は大切である．

3.3 ホイスラー合金の磁性

3.3.1 X₂MnZ 合金の磁性

　X₂MnZ 合金の室温における格子定数，磁気構造，磁気転移温度，1 分子当たりの磁気モーメントが**表 3-1** にまとめてある．表中の F，AF，Cant はそれぞれ強磁性，反強磁性，キャント磁性を意味する．1 分子当たりの磁気モーメントは 4.2 K あるいは 5 K における自発磁化から求められている．自発磁化はある任意の温度における磁化曲線から磁場ゼロに外挿して決定される．飽和磁化はあくまでも磁場の値が無限大のときの磁化の値である．後述するハーフメタルのような特殊な電子状態を持つ強磁性体を除いて，金属強磁性体の場合には，強磁場磁化率がゼロになることはなく磁化が飽和することはない．

　従来，X₂MnZ 合金は局在系の典型的物質としてその磁性が議論されてきた．1980 年代頃から X₂MnZ 合金の電子状態解明のため，X₂MnZ 合金のバンド計算が国内外で行われるようになってきた[12]．バンド計算の結果を要約すれば，Mn 原子の 3d 電子軌道は X 原子の電子軌道と強く混成して非局在化されており，X₂MnZ 合金の Mn 磁気モーメントの局在的性質は，Mn3d 殻からの少数スピンの排除の結果として現れている．もう少し詳しく言えば，局在的 Mn 磁気モーメントは原子内交換相互作用によって生じている．原子内交換相互作用は直接バンドの交換分裂に関係しているからである．**表 3-2** は Kurtulus らによるバンド計算から求めた磁気モーメントの結果である[5,13]．注目す

表 3-1 X_2MnZ 合金の格子定数，磁気構造，磁気転移温度と 1 分子当たりの磁気モーメント[5]．格子定数，磁気転移温度と磁気モーメントの単位はそれぞれ Å, K, μ_B/f.u. である．

Z\X	Fe	Co	Ni	Cu	Ru	Rh	Pd	Ir	Pt	Au
Al	5.816 F 1.58	5.756 F 693 4.01 B2/L2$_1$	5.821 AF 300 B2/L2$_1$	5.949 F 603 4.12		6.005 F (Cant) ~95 >0.7 B2	6.165 AF 240 (4.4) B2	6.025[d] AF[d] 500[d]	6.24 AF 190 L2$_1$+(L1$_0$)	6.36 F 4.2
Ga		5.770 F 694 4.05	5.825 F 374 4.17		5.992[b] AF[b] 15[b]	6.054 F (Cant) ~80 >1.2 B2		6.05[e] AF[e] ~65[e]	6.16 AF 75	
In			6.069 F 314 4.43	6.206 F 500 3.95		6.287 F (Cant) ~105 >2.3 B2	6.373 AF 142 (4.3) L2$_1$/B2			6.644[f] F[f]
Si	5.663 F 214 1.76	5.654 F 985 5.07			5.887[c] AF[c] 313[c]					
Ge		5.743 F 905 5.11	a=5.65[a] c=5.96[a] F 320[a] 2.31[a]		5.985[c] AF[c] 316[c]	5.993 F 450 4.3	6.174 F 170 3.2			
Sn		6.000 F 829 5.08	6.053 F 360 4.22	6.173 F 503 4.11	6.217[c] AF[c] 296[c]	6.252 F 412 3.1	6.380 F 189 4.23			
Pb						6.332 F 338 4.12				
Sb			6.004 F 365 3.52		6.201[c] AF[c] 195[c]	5.898 (6.897) F 335 Tet.	6.419 F 247 4.40			

a) 文献[6], b) 文献[7], c) 文献[8], d) 文献[9], e) 文献[10], f) 文献[11]
上記の文献のデータ以外のデータは全て文献[1]から引用した．

表 3-2　X_2MnZ 合金の計算から求めた磁気モーメント μ_m(cal) と実測の 1 分子当たりの磁気モーメント μ_m(exp)[5, 13]. T_C は実測のキュリー温度[1]. T_C の値は表 3-1 から引用した.

	μ_m(cal)(μ_B) X	Mn	Total	μ_m(exp)(μ_B) Total	T_C (K)
Co_2MnGa	0.73	2.78	4.13	4.05	694
Co_2MnSi	1.01	3.08	5.00	5.07	985
Co_2MnGe	0.97	3.14	5.00	5.11	905
Co_2MnSn	0.95	3.24	5.04	5.08	829
Rh_2MnGe	0.42	3.67	4.49	4.62	450
Rh_2MnSn	0.45	3.73	4.60	3.10	412
Rh_2MnPb	0.45	3.69	4.58	4.12	338
Ni_2MnSn	0.23	3.57	3.97	4.05	360
Cu_2MnSn	0.04	3.79	3.81	4.11	503
Pd_2MnSn	0.07	4.02	4.07	4.23	189

べきは X 原子が Co 原子の場合, すなわち Co_2MnZ 合金において, Co 原子が約 1 μ_B の磁気モーメントを担っていることである（表 3-2 参照）. Co 原子の磁気モーメントの発生は Co 原子の 3d 軌道と最隣接の Mn 原子の 3d 軌道との混成に密接に関係している[13]. さらに注目すべきは, X_2MnZ 合金の X 原子が Ni および Rh 原子の場合である. Rh_2MnZ(Z＝Ge, Sn, Sb) 合金の Rh 原子が約 0.45 μ_B の磁気モーメントを, Ni_2MnSn の Ni 原子が 0.23 μ_B の磁気モーメントを持っていることである.

第一原理計算によれば強磁性形状記憶合金 Ni_2MnGa の Ni 原子も約 0.3 μ_B の磁気モーメントが形成されている[14]. Brown らは Ni_2MnGa の偏極中性子回折実験を行い, 磁気モーメントに関する知見を得た[15]. その結果によれば, Ni および Mn 原子の磁気モーメントは 100 K でそれぞれ 0.36 μ_B, 2.8 μ_B であった. 彼らは粉末中性子回折実験より, 220 K で Mn 磁気モーメントが 3.05 μ_B であることも報告している[16]. これらの値は計算から求めた Ni および Mn 磁気モーメントとほぼ一致している. 反強磁性体 Ru_2MnZ(Z＝Ge, Sb)[17], Pd_2MnIn[18] においても, 粉末中性子回折実験により約 4 μ_B の Mn 磁気モーメ

表 3-3 Co₂MnSi, Ni₂MnSn 合金内の遷移金属間に働く交換作用の計算結果[5, 13]. 単位は μRy である.

Sublattice		J_1	J_2	J_3	J_4	J_5	J_6	J_7	J_8
Co₂MnSi	Co₁-Co₁	5	59	1	1	1	−2	1	1
	Co₁-Co₂	165	72	−31	−6	10	0	2	1
	Co₁-Mn	1106	38	12	2	4	1	0	0
	Mn-Mn	130	58	−12	24	0	−8	0	−2
Ni₂MnSn	Ni₁-Mn	263	−18	1	4	8	1	1	2
	Mn-Mn	151	116	29	−104	14	−30	12	−14
	Mn-Mn[12]	187	−13						
	Mn-Mn[19]	82	105	38	37	−6	17	4	2

ントが観測されている.

次に X₂MnZ 合金の交換相互作用について検討してみよう.X₂MnZ 合金の中で,X が Co, Ni のような磁気モーメントを持っている合金の交換相互作用は特に興味深い.それら合金は本書の主役である機能材料の有力な候補であるからである.Kurtulus らは第一原理計算に基づいて X₂MnZ(Z=Co, Ni, Cu, Rh, Pd ; Z=Ga, Si, Ge, Sn) 合金の遷移金属間に働く交換相互作用を第 8 隣接原子間まで計算した[13].その一部が表 3-3 に示されている.表中で J_1 は,第 1 隣接交換相互作用(最隣接交換相互作用)を意味する.表 3-3 を見るとわかるように,Co₂MnSi において最隣接 Co-Mn 原子間に働く交換相互作用は他の交換相互作用に比べて圧倒的に強い.その値は最隣接 Mn 原子間に働く交換相互作用の約 8.5 倍である.ホイスラー合金の磁性が原子秩序に強く依存していることが理解できる.最隣接 Co-Mn 原子間距離が短いことかつ Co 原子が表 3-2 に示したように約 1 μ_B の大きな磁気モーメントを持つことが圧倒的に大きい第一隣接 Mn-Co 交換相互作用出現の起因と推定される.表 3-3 を見るとわかるように,Co-Mn 原子間に働く交換相互作用は短距離的であるのに対して,Mn 原子間に働くそれは振動しかつ長距離的である.以前に Noda と Ishikawa は Ni₂MnSn, Pd₂MnSn のスピン波を非弾性中性子回折実験により観測し,ハイゼンベルクモデルにより実験結果を解析し上記合金の主なる交換相互作用が振動し,遠距離まで働く相互作用であることを明らかにした[19].表 3-3 には,

Küblerらによって計算された交換相互作用の値[12]も示されている．

 Ni₂MnSn合金においても最強の交換相互作用は最隣接Ni-Mn原子間相互作用である．この値は最隣接Mn-Mn相互作用とほぼ等しい．表3-1を見ると，X原子が4dおよび5d元素になるとX₂MnZ合金は反強磁性を示す傾向がある．X原子が4dおよび5d原子の場合，これ等原子の磁気モーメントは非常に小さいので合金内の主なる交換相互作用は伝導電子を媒介として局在スピン間に働く交換相互作用，いわゆる間接交換相互作用である．この相互作用はその提唱者達Ruderman，Kittel，Kasuya，Yoshidaの頭文字を取ってRKKY相互作用と呼ばれる．RKKY相互作用は，原子当たりの伝導電子数および伝導電子の密度で決まるフェルミ波数に直接関係する．RKKY相互作用である場合には，合金内の磁気秩序は遠距離まで働く交換相互作用の総和で決まる．X₂MnZ合金の磁気構造が価電子数（電子密度）に依存することが理解できる．X原子が大きな磁気モーメントを持つ磁性原子の場合，X-Mn原子間に働く第1隣接交換相互作用が強制的に合金を強磁性に秩序化させていると推定できる．今まで議論してきたようにX₂MnZ合金におけるMn原子は約3～4 μ_Bの大きな磁気モーメントを持つことから，交換相互作用を原子間距離にプロットした交換相互作用曲線にのっとった議論[20]も近似的に許されるのであろう．

 表3-1には，反強磁性を示す多くの合金が示されている．これら合金の中でRu₂MnZ（Z＝Ge，Sb）[17]，Pd₂MnIn[18]の磁気構造が第2種の反強磁性構造（AFⅡ）であることが中性子回折実験で明らかにされている．ホイスラー合金の中で反強磁性構造が最初に明らかにされた合金がPd₂MnInである[18]．**図3-2**には，磁性原子が面心立方格子を形成するときに出現する反強磁性構造が示されている．AFⅡの磁気構造では(111)面内でMn磁気モーメントが強磁性的に結合し，隣接面間で磁気モーメントが反強磁性的に結合している．簡単のため，磁性原子間にはハイゼンベルク型の等方的交換相互作用が働いていると仮定する．Mn原子間に働く交換相互作用として第1，第2隣接Mn-Mn原子間相互作用J_1，J_2を考え，スピン量子数をSとすると，常磁性キュリー温度θ_pとネール温度T_NはAFⅡ磁気構造では以下の式で表される．

fcc AF I

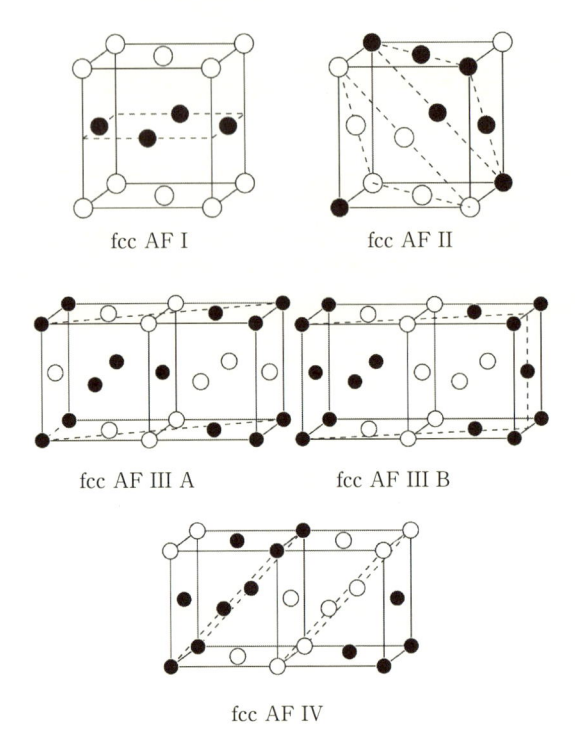

fcc AF II

fcc AF III A

fcc AF III B

fcc AF IV

図 3-2 磁性原子が面心立方格子を形成するときに出現する反強磁性構造.

$$\theta_p = 2S(S+1)(12J_1+6J_2)/3k_B \quad (3\text{-}6)$$
$$T_N = -4S(S+1)J_2/k_B \quad (3\text{-}7)$$

Ru$_2$MnZ (Z=Si, Ge, Sn, Sb) 合金の実測値 θ_p, T_N の値[8]と $S=2$ を式(3-6)と(3-7)に代入して求めた各合金の J_1, J_2 の値が，**表 3-4** に示してある．表を見ると明らかなように，$|J_2|>J_1$, $J_1>0$, $J_2<0$ である．Pd$_2$MnIn の Pd 原子を一部 Ag 原子に置換していくと，AF II 構造から AF III A 構造に転移し，さらに Ag 原子濃度を増加すると強磁性に転移する[21]．同様な磁気構造の変化が Pd$_2$MnIn の In 原子を Sn や Sb 原子に置換した系，Pd$_2$MnIn の Pd 原子を一部 Cu 原子に置換した系でも観測される．In 原子の価電子数に比べ，Sn 原子と Sb 原子の価電子数がそれぞれ 1 および 2 個多いこと，Pd 原子の価電子数に

表 3-4 Ru₂MnZ (Z=Si, Ge, Sn, Sb)[8]の磁気特性. T_N はネール温度, θ_p は常磁性キュリー温度, p_C はキュリー-ワイス則から求めた Mn 磁気モーメント, J_1 および J_2 はそれぞれ最隣接, 第 2 隣接 Mn-Mn 交換相互作用である[5].

	T_N (K)	θ_p (K)	p_C (μ_B)	J_1 (K)	J_2 (K)
Ru₂MnSi	313	21	2.8	6.9	−13.0
Ru₂MnGe	316	−46	3.2	5.6	−13.2
Ru₂MnSn	296	−120	2.8	3.7	−12.3
Ru₂MnSb	195	91	3.9	5.9	−8.1

比べ Cu 原子と Ag 原子の価電子数が 1 個多いことに注目してほしい. 以上のように X₂MnZ 合金の磁気構造は価電子数に密接に関係している.

3.3.2 Mn₂YZ 合金の磁性

Mn₂VAl における Mn 原子は単純立方格子を形成し, 最隣接の原子間距離は約 2.9 Å である. Mn₂VAl の 5 K における 1 分子当たりの磁気モーメントは 1.94 μ_B[22], キュリー温度は約 765 K[23] である. Mn₂VAl の室温における粉末中性子回折実験の結果は Mn 磁気モーメントと V 磁気モーメントが反強磁性的に結合し, Mn 原子と V 原子の磁気モーメントがそれぞれ 1.5±0.3 μ_B, −0.9 μ_B であることを明らかにした[24]. したがって, Mn₂VAl はフェリ磁性体である. バンド計算の結果, Mn₂VAl はハーフメタルであることが報告された[25]. ハーフメタルは多数スピンの電子が金属的であるのに対し, 少数スピンの電子は半導体的である. すなわちそのフェルミ面においてエネルギーギャップが存在する. Mn₂VAl の場合, 多数スピンバンドにエネルギーギャップが形成されている. ハーフメタルはスピン偏極率が 100% である. ハーフメタル強磁性体の予想される巨視的磁気特性について述べる. ハーフメタルの詳しい電子状態については, 第 6 章を参照していただきたい. 第一にハーフメタル強磁性体の 0 K における磁気モーメントは整数である. 今, 多数スピンと少数スピンの電子数をそれぞれ $n_\uparrow$, $n_\downarrow$ とすると全電子数は $n=n_\uparrow+n_\downarrow$ である. そのとき磁気モーメント μ_m は $\mu_m=n_\uparrow-n_\downarrow$ で与えられる (単位は μ_B). ハーフメタルの

場合，少数スピンバンドは閉じられているので $n_↓$ は整数である．したがって，ハーフメタルの磁気モーメントは整数となる．Galanakis らはハーフメタルであるホイスラー合金の1分子当たりの磁気モーメントが一般化されたスレーター-ポーリング則に従って変化することを示した[26]．ホイスラー合金の少数バンドは1分子当たり12個の電子で埋まっている．1分子当たりの磁気モーメントを μ_m，全価電子数を Z_t とすると多数スピン電子の数は1分子当たり Z_t-12 となり，$\mu_m = (Z_t-12) - 12 = Z_t - 24$ となる．スレーター-ポーリング則では，軌道磁気モーメントの影響を無視していることに注意してほしい．ハーフメタルの第2の特徴は，低温における自発磁化の温度変化がスピン波の励起によって支配されることである．そのとき，自発磁化 $M_s(T)$ は $T^{3/2}$ に比例して変化する．第3の特徴は，フェルミレベルの位置に関係するが基本的に強磁場磁化率がゼロになる．第4の特徴はハーフメタルの多数スピンのバンドを圧力の作用により広げても，多数スピンを占有する電子は少数スピンバンドを占有できないので0Kにおける自発磁化の圧力係数はゼロになる．最近，筆者らはハーフメタル合金 Co_2VGa（3.3.4項参照）の5Kにおける自発磁化の圧力係数がほぼゼロであることを示した[27]．Mn_2VAl の場合，1分子当たりの価電子数は22個であるのでスピンによる磁気モーメントとして $2\mu_B$ の磁気モーメントが予想され，磁化測定から求めた磁気モーメントと理論的予想値はよく一致している．

Mn_2VAl の高いキュリー温度は最隣接 Mn 原子と V 原子に働く非常に強い交換相互作用による．表 3-5 には Mn_2VAl も含め $L2_1$ 構造を持つ Mn_2YZ 合金の室温における格子定数，キュリー温度 T_C，4.2K あるいは5K における磁気モーメントの値が示されている．

表 3-5 Mn_2YZ 合金の室温における格子定数，キュリー温度と磁気モーメント．

	a (Å)	T_C (K)	μ_m (μ_B/f.u.)
Mn_2VAl[a]	5.874	~765	1.94
Mn_2VGa[b]	5.905	783	1.88
Mn_2WSn[c]	6.317	258	1.54

a) 文献[22, 23], b) 文献[28], c) 文献[29]

3.3.3 Fe₂YZ 合金の磁性

Buschow らの報告によれば，Fe₂TiAl はキュリー温度 123 K，4.2 K における磁気モーメント 0.11 μ_B/f.u. の強磁性体である[3]．Fe₂TiSn，Fe₂VAl と Fe₂VGa はフェルミレベル付近に擬ギャップを持つ常磁性半金属である．Fe₂VAl は大きなゼーベック係数を示すので熱電変換材料の有力な候補である（第10章参照）．

Fe₂VSi は室温で L2₁ 構造を取るが約 123 K で立方晶の c 軸長が少し収縮した正方晶に構造転移を示す[30]．10 K における Fe₂VSi の格子定数は，a=5.688±0.001 Å，c=5.623±0.003 Å である．Fe₂VSi は約 123 K における構造相変態と同時に常磁性から反強磁性に転移する[31]．Buschow と van Engen は Fe₂CrAl が L2₁ 構造を持ち，強磁性体であることを報告している[3]．キュリー温度は 246 K，4.2 K における 1 分子当たりの磁気モーメントは 1.67 μ_B である．一方，Zhang らは Fe₂CrAl の結晶構造は B2 構造であると報告している[32]．Fe₂CrAl，Fe₂CrGa の結晶構造と磁性については，今後の課題である．

Fe₂CoGa，Fe₂NiAl，Fe₂NiGa は全て強磁性体であるが[1]，これら合金の詳しい磁気特性は不明である．

3.3.4 Co₂YZ 合金の磁性

Co₂YZ 合金の室温における格子定数，4.2 K（あるいは 5 K）における 1 分子当たりの磁気モーメント，キュリー温度が表 3-6 にまとめられている．表中の全ての合金は強磁性を示す．Co₂MnZ 合金の磁性に関してはすでに 3.3.1 項に記述してある．

近年の第一原理計算により，Co₂YZ 合金の多くがハーフメタル特性を持つことが報告された[41]．原子が非磁性元素からなる Co₂YZ 合金においては，Y，Z 原子は Co 原子軌道と Y，Z 原子軌道の混成によって小さな磁気モーメントを持つ．Co₂YZ 合金の微視的電子状態は第 6 章に詳しく述べられている．Co₂YZ(Y=Ti, Zr, Nb) 合金においてフェルミ面近傍は Co3d 状態が支配的であることが光電子分光の実験からわかった[42]．上記合金の光電子分光の実験

42   第3章　ホイスラー合金の磁性

表 3-6　Co_2YZ 合金の室温における格子定数，キュリー温度と 1 分子当たりの磁気モーメント．格子定数，キュリー温度と磁気モーメントの単位はそれぞれ Å，K，μ_B/f.u. である．脚注の文献からのデータ以外のデータは全て文献[1]から引用してある．Co_2MnZ 合金の格子定数と磁気特性は表 3-1 に示されている．

X\Z	Sc	Ti	V	Cr	Fe	Zr	Nb	Hf	Ta
Al		5.848 138 0.71	5.770 310 1.65 $L2_1$/B2	5.887 334 1.55	5.730 1170[f] 5.5[f]	6.082 185 0.61	5.935 383 1.35	6.019 193 0.81	5.930 260 1.5
Ga	6.17[a] 0.25/Co[a]	5.848 130 0.75	5.786 349 1.95	5.805 495[d] 3.01[d]	5.737 1093[d] 5.17[d]		5.950 372[i] 1.39	6.032 186 0.54	
In				6.0596[e] 1.18[e]					
Si		5.849[c] 380±5[c] 1.96[c]			5.64[g] 1100±20[g] 5.97[g]				
Ge		5.82[c] 380±5[c] 1.94[c]			5.738[h] 5.54[h]				
Sn	6.190[b] 238[b] 0.51/Co[b]	6.073 359 1.93	5.980 70 0.56			6.249 444 1.51	6.153 119 0.52	6.218 394 1.55	

a) 文献[33], b) 文献[34], c) 文献[35], d) 文献[36], e) 文献[37], f) 文献[38], g) 文献[39], h) 文献[4], i) 文献[40]

結果とバンド計算の結果は一致せず，実測のバンド幅は計算から得たバンド幅よりも狭くなっていた．このことから，Co_2YZ 合金の 3d 電子は遍歴的ではあるが電子相関の強い状態にあると推定された．

　数多い Co_2YZ 合金の中から遍歴性の強い Co_2ZrAl に例を取ってその磁性について考察する．Co_2ZrAl は T_C が 180 K，5 K における 1 分子当たりの磁気モーメントが $0.74\,\mu_B$ の弱い遍歴電子強磁性体である[43]．バンド計算の結果も

同合金が弱い遍歴電子強磁性体であることを示している[43]. バンド計算から求めた Co_2ZrAl の Co, Zr, Al 原子の磁気モーメントはそれぞれ $0.419\,\mu_B$, $-0.070\,\mu_B$, $-0.013\,\mu_B$ であった. 実測と計算から求めた磁気モーメントは非常によく一致している. 以前, 遍歴電子磁性体の実験結果の解釈によく用いられた理論は, 電子間に働く相互作用を, 電子に作用する実質的な外部磁場として近似した Stoner-Wohlfarth（SW）理論であった. SW 理論は磁気秩序状態の磁気的性質について比較的うまく実験結果を説明できるように見えたものの, 常磁性領域における磁化率のキュリー-ワイス則などを説明できないという欠点があった. その解釈に大きく貢献したのが Moriya と Kawabata によるスピンゆらぎの自己無撞着繰込み（SCR）理論である[44]. SCR 理論は原子当たりの磁気モーメントの値が小さい弱い遍歴電子磁性体の性質をうまく記述できる理論と 1980 年の時点において考えられていた. SCR 理論においては, 自発磁化が T_C で不連続な 1 次転移的な変化を示す不都合があったが, 当時それは本質的な問題とは見なされなかった. 実際には, Takahashi はそれが極めて重要な問題に関係していることを後に明らかにした[45,46]. Takahashi は, 熱スピンゆらぎに加えて, 量子スピンゆらぎ（ゼロ点スピンゆらぎ）を取り込んでこの問題に決着を与え, 遍歴電子磁性体の磁気物性の解明に大きく貢献した. Takahashi 理論では以下の式が成立する.

$$\frac{p_s^2}{4} = \frac{15T_0}{T_A} c \left(\frac{T_C}{T_0}\right)^{4/3} \quad (3\text{-}8)$$

$$\overline{F_1} = \frac{4}{15} \frac{k_B T_A^2}{T_0} \quad (3\text{-}9)$$

ただし, 式(3-8)については SCR 理論と共通に成り立つ式である. $p_s = M_s(0)/\mu_B N_0$ で $M_s(0)$ は 0 K における単位質量当たりの自発磁化, μ_B はボーア磁子, N_0 は単位質量当たりの磁気原子数である. c は 0.3353 の定数である. $\overline{F_1}$ は磁気的自由エネルギーの磁化の 4 乗の係数で, アロットプロットの傾きから求められる. T_0, T_A はそれぞれスピンゆらぎのスペクトルのエネルギーと波数に関する広がりを特徴づける温度である. 式(3-8)と式(3-9)を連立し, 磁化測定の実験結果を使えばスピンのゆらぎを特徴付ける定数 T_0, T_A が求められる.

表 3-7 ホイスラー合金と遍歴電子強磁性体のスピンゆらぎを特徴づける温度 T_0, T_A と磁気体積効果. 脚注の文献からのデータ以外のデータは文献[48, 49]から引用した. $-d\ln M_s^2/dp$, $-d\ln T_C/dp$ および $K\gamma_{0,A}$ の単位は $10^{-2}\,\mathrm{GPa}^{-1}$. 個々のデータに関しては, 参考文献[48, 49]に示されている文献を参照してほしい.

	T_0 (K)	T_A (K)	$-\dfrac{d\ln M_s^2}{dp}$	$-\dfrac{d\ln T_C}{dp}$	$K\gamma_{0,A}$
Co_2ZrAl	1280[a]	1.38×10^{4} [a]	3.6	2.2	0.5
Co_2TiGa	834[a]	8.00×10^{3} [a]	5.6	9.9	-5.2
Rh_2NiGe	1100[b]	3.3×10^{3} [b]	3.0	5.3	-3.1
MnSi	231[a]	2.08×10^{3} [a]	24.4	38	-19.7
$ZrZn_2$	321[a]	8.83×10^{3} [a]	88 ($ZrZn_{1.9}$)	46.7 ($ZrZn_{1.9}$)	19.3 ($ZrZn_{1.9}$)
Ni_3Al	3590[a]	3.09×10^{4} [a]	17.4	11.6	1.45
Sc_3In	565[a]	1.18×10^{4} [a]	-18.8 ($Sc_{75.7}In_{24.3}$)	-32.5 ($Sc_{75.7}In_{24.3}$)	18.4 ($Sc_{75.7}In_{24.3}$)

a) 文献[43, 45], b) 文献[47]

Co_2ZrAl の T_0 と T_A の値が遍歴電子系のホイスラー合金, Co_2TiGa と Rh_2NiGe の値と一緒に表 3-7 に示してある. 比較のため表 3-7 には典型的な弱い遍歴電子磁性体 MnSi, $ZrZn_2$, Ni_3Al, Sc_3In の T_0, T_A の値も示した. 上記典型的弱い遍歴電子磁性体に関して, 磁化測定から求めた T_0 と T_A の値と中性子回折および核磁気共鳴のような微視的研究手段によって得られた T_0 と T_A の値はよく一致している.

式(3-8)から遍歴電子磁性体のキュリー温度 T_C と 0 K における自発磁化 M_s の圧力係数に関して次式が成立する[48].

$$\frac{d\ln T_C}{dp} - \frac{3}{2}\frac{d\ln M_s(0)}{dp} = \frac{K}{4}(3\gamma_A + \gamma_0) \qquad (3\text{-}10)$$

右辺の係数 K は圧縮率である. 式(3-10)において, スピンゆらぎのスペクトル幅に関係するパラメータ T_0 と T_A の圧力効果が考慮されていることに注目してほしい. 式(3-10)における γ_A と γ_0 はグリューナイゼン定数と呼ばれ, 次

式で与えられる．

$$\gamma_A = -\frac{d \ln T_A}{d\omega}, \quad \gamma_0 = -\frac{d \ln T_0}{d\omega} \quad (3\text{-}11)$$

ここで ω は歪 dV/V である．Co_2ZrAl の T_C と 4.2 K における自発磁化 M_s は圧力の増加に伴い直線的に減少する[43]．Co_2ZrAl の T_C は 180 K と高いので，4.2 K における $d \ln M_s/dp$ の値は 0 K の値に近似できる．表 3-7 中の実験値を式 (3-10) に代入すると Co_2ZrAl の $K(3\gamma_A + \gamma_0)/4$ の値は $+0.5 \times 10^{-2}$ GPa^{-1} となる．表中で $K\gamma_{0,A}$ は式 (3-10) の $K(3\gamma_A + \gamma_0)/4$ に等しい．この値は $d \ln M_s/dp$, $d \ln T_C/dp$ の値に比べ無視できず，スピンのゆらぎのスペクトル幅を特徴付ける T_0 と T_A の圧力変化も磁気体積効果に影響を与えていることがわかる．表 3-7 にはホイスラー合金 Co_2TiGa, Rh_2NiGe と典型的遍歴電子磁性体の磁気体積効果の値も示してある．表中の磁気体積効果に関するデータは参考文献[48,49]から引用した．Takahashi 理論ではキュリー温度で $H \propto M^5$ の関係が成立する．**図 3-3** は Co_2CrGa のキュリー温度直下の M^4 対 H/M プロットで

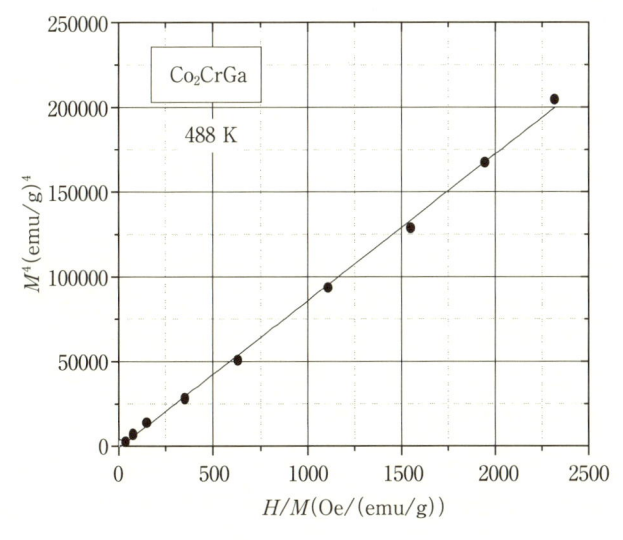

図 3-3 Co_2CrGa の 488 K における M^4 対 H/M プロット[50]．

ある[50]. 図から明らかなように臨界温度近傍では M^4 は H/M に比例している. T_C 近傍における M^4 対 H/M の直線性が多くの弱い遍歴電子強磁性体について成立していることはすでに報告されているが，Co_2CrGa のような比較的局在性の強い遍歴電子磁性体についても上述した関係が成立していることは驚きである.

3.3.5 Ni_2YZ と Cu_2YZ 合金の磁性

Ni_2YZ（Y＝Fe；Z＝Al, Ga）合金と Cu_2YZ（Y＝Cr；Z＝Al）合金の磁気特性が表 3-8 にまとめてある. Ni_2MnZ および Cu_2MnZ 合金の磁性はすでに 3.3.1 項に記述してある. 本項では Ni_2FeGa に焦点を絞ってその磁性について述べる. Ni_2FeGa はキューリー温度 430 K の強磁性体である[52]. 温度を降下させると熱弾性型のマルテンサイト変態が 142 K で現れ，立方晶から斜方晶（空間群 $Fmmm$）へ転移する[52]. 5 K における Ni_2FeGa の磁気モーメントは 3.17 μ_B/f.u. である. Liu らは基底状態における Ni_2FeGa の磁気モーメントを計算した[54]. 母相とマルテンサイト相における磁気モーメントはそれぞれ 3.126 μ_B/f.u.，3.171 μ_B/f.u. であった. 母相における Ni, Fe, Ga 各原子の磁気モーメントはそれぞれ 0.237 μ_B，2.673 μ_B，$-0.021 \mu_B$，マルテンサイト相におけるそれは 0.271 μ_B，2.652 μ_B，$-0.023 \mu_B$ である. 実測された 5 K における 1 分子当たりの磁気モーメントと計算結果はよく一致している. バンド計算で求めた Ni_2FeGa の Fe 磁気モーメントは母相，マルテンサイト相どちらにおいても約 2.7

表 3-8 Ni_2FeAl, Ni_2FeGa, Ni_2CrAl の室温における格子定数，キューリー温度と 1 分子当たりの磁気モーメント. Ni_2MnZ および Cu_2MnZ 合金の格子定数と磁気特性は表 3-1 に示されている.

	a (Å)	T_C (K)	μ_m (μ_B/f.u.)	備考
Ni_2FeAl[a]	5.47			超常磁性
Ni_2FeGa[b]	5.7405	430	3.17	T_M = 142 K
Cu_2CrAl[c]	5.8124			超常磁性

a) 文献[51], b) 文献[52], c) 文献[53]

μ_B である．この値は α-Fe の Fe 磁気モーメント（=2.2μ_B）よりも大きい．

次に Ni$_2$FeGa のマルテンサイト変態の機構について言及しておこう．ホイスラー合金に現れるマルテンサイト変態の中でもっともその機構について研究された合金が Ni$_2$MnGa（3.3.1 項参照）である．Ni$_2$MnGa の強磁性状態のバンド構造を見ると，フェルミレベル近傍の主なる状態密度は少数スピンの Ni3d 軌道である[55]．立方晶から斜方晶（ほぼ正方晶）へのマルテンサイト変態によりこの Ni 軌道が分裂し，軌道を占有していた電子の運動エネルギーは低下する．もちろん，歪むことだけで得をするばかりではない．歪のために弾性エネルギーが増加するからである．両者が競合して安定なマルテンサイト相が現れるというのがバンドヤーンテラー効果（band Jahn-Teller effect）の考え方である．Fujii らはマルテンサイト変態が現れる Ni$_2$MnGa，Co$_2$NbSn のバンド計算を行い，その変態機構がバンドヤーンテラー効果であることを指摘した[55]．後に Brown らは Ni$_2$MnGa の偏極中性子回折実験を行い，マルテンサイト変態に伴う電子の軌道占有の再配列を明らかにした[15]．Liu らはバンド計算の結果から Ni$_2$FeGa に現れるマルテンサイト変態の機構もバンドヤーンテラー効果によることを指摘している[54]．

3.3.6 Ru$_2$YZ 合金の磁性

Ru$_2$MnZ 合金の磁性はすでに 3.3.1 項に記述されている．Ru$_2$CrGe と Ru$_2$CrSn は最近発見されたホイスラー合金である[56]．Ru$_2$CrGe の粉末中性子回折実験によれば Ru 原子が図 3-1 の A，C サイトを占有し，Cr と Ge がそれぞれ B，D サイトを占有する[57]．Ru$_2$CrGe は Cr 原子のみが 1.45μ_B の磁気モーメントを持つ反強磁性体で，その磁気構造は図 3-2 に示した第 2 種の反強磁性構造（AF II）である[57]．Cr 磁気モーメントはその進行ベクトルに垂直に配列している．磁化率は 13 K にカスプをつくり，その温度がネール温度である．Ru$_2$CrGe の常磁性領域における磁化率 χ の温度変化は $\chi(T)=\chi_0+C/(T-\theta_p)$ で表される．すなわち磁化率はパウリ常磁性項とキュリー-ワイス項の和として表される．常磁性キュリー温度 θ_p は -193 K であった．Ru$_2$CrGe のネール温度と常磁性キュリー温度の値を式(3-6)と式(3-7)に代入すると Cr-Cr 原子

表 3-9 Ru$_2$YZ 合金の室温のおける格子定数，磁気構造，磁気転移温度および 1 分子当たりの磁気モーメント．Ru$_2$MnZ 合金の格子定数と磁気特性は表 3-1 に示されている．T_g はスピングラス転移温度である．

	a (Å)	磁気構造	T_C(K), T_N(K)	μ_m (μ_B/f.u.)	備考
Ru$_2$CrGe[a]	5.971	AF	13		
Ru$_2$CrSn[a]	6.195	Spin-glass 的	T_g=7 K		
Ru$_2$FeSi[b]	5.865	AF	280	3.7μ_B	L2$_1$/B2
Ru$_2$FeGe[c]	5.982	F	609	1.92 (T=77 K, H=3 kOe)	
Ru$_2$FeSn[c]	6.200	F	593	3.30 (T=77 K, H=7 kOe)	

a) 文献[56], b) 文献[58], c) 文献[59]

間の第 1 および第 2 隣接交換相互作用 J_1, J_2 はそれぞれ -35 K，-2.1 K と決定される．3.3.1 項で述べたように X$_2$MnZ 合金の反強磁性体には第 2 種の反強磁性構造が現れ，これら合金内の交換相互作用は $J_1>0$, $J_2<0$ かつ $|J_2|>J_1$ であった．Ru$_2$CrGe の交換相互作用の機構解明は今後の課題である．

一方，Ru$_2$CrSn の磁性は磁化率および比熱測定の結果からスピングラス的である[56]．Ru$_2$FeSi はネール温度以下で反強磁性構造になる[58]．Fe 原子のみが 4.2 K で 3.7μ_B の磁気モーメントを持ち，その磁気構造は Ni$_2$MnAl で観測された磁気構造と同じようにコーンスパイラル構造である．Ru$_2$FeSi は Ni$_2$MnAl と同様に L2$_1$ 構造と B2 構造が共存している．Ru$_2$FeGe と Ru$_2$FeSn は強磁性を示す[59]．Ru$_2$YZ 合金の磁気特性が**表 3-9** にまとめられている．表中で T_g はスピングラス転移温度である．

3.3.7 Rh$_2$YZ 合金の磁性

Rh$_2$YZ 合金の磁気特性が**表 3-10** に示されている．Rh$_2$MnZ 合金の磁性はすでに 3.3.1 項に記述してある．表中の全ての合金は強磁性を示す．Rh$_2$NiZ (Z=Ge, Sn) を除いた Rh$_2$YZ 合金の結晶構造は L2$_1$ 構造から c 軸方向に少し歪み，$c/a>1$ の正方晶の結晶構造となっている．Rh$_2$YSn (Y=Mn, Fe, Co, Ni) 合

3.3 ホイスラー合金の磁性　49

表 3-10　Rh₂YZ 合金の室温のおける格子定数，キュリー温度および 1 分子当たりの磁気モーメント．Rh₂MnZ 合金の格子定数と磁気特性は表 3-1 に示されている．

	a (Å)	T_C (K)	μ_m (μ_B/f.u.)
Rh₂FeGe[a]	a=5.764 c/a=1.074	490	2.19 (T=77 K, H=3 kOe)
Rh₂FeSn[a]	a=5.850 c/a=1.180	583	3.70 (T=4 K, H=66 kOe)
Rh₂FeSb[b]	a=5.75 c/a=1.21	510	2.8 (T=77 K, H=7 kOe)
Rh₂CoSn[b]	a=5.80 c/a=1.19	457	1.65 (T=77 K, H=7 kOe)
Rh₂CoSb[b]	a=5.71 c/a=1.24	450	1.4 (T=77 K, H=7 kOe)
Rh₂NiGe[c]	5.8875	113	0.57 (T=5 K)
Rh₂NiSn[d]	6.136	93±3	0.6 (T=4.2 K, H=66 kOe)

a) 文献[59]，b) 文献[60]，c) 文献[47]，d) 文献[61,62]

金のバンド計算の結果の特徴は，Rh 原子が約 0.4 μ_B の大きな磁気モーメントを持っていることである[63]．Ni₂MnZ(Z=Ga, In, Sn, Sb)合金においても Ni 原子が約 0.3 μ_B の大きな磁気モーメントを持ち，これら強磁性合金に現れる高いキュリー温度は Ni 原子と Mn 原子間に働く第 1 隣接交換相互作用によることを 3.3.1 項に述べた．Rh₂FeZ および Rh₂CoZ 合金に現れる高いキュリー温度も Ni₂MnZ 合金の場合と同様に Rh 原子と Fe 原子あるいは Co 原子間の強い第 1 隣接交換相互作用によると推定される．

　Rh₂NiZ(Z=Ge, Sn)合金は 1 分子当たり約 0.6 μ_B の磁気モーメントを持つ弱い遍歴電子強磁性体である（表 3-10 参照）．Kanomata らは Rh₂NiGe の精密磁化測定を行い，Rh₂NiGe に現れる磁気特性を Takahashi 理論（3.3.4 項参照）を使って解析した[47]．5 K における磁化曲線から求めた Rh₂NiGe の磁気

モーメントは 0.57 μ_B/f.u. である．Rh$_2$NiGe のキュリー温度，5 K における自発磁化とアロットプロットの傾きから決定される係数 $\overline{F_1}$ の値を式(3-8)と(3-9)に代入するとスピンのゆらぎを特徴づける温度 T_0，T_A はそれぞれ 1.1×10^3 K，3.3×10^3 K と決定される（表 3-7 参照）．

次に Rh$_2$NiGe の自発磁化 M_s の温度変化について述べる．SCR 理論では臨界点の近くでは M_s の 2 乗が $T^{4/3}$ に比例し，低温で M_s の 2 乗が T^2 に比例する．Rh$_2$NiGe の場合の定性的な温度変化はこれと一致している[48]．すなわち自発磁化の温度変化にクロスオーバーが現れる．Takahashi 理論では，さらにこの温度変化についての定量的な性質がすでに予言されており，低温で自発磁化は以下のように表される．

$$\left[\frac{p_s(T)}{p_s(0)}\right]^2 = 1 - \frac{50.4}{p_s(0)^4}\left(\frac{T}{T_A}\right)^2 \tag{3-12}$$

5 K＜T＜30 K における自発磁化の温度変化より，T_A の値は 2.1×10^3 K と決定される．この値は 5 K における磁化曲線から決定された T_A の値 3.3×10^3 K とよく一致している．Rh$_2$NiGe の磁気体積効果もスピンゆらぎが磁性に及ぼす効果が大であることを示している[48]（表 3-7 参照）．

3.3.8 ハーフホイスラー合金の磁性

ハーフ（セミ）ホイスラー合金は XYZ（X, Y：遷移金属，Z＝s, p 元素）の分子式を持ち，その結晶構造（C1$_b$ 構造）は図 3-1 における C サイトが空孔になっている．ハーフホイスラー構造の空間群は $F\overline{4}3m$ である．**表 3-11** には C1$_b$ 構造を持ちかつ磁気秩序状態が現れるハーフホイスラー合金の磁気特性が示してある．

ハーフホイスラー合金は古くから磁気物理学の研究対象となってきた．ハーフホイスラー合金の中でもその磁性が特に実験，理論両面で研究されている物質群は，XMnZ 合金である．XMnZ 合金の Mn 原子は約 4 μ_B の大きな局在した磁気モーメントを持っている．この大きな磁気モーメントは Mn3d 状態の大きな交換分裂による．X$_2$MnZ 合金の Mn3d 状態と同様に XMnZ 合金の Mn3d 状態は幅広いバンドを形成し，少数スピンバンドの電子の主なる状態は

表 3-11 ハーフホイスラー合金の室温における格子定数，磁気転移温度および 1 分子当たりの磁気モーメント．脚注の文献からのデータ以外のデータは全て文献[1]から引用している．

	磁気構造	a (Å)	T_C(K), T_N(K)	μ_m (μ_B/f.u.)
CoMnSb	F	5.853	490	4.0
NiMnSb	F	5.909	730	4.02[a]
CuMnSb	AF	6.095[b]	55[b]	
RuMnGa	F	6.15	220	0.3
RhMnSb	F	6.152	320	3.63
PdMnSb	F	6.246	500	3.95
PdMnTe	AF	6.271	23	
IrMnGa	AF	6.027	60	
Ir$_{1.07}$Mn$_{1.07}$Sn$_{0.86}$	F	6.182[c]	265[c]	2.25/Mn[c]
IrMnSb	F	6.164	290	3.8
PtMnGa	F	6.15	220	3.18
PtMnSb	F	6.201	582	4.14
AuMnSb	F	6.377	72	2.21
CoTiSn	F	5.997[a]	135[a]	0.357[a]
CoVSb	F	5.801	58	0.18
NiFeSb	F	5.72[d]		2.36[d]

a) 文献[64]，b) 文献[4]，c) 文献[9]，d) 文献[65]

フェルミレベルの上にあるのが Mn3d 状態の特徴である．Galanakis らはハーフホイスラー合金においてもホイスラー合金（フルホイスラー合金）と同様に磁気モーメントが一般化されたスレーター-ポーリング則に従うことを示した[66]．ハーフホイスラー合金においては，一般されたスレーター-ポーリング則は μ_B を単位として $\mu_\mathrm{m} = Z_\mathrm{t} - 18$ で表される．ここで μ_m と Z_t はそれぞれ 1 分子当たりの磁気モーメントと全価電子数である．NiMnSb，PtMnSb の 1 分子当たりの磁気モーメントは一般化されたスレーター-ポーリング則から 1 分子当たり $4\mu_\mathrm{B}$ と予測され，実験値とよく一致している．

最近，Şaşıoğlu らは XMnZ ハーフホイスラー合金の磁気交換相互作用を理論的に検討した[67]．要約すれば，合金内の主なる交換相互作用は伝導電子を媒介として局在スピン間に働く RKKY 相互作用と超交換相互作用の二つである．RKKY 相互作用は強磁性を有利にし，一方超交換相互作用は反強磁性を有利にする．XMnZ 合金に現れる磁気構造は両者の競合の結果である．RKKY 相互作用においては，伝導電子の密度で決まるフェルミ波数，原子当たりの伝導電子数，伝導電子のスピン分極度が重要な役割をはたす．超交換相互作用においては，励起状態としてのフェルミレベルの上にある磁性原子の非占有 3d 状態の位置が重要になる．この相互作用はいつも負に働き距離に対して指数関数的に減衰する．高いキュリー温度を持つ合金においては，伝導電子のスピン分極度が大きく RKKY 相互作用が強化されている．表 3-11 を見ると，CuMnSb は反強磁性体である．Şaşıoğlu らの計算[67]によれば CuMnSb の伝導電子のスピン分極度はほぼゼロであり，かつ少数スピンバンドの状態の非占有状態がフェルミレベルの直上に存在する．すなわち CuMnSb の電子状態は反強磁性出現に有利に働いている．

3.4 ホイスラー合金の伝導特性

ホイスラー合金の磁気特性に関する膨大なデータに比べると伝導特性に関するそれは微々たるものである．紙数に制限があるので初めに約 $4\mu_B$ の大きな Mn 磁気モーメントを持つ X_2MnZ 合金の伝導特性，特に電気抵抗率（以下抵抗率という）の温度依存性について述べる．

一般に金属磁性体の抵抗率は以下のように散乱機構の異なる抵抗率の和として表される．

$$\rho(T)=\rho_0+\rho_{ph}(T)+\rho_{mag}(T) \tag{3-13}$$

ρ_0 は不純物による散乱の項である．電気伝導度の計算においては，散乱ポテンシャル $V(r)$ を与えて，入射波 $\exp(i\mathbf{k}\cdot\mathbf{r})$ が散乱ポテンシャルによって散乱され，$\exp(i\mathbf{k}'\cdot\mathbf{r})$ の波動に移り変わるときの散乱マトリックス $<k'|V(r)|k>$ を求め，それから遷移確率，次に緩和時間を求めることになる．不純物による

散乱の場合には散乱ポテンシャルは不純物との相互作用であり，計算結果は不純物による抵抗率が温度に依存しないことを示す．ρ_0 は残留抵抗率と呼ばれ，不純物濃度に比例する．室温における抵抗率を $\rho(\mathrm{RT})$ とすると，$\rho(\mathrm{RT})/\rho_0$ は残留抵抗比（RRR：Residual Resistance Ratio）と呼ばれ，物質の純度の目安となっている．

電子は格子振動（フォノン）によっても散乱する．電子-格子相互作用を与えて，金属の格子振動による散乱の項 ρ_{ph} を計算するとデバイ温度以上では ρ_{ph} は温度 T に比例し，低温で T^5 に比例する．

式(3-13)の ρ_{mag} は磁気散乱による項である．**図 3-4** は $X_2\mathrm{MnZ}(\mathrm{X}=\mathrm{Ni}, \mathrm{Pd}; \mathrm{Z}=\mathrm{Sn}, \mathrm{Sb})$ 合金の抵抗率の温度依存性を示す[68]．抵抗率と温度はそれぞれキュリー温度における抵抗率とキュリー温度で規格化してある．また，図 3-4 においては残留抵抗率 ρ_0 も差し引いてある．図 3-4 の抵抗率から格子散乱の項 ρ_{ph} を差し引き，ρ_{mag} だけを示した概略図が図 3-4 の挿入図である．局在電

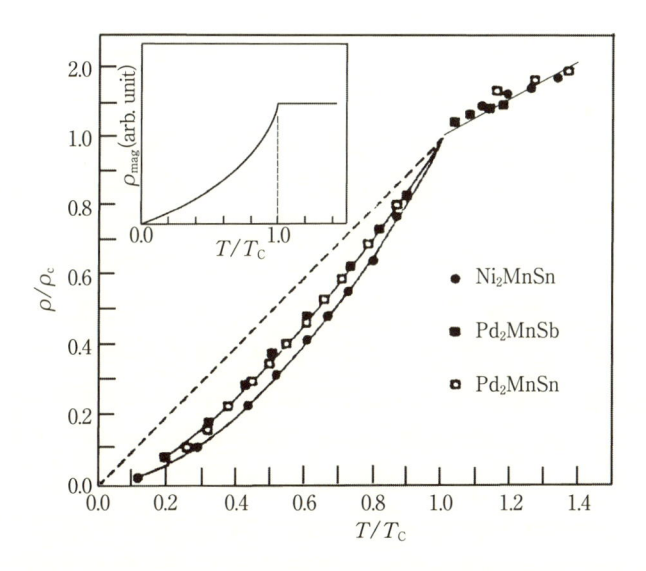

図 3-4 $\mathrm{Ni_2MnSn}, \mathrm{Pd_2MnSb}$ と $\mathrm{Pd_2MnSn}$ の抵抗率 ρ の温度変化[68]．

子系では，伝導電子は局在して配列しているMn原子の3d磁気モーメントの乱雑さによって散乱されるので$T=0$Kでρ_{mag}はゼロである．温度の上昇に伴い，磁気モーメントのゆらぎが増加するのでρ_{mag}は温度に対して上昇し，常磁性状態では一定となる．伝導電子と母体の局在スピンSとの間にRKKY相互作用が働くと仮定すると，ρ_{mag}は以下のように表される[69]．

$$\rho_{mag}=(3\pi m^{*2}/Ne^2\hbar^2)(S-\langle S \rangle)(S+\langle S \rangle+1)J^2/E_F \qquad (3\text{-}14)$$

ここで，m^*は伝導電子の有効質量，Nは単位体積中の原子数，$\langle S \rangle$は母体の平均のスピン数，すなわち平均磁化，Jは伝導電子のスピンと局在スピンとの交換相互作用，E_Fは伝導電子のフェルミエネルギーである．$T=0$Kでは$S=\langle S \rangle$となり，$\rho_{mag}=0$となる．温度上昇とともに$\langle S \rangle$は小さくなりρ_{mag}は増大する．$T=T_C$で$\langle S \rangle=0$となるためρ_{mag}は最大となる．$T>T_C$の常磁性領域ではこの値は最大で一定になり，この一定の抵抗値はスピン不規則散乱と呼ばれる．

図3-5は，ホイスラー合金Fe_2VSiとDO$_3$型構造を持つ，Fe_3Siの混晶$(Fe_{1-x}V_x)_3Si$の電気抵抗率の温度変化である[70]．DO$_3$型構造はL2$_1$構造と非常に似た結晶構造で，図3-1のA, B, Cサイトを同じ原子が占有するとその構造はDO$_3$構造となる．Fe_3SiのFe原子の一部をV原子に置換すると，V原子は優先的にBサイトを占有する．Fe_3Siはキュリー温度が823Kの強磁性体である．$(Fe_{1-x}V_x)_3Si$において$0 \leq x \leq 0.2$の領域の試料は全て強磁性を示す．**図3-5**を見るとわかるように，全ての試料は温度の上昇に伴い抵抗率が上昇し，キュリー温度近傍で最大値となり，さらに温度を上昇すると抵抗率が下降してくる．

最近，Kataokaは，局在スピンを持つ強磁性金属において，スピンゆらぎが電子を散乱することによって生じる電気抵抗をボルン近似で計算し，そのキャリア数依存性，スピンゆらぎ振幅依存性を理論的に調べている．この計算結果によると，少数キャリア強磁性金属では，常磁性領域における抵抗率の負の温度依存性および磁気転移温度での抵抗率の急激な変化が現れやすくなる．また，磁気的相変化が起きる臨界組成濃度領域においては，磁気転移温度付近で通常よりさらに大きい巨大スピンゆらぎが起きることが予想されるが，この巨

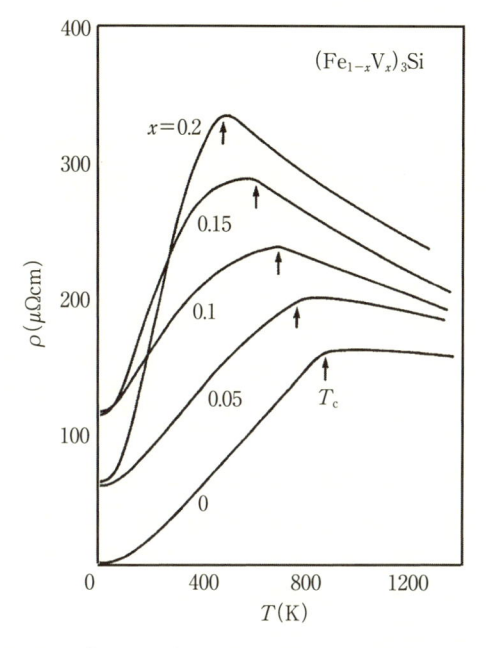

図 3-5 $(Fe_{1-x}V_x)_3Si$ の抵抗率 ρ の温度変化[70].

大スピンゆらぎによる電子の散乱が，上記の電気抵抗の温度依存性をさらに顕著にする．したがって，Kataoka 理論に基づくと，転移温度付近からの温度上昇に伴う抵抗の減少はスピンゆらぎが減少することの結果として理解されることであり，常磁性領域での金属-非金属転移を仮定する必要はない[71].

本項を執筆するに当たり，兵庫県立大学物質理学研究科の高橋慶紀教授，東北大学電気通信研究所の白井正文教授，いわき明星大学の片岡光生元教授にいろいろ議論をしていただきました．また，原稿作成に当たり東北学院大学工学部鈴木幸喜氏，大学院生遠藤慶太君に大変お世話になりました．関係した皆様に深く感謝申し上げます．

参 考 文 献

[1] P. J. Webster and K. R. A. Ziebeck : Alloys and Compounds of d-Elements with Main Group Elements, Part 2, Landort-Börnstein, New Series, Group Ⅲ, Vol. 19/c, Springer, Berlin (1988) 75-185.
[2] K. R. A. Ziebeck and K.-U. Neumann : Alloys and Compounds of d-Elements with Main Group Elements, Landort-Börnstein, New Series, Group Ⅲ, Vol. 32/c, Springer, Berlin (2001) 64-414.
[3] K. H. J. Buschow and P. G. van Engen : J. Magn. Magn. Mater. **25** (1981) 90.
[4] K. H. J. Buschow, P. G. van Engen and R. Jongebreur : J. Magn. Magn. Mater. **38** (1983) 1
[5] 鹿又　武 : まてりあ **45** (2006) 165.
[6] J. Lu, J. W. Dong, J. Q. Xie, S. McKernan, C. J. Palmstrøm and Y. Xin : Appl. Phys. Lett. **83** (2003) 2393.
[7] T. Hori, M. Akimitsu, H. Miki, K. Ohoyama and Y. Yamaguchi : Appl. Phys. A **74** [Suppl.] (2002) S737.
[8] T. Kanomata, M. Kikuchi and H. Yamauchi : J. Alloys Compd. **414** (2006) 1.
[9] H. Masumoto and K. Watanabe : J. Phys. Soc. Jpn. **32** (1972) 281.
[10] K. Yoshimura, M. Yamada, M. Mekata, T. Shimizu and H. Yasuoka : J. Phys. Soc. Jpn. **57** (1988) 409.
[11] I. K. Jassim, K.-U. Neumann, D. Visser, P. J. Webster and K. R. A. Ziebeck : J. Magn. Magn. Mater. **104-107** (1992) 2072.
[12] J. Kübler, A. R. Williams and C. B. Sommers : Phys. Rev. B **28** (1983) 1745.
[13] Y. Kurtulus, R. Dronskowski, G. D. Samolyuk and V. P. Antropov : Phys. Rev. B **71** (2005) 014425.
[14] A. Ayuela, J. Enkovaara and R. M. Nieminen : J. Phys. : Condens. Matter **14** (2002) 5325.
[15] P. J. Brown, A. Y. Bargawi, J. Crangle, K.-U. Neumann and K. R. A. Ziebeck : J. Phys. : Condens. Matter **11** (1999) 4715.
[16] P. J. Brown, J. Crangle, T. Kanomata, M. Matsumoto, K.-U. Neumann, B. Ouladdiaf and K. R. A. Ziebeck : J. Phys. : Condens. Matter **14** (2002) 10159.
[17] M. Gotoh, M. Ohashi, T. Kanomata and Y. Yamaguchi : Physica B **213 & 214**

(1995) 306.
- [18] P. J. Webster and R. S. Tebble : Phil. Mag. **16** (1967) 347.
- [19] Y. Noda and Y. Ishikawa : J. Phys. Soc. Jpn. **40** (1976) 690.
- [20] T. Kanomata, K. Shirakawa and T. Kaneko : J. Magn. Magn. Mater. **65** (1987) 76.
- [21] I. K. Jassim, K.-U. Neumann, D. Visser, P. J. Webster and K. R. A. Ziebeck : Physica B **180 & 181** (1992) 145.
- [22] C. Jiang, M. Venkatesan and J. M. D. Coey : Solid State Commun. **118** (2001) 513.
- [23] Y. Yoshida, M. Kawakami and T. Nakamichi : J. Phys. Soc. Jpn. **50** (1981) 2203
- [24] H. Itoh, T. Nakamichi, Y. Yamaguchi and N. Kazama : Trans. Jpn. Inst. Met. **24** (1983) 265.
- [25] R. Weht and W. E. Pickett : Phys. Rev. B **60** (1999) 13006.
- [26] I. Galanakis, P. H. Dederichs and N. Papanikolaou : Phys. Rev. B **66** (2002) 174429.
- [27] T. Kanomata, Y. Chieda, K. Endo, H. Okada, M. Nagasako, K. Kobayashi, R. Kainuma, R. Y. Umetsu, H. Takahashi, Y. Furutani, H. Nishihara, K. Abe, Y. Miura and M. Shirai : Phys. Rev. B **82** (2010) 144415.
- [28] K. R. Kumar, N. H. Kumar, G. Markandeyulu, J. A. Chelvane, V. Neu and P. D. Babu : J. Magn. Magn. Mater. **320** (2008) 2737.
- [29] P. G. van Engen, K. H. J. Buschow and M. Erman : J. Magn. Magn. Mater. **30** (1983) 374.
- [30] M. Kawakami, S. Nishizaki and T. Fujita : J. Phys. Soc. Jpn. **64** (1995) 4081.
- [31] K. Endo, H. Matsuda, K. Ooiwa and K. Itoh : J. Phys. Soc. Jpn. **64** (1995) 2329.
- [32] M. Zhang, E. Brück, F. R. de Boer and G. Wu : J. Magn. Magn. Mater. **283** (2004) 409.
- [33] A. W. Carbonari, W. Pendl Jr., R. N. Attili and R. N. Saxena : Hyperfine Inter. **80** (1993) 971.
- [34] C. L. Lin, T. Mihalisin and N. Bykovetz : J. Magn. Magn. Mater. **116** (1992) 355.
- [35] J. Barth, G. H. Fecher, B. Balke, S. Quardi, T. Graf, C. Felser, A. Shkabko, A. Weidenkaff, P. Klaer, H. J. Elmers, H. Yoshikawa, S. Ueda and K. Kobayashi : Phys. Rev. B **81** (2010) 064404.

[36] R. Y. Umetsu, K. Kobayashi, A. Fujita, K. Oikawa, R. Kainuma, K. Ishida, N. Endo, K. Fukamichi and A. Sakuma : Phys. Rev. B **72**（2005）214412.
[37] S. Wurmehl, G. H. Fecher and C. Felser : Z. Anorg. Allg. Chem. b **61**（2006）749.
[38] K. Kobayashi, R. Y. Umetsu, R. Kainuma, K. Ishida, T. Oyamada, A. Fujita and K. Fukamichi : Appl. Phys. Lett. **85**（2004）4684.
[39] S. Wurmehl, G. H. Fecher, H. C. Kandpal, V. Ksenofontov, C. Felser, H. Lin and J. Morais : Phys. Rev. B **72**（2005）184434.
[40] T. Sasaki : MA Thesis, Tohoku Gakuin University（1999）.
[41] H. C. Kandpal, G. H. Fecher and C. Felser : J. Phys. D : Appl. Phys. **40**（2007）1507.
[42] A. Yamasaki, S. Imada, R. Arai, H. Utsunomiya, S. Suga, T. Muro, Y. Saitoh, T. Kanomata and S. Ishida : Phys. Rev. B **65**（2002）104410.
[43] T. Kanomata, T. Sasaki, H. Nishihara, H. Yoshida, T. Kaneko, S. Hane, T. Goto, N. Takeishi and S. Ishida : J. Alloys Compd. **393**（2005）26.
[44] T. Moriya and A. Kawabata : J. Phys. Soc. Jpn. **34**（1973）639.
[45] Y. Takahashi : J. Phys. Soc. Jpn. **55**（1986）3553.
[46] Y. Takahashi : J. Phys. : Condens. Matter **13**（2001）6323.
[47] T. Kanomata, Y. Adachi, H. Nishihara, H. Fukumoto, H. Yanagihashi, O. Nashima and H. Morita : J. Alloys Compd. **417**（2006）18.
[48] Y. Takahashi and T. Kanomata : Mater. Trans. **47**（2006）460.
[49] 高橋慶紀, 鹿又　武, 金子武次郎 : まてりあ **46**（2007）645.
[50] H. Nishihara, Y. Furutani, T. Wada, T. Kanomata, K. Kobayashi, R. Kainuma, K. Ishida and T. Yamauchi : J. Phys. : Conf. Series **200**（2010）032053.
[51] W. Zhang, Z. Qian, J. Tang, L. Zhao, Y. Sui, H. Wang, Yu Li, W. Su, M. Zhang, Z. Liu, G. Liu and G. Wu : J. Phys. : Condens. Matter **19**（2007）096214.
[52] Z. H. Liu, M. Zhang, Y. T. Cui, Y. Q. Zhou, W. H. Wang, G. H. Wu, X. X. Zhang and G. Xiao : Appl. Phys. Lett. **82**（2003）424.
[53] A. Ślebarski, A. Wrona, T. Zawada, A. Jezierski, A. Zygmunt, K. Szot, S. Chiuzbaian and M. Neumann : Phys. Rev. B **65**（2002）144430.
[54] Z. H. Liu, H. N. Hu, G. D. Liu, Y. T. Cui, M. Zhang, J. L. Chen, G. H. Wu and G. Xiao : Phys. Rev. B **69**（2004）134415.
[55] S. Fujii, S. Ishida and S. Asano : J. Phys. Soc. Jpn. **58**（1989）3657.

[56] H. Okada, K. Koyama, K. Watanabe, Y. Kusakari, T. Kanomata and H. Nishihara : Appl. Phys. Lett. **92** (2008) 062502.

[57] P. J. Brown, A. P. Gandy, T. Kanomata, Y. Kusakari, A. Sheikh, K.-U. Neumann, B. Ouladdiaf and K. R. A. Ziebeck : J. Phys. : Condens. Matter **20** (2008) 455201.

[58] A. Szytuła, H. P. Bak and J. Leciejewicz : J. Magn. Magn. Mater. **80** (1989) 195.

[59] V. S. Patil, R. G. Pillay, P. N. Tandon and H. G. Devare : phys. stat. sol. (b) **118** (1983) 57.

[60] S. K. Dhar, A. K. Grover, S. K. Malik and R. Vijayaraghavan : Solid State Commun. **33** (1980) 545.

[61] J. C. Suits : Solid State Commun. **18** (1976) 423.

[62] P. G. Pillay and P. N. Tandon : phys. stat. sol. (a) **45** (1978) K109.

[63] M. Pugacheva and A. Jezierski : J. Magn. Magn. Mater. **151** (1995) 202.

[64] J. Pierre, R. V. Skolozdra, J. Tobala, S. Kaprzyk, C. Hordequin, M. A. Kouacou, I. Karla, R. Currat and E. L. Berna : J. Alloys Compd. **262-263** (1997) 101.

[65] M. Zhang, Z. Liu, H. Hu, Y. Cui, G. Liu, J. Chen, G. Wu, Y. Sui, Z. Qian, Z. Li, H. Tao, B. Zhao and H. Wen : Solid State Commun. **128** (2003) 107.

[66] I. Galanakis, P. H. Dederichs and N. Papanikolaou : Phys. Rev. B **66** (2002) 134428.

[67] E. Şaşıoğlu, L. M. Sandratskii and P. Bruno : Phys. Rev. B **77** (2008) 064417.

[68] W. H. Schreiner, D. E. Brandão, F. Ogiba and J. V. Kunzler : J. Phys. Chem. Solids **43** (1982) 777.

[69] T. Kasuya : Prog. Theor. Phys. **16** (1956) 58.

[70] Y. Nishino. S. Inoue, S. Asano and N. Kawamiya : Phys. Rev. B **48** (1993) 13607.

[71] M. Kataoka : Phys. Rev. B **63** (2001) 134435.

機能材料としてのホイスラー合金

第4章

NMRから見たホイスラー合金の電子状態

ホイスラー合金中には，^{51}V, ^{55}Mn, ^{59}Co などの NMR の実験のしやすい原子核が含まれており，NMR を用いて多くの研究が行われてきた．NMR に関しては，Abragam や Slichter によるものを初めとして多くの立派な教科書があるが[1~6]，かなり難しいので，ここでは NMR の初学者や専門分野の違う方のため，NMR の基礎についてやさしく復習し，それをもとにしてホイスラー合金における NMR で重要と思われる実験について紹介したい．

4.1 NMRの基礎

4.1.1 NMRの共鳴条件

強磁性体，反強磁性体，常磁性体，反磁性体における磁気的性質や超伝導体や金属，半導体，絶縁物における電気的性質など，物質の性質を決めるのは全て物質中の電子系であるが，電子は原子核に磁場（磁界）や電場（電界）を及ぼすため，原子核の磁気共鳴（NMR）を観測することにより，物質の性質をミクロな（微視的な），局所的な視点で調べることができる．化学用の高分解能 NMR の場合は共鳴線が非常に鋭く，標準試料からの共鳴のずれも ppm（parts per million, 100万分のいくつか）で表されるほど小さく，常にほぼ同じ条件で NMR 信号が観測されるが，物性物理においてホイスラー合金などの磁性体で観測される NMR の場合は，NMR 信号の幅が非常に広く，共鳴のずれも千差万別であり，装置も場合に応じて工夫を要することが大きな違いである．しかし NMR の原理は同じであり，簡単に復習してみよう．原子核一つ一つは（主として質量数が奇数の場合）非常に小さな磁石である．ハイキングの

ときなどに持っていく，いわゆる磁石は地球の作る磁場中で安定な方向に（磁場に平行に）向きたがるように，原子核を磁場中に置くと，その磁気モーメントが磁場に平行に揃った場合，エネルギーが下がり，逆向きにするとエネルギーは上がる．すなわち，原子核の磁気モーメント μ は磁場 H 中で，

$$U = -\mu \cdot \boldsymbol{H} \tag{4-1}$$

の位置エネルギーを持っていて，これはゼーマンエネルギーと呼ばれている．ミクロの世界を記述する量子力学ではこれがハミルトニアンと呼ばれる演算子となり，これから固有方程式を作り，固有値と固有状態を求めることになる．

z 方向に大きさ H_0 の磁場をかけた場合のハミルトニアンは，

$$H_z = -\mu_z H_0 = -\gamma_N \hbar H_0 I_z \tag{4-2}$$

となる．ここで I_z はそれぞれの原子核に特有の核スピン量子数 I （その大きさは，$1/2, 1, 3/2, \cdots$ の半整数）の z 方向の成分である．$\hbar$ はプランク定数 h を 2π で割った値であり，$I_z \hbar$ が角運動量 $\boldsymbol{L}$ の z 成分であり，それに各原子核に固有の磁気回転比（gyromagnetic ratio）と呼ばれる量 γ_N をかけると磁気モーメントの z 成分 μ_z となる．つまり磁気回転比は磁気モーメントと角運動量の比の値である．

$$\mu = \gamma_N \boldsymbol{L} = \gamma_N \hbar \boldsymbol{I} \tag{4-3}$$

I_z の固有値を m とすると，

$$m = -I, -I+1, \cdots I$$

の $2I+1$ 個の値のみ取ることができる．このため磁場によって

$$E_m = -\gamma_N \hbar H_0 m \tag{4-4}$$

の $2I+1$ 個のエネルギー準位に分裂する．特に，プロトン（^{1}H など，$I=1/2$ の場合には，$m=\pm 1/2$ のみで，**図 4-1** のように，磁場の方向に対して磁気モーメントが平行か反平行かの二つの状態のみに分裂する．個々の原子核はそのどちらかの状態にあるが，z 方向の静磁場に垂直に振動数 ν の高周波磁場をかけると，電磁波のエネルギー $h\nu$ がエネルギー準位の差に等しい場合に共鳴吸収が起きる．このとき電磁波による遷移は m の差が ± 1 のみで起きることから共鳴条件は I によらず，

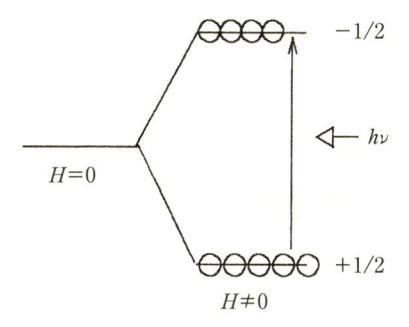

図 4-1 磁場によるエネルギー分裂（$I=1/2$ の場合）．

$$\nu = \frac{\gamma_N}{2\pi} H_0 \tag{4-5}$$

となる．

　さて固体の試料中には非常に多くの原子核が存在する（1 g 中に 10^{22} 個のオーダー）．個々の核のモーメントを見ると，エネルギーの低い状態にあるものもあり，高い状態にあるものもあるが，どれも高い状態に移ったり低い状態に移ったりと乱雑な熱運動をしている．全体的に見るとその占拠数 N_m の分布は試料の温度 T によって決まってくる．すなわち占拠数 N_m が，ボルツマン定数を k_B として，

$$N_m = \exp\left(-\frac{E_m}{k_B T}\right) \tag{4-6}$$

に比例するボルツマン分布をしている．室温では占拠数の差は小さいが，温度を下げるほど差は大きくなり，NMR の信号の強さも絶対温度 T の逆数に比例して強くなる．あるいは，磁場 H_0 を強くしても H_0 に比例して(4-4)のエネルギー差が開き，信号は H_0 に比例して強くなる．試料中の約 10^{22} 個の核スピンは弱い結合（相互作用）により結びついていて，核スピン系と呼ばれ，ある核スピンがひっくりかえると，別の核スピンが逆方向にひっくり返るというふうに，内部でエネルギーを保存しながら乱雑な運動をしている．外部（熱浴とか

格子系と呼ばれる）とも弱い結合があって，熱浴の温度が上がると，核スピン系は熱浴からエネルギーをもらってエネルギーの高い状態を占める数が多くなり，スピン系の温度も上がって，NMRの信号が弱くなり，逆に熱浴の温度が下がると，核スピン系はエネルギーを取られ，エネルギーの低い状態を占める核が多くなり，スピン系の温度が下がり，NMRの信号が強くなるわけである．核スピン間の相互作用は，個々の核が小さな磁石であるから，ある核はその周りに磁場を作り，別の核も磁石であるからその磁場により力を受けると考えるとわかりやすい（双極子-双極子相互作用と呼ばれる）．核スピン系にとって熱浴は後で述べるように普通電子スピン系である．

さて周波数は精密に測定できるので，磁気回転比 γ_N が精密にわかっている核を使うと磁場 H が精密に測定できることになる．実際NMRは最も精密に磁場を測定する方法である．しかもミクロに磁場を測定する方法でもある．半導体のホール効果を利用して磁場を測る方法では，ホール素子の大きさ（小さいのでも 0.1 mm くらい）にわたって平均した磁場を測ることになるのに対して，NMRでは原子核の大きさ（約 10^{-11} mm）で平均したミクロな磁場を測定することができる．ただこの磁場を測るプローブ（探針）を好きな場所に置くことができないのは欠点である．試料の結晶格子内の決まった核の位置の磁場のみをミクロに測定することができるわけである．核スピンの周りに何もな

表4-1 核スピン I，磁気回転比 γ_N，四重極モーメント Q の例.

核	I	$\gamma_N/2\pi$ [MHz/kOe]	Q [bahn]
^{1}H	1/2	4.25759	0
^{19}F	1/2	4.0055	0
^{51}V	7/2	1.1193	-0.05
^{55}Mn	5/2	1.0050	-0.55
^{59}Co	7/2	1.0054	$+0.4$
^{65}Cu	3/2	1.2089	-0.2
^{63}Cu	3/2	1.1285	-0.2
^{181}Ta	7/2	0.5096	$+3.28$

ければ（フリーな核スピンと呼ばれる）それぞれの核種に特有の共鳴条件(4-5)で共鳴が起きる．代表的な核とホイスラー合金の NMR で重要な核に対して $\frac{\gamma_N}{2\pi}$ の値（1 kOe の磁場をかけたとき，フリーな核スピンの場合，何 MHz の周波数で共鳴が起きるか）を**表 4-1** にあげておく．

4.1.2 電子が核の位置に作る磁場

　核スピンの周りに何もなければ，それぞれの核種に特有の共鳴条件(4-5)で共鳴が起きるが，試料中では原子核の周りを多くの電子が運動しているため，外からかけた磁場に加えて，電子からの磁場を受ける．材料の電気的性質や磁気的性を決めるのはすべて物質中の電子であるが，電子は原子核に磁場を及ぼすため，その磁場の性質を調べることにより，物質の性質をミクロな（微視的な，局所的な）視点で調べることができるわけである．電子が核に及ぼす磁場は超微細磁場（hyperfine field）と呼ばれるが，大きく分けて次の三つに分類される．電子と核スピンの間に3種の磁気的相互作用（超微細相互作用，hyperfine interaction と呼ばれる）があり，それを核の磁気モーメントにかかる有効磁場で置き換える．

（1）電子が直接核の位置までやってきて磁場を及ぼす．核の位置に振幅を持つのは s 電子あるいは s バンドの電子である（フェルミの接触相互作用，Fermi contact field）．

（2）核の周りを回る電子の軌道電流が核の位置につくる磁場（orbital field）．

（3）離れた電子が小さな磁石として核の位置に及ぼす磁場（双極子磁場，dipole field）．

　どの磁場が効いてくるかとか，どれくらいの大きさになるかとかは核の周りの電子状態に依存するので物質によって千差万別である．すなわち物質中の電子の示す磁性に深く関わりがあり，NMR は磁性をミクロに調べる手段となるのである．化学用の高分解能 NMR にかけるような無機，有機の物質中の分子では，電子は必ず上向きスピンと下向きスピンが対になって同じ軌道を占めて

いて，それらが核の位置に作る磁場はキャンセルしてしまう．外から磁場をかけると，レンツの法則に従ってそれを少し遮蔽（シールド）する方向に軌道電流が流れて，分子は反磁性を示し，核の位置に弱い磁場ができ，共鳴が孤立した核の場合からずれる．これがケミカルシフトと呼ばれるもので，化学結合の仕方により少しずつ違うので，分子構造の研究に利用されているわけである．単純な金属において伝導電子は結晶中を動き回っているが，外から磁場をかけなければ上向きスピンの電子も下向きスピンの電子も同じ状態にあり，核の位置につくられる磁場はキャンセルしている．外から磁場をかけると，磁場に平行なモーメントを出す方が安定となり，その状態（エネルギーバンド）を占める伝導電子が多くなり，金属はパウリの常磁性と呼ばれる磁性を示す．伝導電子のバランスのずれた部分により核の位置に磁場が誘起されて（sバンドの電子ならフェルミの接触相互作用による），共鳴がフリーな核の場合からずれる．この場合はナイトシフトと呼ばれている．3d遷移金属やその合金，化合物において3d軌道に不対電子があってそれが強い磁性を示す場合，その3d電子と内殻のs電子との相互作用により内殻のs電子にアンバランスが生じ，（1）のフェルミの接触相互作用を通してシフトや内部磁場が発生する．このcore polarizationと呼ばれる超微細磁場は3d軌道の電子の磁気モーメント$1\mu_B$当たり約-100 kOeと見積もられている．マイナスの符号は3d電子の磁気モーメントの方向に対し逆向きという意味である．遷移金属の合金や化合物においては，隣の磁気モーメントを持った原子からの波動関数の混じりによるトランスファー超微細磁場という寄与もあり，その符号はプラスにもマイナスにもなり得て大きさは数10 kOeの程度であるが，かなり大きくなることもある．

　3d電子の軌道電流による磁気モーメントが残っている場合に核の位置にできる（2）の磁場（orbital field）の符号は正であり，八面体位置の軌道三重縮退したCo^{2+}イオンを含む絶縁物磁性体中の^{59}CoのNMRにおいて観測されている[7]．また4s伝導電子の大きな偏極によっても正の超微細磁場が発生する．後で述べるように，Co基ホイスラー合金中の^{59}CoのNMRにおいても正の符号の超微細磁場が観測されており，この起源が軌道によるものかどうかが大きな問題となった．（3）の双極子磁場は八面体位置の軌道二重縮退した

Mn^{3+} イオンを含む絶縁物磁性体中で大きくなることが報告されている[8].

今一定磁場 H_0 で実験したときのフリーな核の共鳴周波数を ν_0, 物質中での共鳴周波数を ν_r とすると, 普通シフト K は周波数シフトとして,

$$K = \frac{\nu_r - \nu_0}{\nu_0} \tag{4-7}$$

で定義される. 周波数 ν_0 一定で, 磁場掃引して測定した場合は, フリーな核の共鳴磁場を H_0, 物質中での共鳴磁場を H_r とすると,

$$K = \frac{H_0 - H_r}{H_r} \tag{4-8}$$

と表される. ケミカルシフトが ppm で表されるのに対し, ナイトシフトは 0.1%〜数 % のオーダーである.

上記の反磁性体, 常磁性体では, 外から磁場をかけて初めてそれに比例して電子の反磁性磁化や常磁性磁化が現れ（磁化÷磁場が帯磁率あるいは磁化率と呼ばれるものである), ミクロに見ても核は磁場に比例した超微細場を受けてシフトが一定となる. ところが外から磁場をかけなくても強い磁化を出す, いわゆる磁石となるものすなわち鉄, コバルト, ニッケルや強磁性ホイスラー合金などの強磁性体においては, 磁場ゼロでも上向きスピンと下向きスピンの状態のエネルギーに差があり, 占拠数に差があるので, 核の位置に非常に大きな磁場が作られ, 外部磁場ゼロで非常に高い周波数で NMR が観測される. マクロに見た磁化率は小さくて強磁性体ではないが, 反強磁性体と呼ばれる物質においては, 個々の原子は大きな磁気モーメントを持っていてそれが交互に反対方向に配列しているような磁気構造を持っている. そのような場合もモーメントが核の位置に大きな磁場を及ぼし, ゼロ磁場で高い周波数で NMR が観測されることも多い. 強磁性体や反強磁性体のように磁気秩序を持った磁性体における超微細場は, 外からかけた磁場ではなく内部で生じるという意味で内部磁場と呼ばれている.

磁場ゼロで観測される共鳴として, 上記の磁気秩序状態における内部磁場によるもの以外に, 核四重極共鳴（NQR : Nuclear Quadrupole Resonance) と呼ばれる電気的相互作用によるものがあるので, 次にそれについて簡単に説明し

よう．

4.1.3 核四重極共鳴（NQR）

単位電荷をある場所に置いたときに働く力のベクトルが電場であり，電場がその場所から基準点（無限遠）までになし得る仕事がその場所での電位（ポテンシャル）$V(\boldsymbol{r})$ である．点電荷 q が場所 $\boldsymbol{r}$ で持つ位置エネルギーは $qV(\boldsymbol{r})$ であるが，核の電荷の場合その有限の大きさを考えると，その位置エネルギーは

$$U = \int \rho(\boldsymbol{r}) V(\boldsymbol{r}) dV \tag{4-9}$$

となる．ポテンシャルを原点近傍で展開すると，

$$V(\boldsymbol{r}) = V_0 + \sum_j \left(\frac{\partial V}{\partial x_j}\right)_0 x_j + \frac{1}{2} \sum_{j,k} \left(\frac{\partial^2 V}{\partial x_j \partial x_k}\right)_0 x_j x_k + \cdots \tag{4-10}$$

となり，エネルギーは，

$$U = ZeV_0 + \sum_j P_j \left(\frac{\partial V}{\partial x_j}\right)_0 + \frac{1}{2} \sum_{j,k} Q_{jk} \left(\frac{\partial^2 V}{\partial x_j \partial x_k}\right)_0 + \cdots \tag{4-11}$$

と表される．ここで，Ze は核の電荷で第1項は一定値を取り，第2項の P_j は電気双極子モーメントで核の基底状態ではゼロであり，第3項の四重極モーメントテンソル，

$$Q_{jk} = \int x_j x_k \rho(\boldsymbol{r}) dV \tag{4-12}$$

と電場勾配テンソル，

$$V_{jk} = \left(\frac{\partial^2 V}{\partial x_j \partial x_k}\right) \tag{4-13}$$

で表される四重極相互作用と呼ばれる項が重要になる．電場はポテンシャルの座標に関する1階微分であるので，電場勾配はポテンシャルの座標に関する2階微分となる．これは核の電荷分布が球対称からずれている場合，例えばホットケーキのような形の場合，それを電場に傾きのある場所に置くとき，置く向きによってエネルギーが違うことに対応している．量子力学的には，前と同じ核スピン量子数 I を用いて，

$$H_Q = \frac{e^2 qQ}{4I(2I-1)} \{3I_z^2 - I(I+1) + \eta(I_x^2 - I_y^2)\} \tag{4-14}$$

の形の有効ハミルトニアンで表される．ここで，Q は核四重極モーメントと呼ばれるそれぞれの核固有の量で，核スピン I，磁気回転比 γ_N などとともに物理定数表などにのっている．$eq=V_{zz}$ は電場勾配が最大となる主軸方向の成分で，他の主軸 x, y 軸は，

$$|V_{zz}| \geq |V_{yy}| \geq |V_{xx}| \tag{4-15}$$

となるように取って，非対称性パラメータと呼ばれる η が

$$\eta = \frac{V_{xx} - V_{yy}}{V_{zz}} \tag{4-16}$$

と定義される．これは電場勾配の軸対称からのずれを示す量で，$0 \leq \eta \leq 1$ である．上記のエネルギーは I_z^2 で決まるので，$I=1/2$ の場合は意味がなく，$I \geq 1$ でのみエネルギー準位は分裂する．Q の値も $I=1/2$ の場合はゼロである．^{63}Cu などの $I=3/2$ の場合のエネルギー分裂のようすを**図4-2**に示しておく．I_z の固有値 m の取り得る値は，

$$m = -\frac{3}{2}, -\frac{1}{2}, +\frac{1}{2}, +\frac{3}{2}, \tag{4-17}$$

であるが，$m=-\frac{3}{2}, +\frac{3}{2}$ は同じエネルギーであり（縮退しているという），$m=-\frac{1}{2}, +\frac{1}{2}$ も縮退している．これらのエネルギー差に対応する周波数,

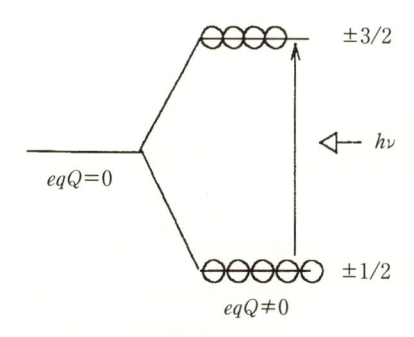

図4-2 四重極相互作用によるエネルギー分裂（$I=3/2$ の場合）．

$$\nu_Q = \frac{3e^2qQ}{2I(2I-1)h} \tag{4-18}$$

を持った電磁波により遷移が起きて，図 4-2 のように NMR と同様の共鳴吸収が起き，この場合 NQR (核四重極共鳴) と呼ばれている．核スピン I，核四重極モーメント Q は核によって決まっているので，ν_Q の測定から核の位置での電場勾配がわかる．このように NQR は核の周りの電子の雲の電荷がつくる電場勾配を測定するミクロなプローブである．核の周りの電場の対称性に敏感である．

4.1.4 強い磁場と弱い電場勾配がある場合の NMR スペクトル

　磁場だけの場合は磁場の方向がハミルトニアンの重要な軸 (量子化の軸) であり，電場勾配だけの場合は，電場勾配テンソルを対角化したときの電場勾配の最大主軸の方向が重要な軸となり，それらが一致しなければ複雑となる．電気伝導性のよい金属的試料では，表皮効果のため高周波磁場が試料の中まで入らないのでしばしば粉末試料を使う必要があり，その場合は磁場の方向に対し，電場勾配の主軸が無秩序な方向になるため，スペクトルはいわゆる粉末スペクトルとなる．磁場の効果と四重極相互作用のどちらか一方が他方に比べて非常に小さい場合は近似理論 (摂動論と呼ばれる) により，スペクトルを計算できるが，同じくらいの大きさの場合は数値計算により，全ハミルトニアンのエネルギー固有値を求める必要がある．

　磁場によるゼーマンエネルギーが四重極相互作用より十分強い場合は，ゼーマンハミルトニアンの I_z の項により等間隔に分裂していた固有状態が，四重極相互作用の I_z^2 の項により間隔が不揃いとなり，1 本だった共鳴線の上下にサテライトが現れ，$2I$ 本に分裂する．$I=3/2$ の場合を図 4-3 に示しておく．粉末試料では両側にすそをひいた特徴的な形のスペクトルとなる．四重極相互作用が大きくなってくると中央の強い線も 2 次の効果で影響を受ける．そのような例として金属的化合物 Co_3S_4 中の粉末試料に対し外部磁場を掃引したときの ^{59}Co の NMR スペクトルを図 4-4 に示す．中心線の両側に 3 本ずつサテライトピークが出ているが，磁場が 15 kOe くらいで十分強くないため，中心線

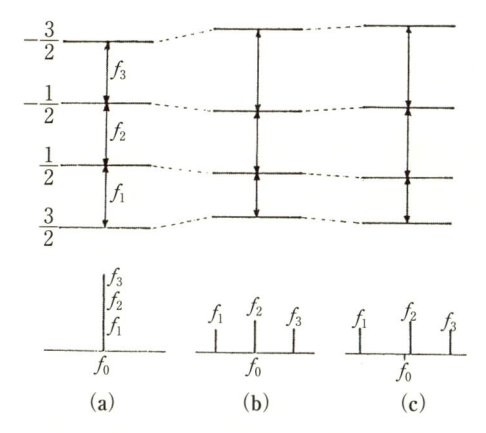

図 4-3 $I=3/2$ の場合のエネルギー準位と共鳴スペクトル．（a）磁場のみの場合，（b）小さな四重極相互作用が加わった場合，（c）2 次の効果がある場合．

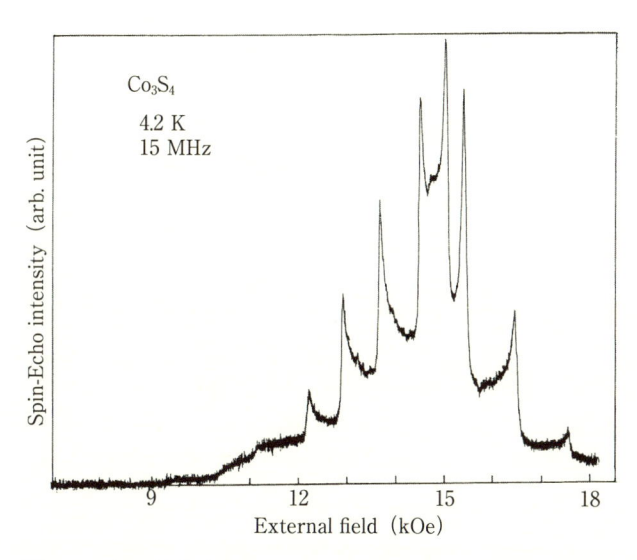

図 4-4 金属的化合物 Co_3S_4 の粉末試料中の ^{59}Co の磁場掃引 NMR スペクトル[8]．

が四重極相互作用の 2 次の効果で 2 本に分裂し，さらによく見るとその 2 本の間に段があり，教科書的な粉末スペクトルである[9].

4.1.5 四重極相互作用が強い場合のスペクトル

上で説明した量子化の軸（z 軸）が一致する場合を考えるとわかりやすい．四重極相互作用においては，I_z^2 の項のため I_z の固有値を m とすると $\pm m$ の状態は同じエネルギーを持っていた（縮退していた）が，ゼーマンハミルトニアンの I_z の項によりそれが分裂するため，磁場ゼロで観測されているピークがそれぞれ 2 本に分裂する．さらに低い周波数に $\pm 1/2$ 間の遷移も観測される．軸が一致せず，非対称性パラメータ η の値が 0 でなければ，種々の m の

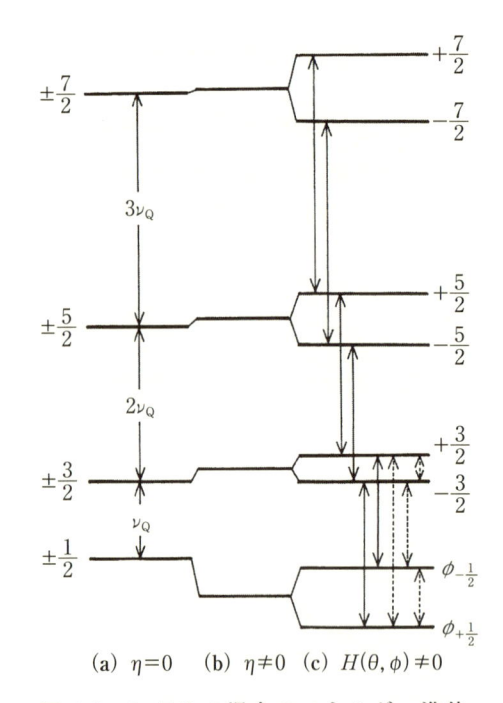

図 4-5　$I=7/2$ の場合のエネルギー準位．
（a）四重極相互作用のみで $\eta=0$ の場合，
（b）$\eta\neq 0$ の場合，（c）小さな磁場の効果．

状態が混合するため，種々の遷移が観測可能となる．$I=7/2$ の場合のエネルギー準位を図 4-5 に示しておく．ν_Q より十分低い周波数で外部磁場を掃引して観測した $\pm m$ の間の遷移の粉末スペクトルは $I=7/2$ の場合に我々が初めて詳しく議論した[10]．この場合のスペクトルの形は電場勾配の大きさには無関係で（大きければよい），非対称性パラメータ η だけで決まるのが特徴である．一点一点周波数を変えてゼロ磁場スペクトルを調べなくても，周波数を低

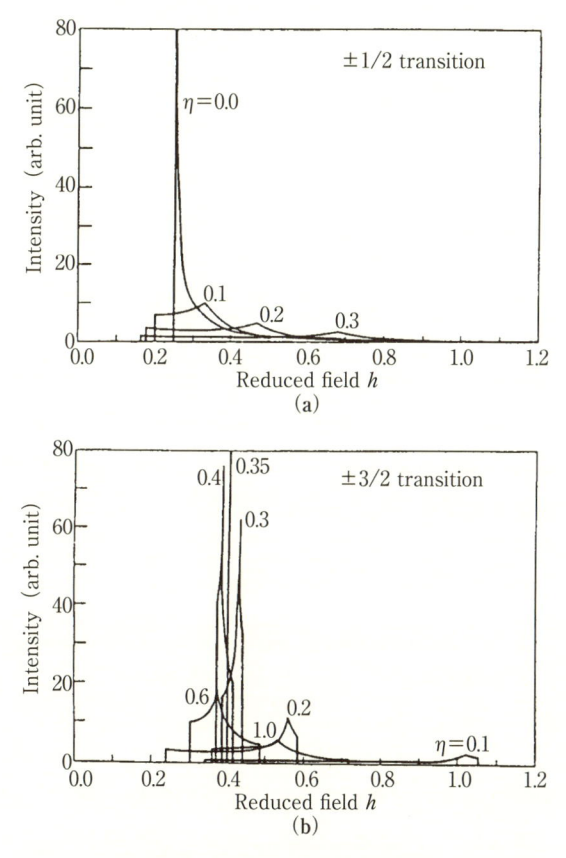

図 4-6 四重極相互作用が大きい粉末試料で小さな磁場をかけて掃引した場合のスペクトルの例．
(a) $\pm 1/2$ 遷移，(b) $\pm 3/2$ 遷移[10, 11]．

いところに止めて外部磁場を掃引すると，どのような非対称性パラメータ η を持った原子のサイト（位置）があるかがわかり，層状化合物 TaS_2 中の伝導電子の電荷密度の波（CDW）の研究に威力を発揮した[10,11]．$I=7/2$ の $\pm 1/2$ の遷移と $\pm 3/2$ の遷移の場合のスペクトルを図 4-6 に示しておく．磁場 H をフリーな核の場合の共鳴磁場 H_0 で割った h を横軸に取ってあり，シフトに相当するが，ここではシフトが数 10% あることになり，高分解能 NMR の場合の ppm オーダーと比べいかに大きいかがわかる．我々は $\pm 3/2$ の遷移の場合のスペクトルにおいては，非対称性パラメータ η が 0.35 の場合は 1 次の計算では幅が消えてしまうことを発見し，$\eta=0.35$ を，双極子場による幅が消えるマジックアングルにちなんで，マジックアシンメトリー（魔法の非対称性）と命名した[10,11]．

4.1.6 パルス法 NMR

実際に NMR を観測するにはどうするのであろうか？ 以前には，静磁場に垂直に弱い高周波磁場を連続的にかけて，静磁場あるいは高周波磁場の周波数を共鳴条件近傍でゆっくり変化させて（掃引，sweep するという）共鳴点での共鳴吸収による高周波回路の Q の変化を検出する方法がよく使われたが，最近は主として高周波磁場をパルス的にかけ，フリーディケイやスピンエコーと呼ばれる信号を観測するパルス法と呼ばれる方法が使われている．図 4-1 では，各スピンの磁場方向の z 成分だけを考えた．$x,\ y$ 成分も考え，それらの時間変化を量子力学的に追うのは難しく省略するが，幸い全体の核の磁化の時間変化はブロッホ方程式と呼ばれる古典的な方程式でよく記述されることがわかっている．古典力学において，角運動量 $\boldsymbol{L}$ の時間変化は，

$$\frac{d\boldsymbol{L}}{dt} = \sum_j \boldsymbol{r}_j \times \boldsymbol{F}_i \tag{4-19}$$

に従うこと（回転を扱うのに便利なニュートンの運動方程式）は習ったであろう．例えば回転するコマに力をかけると，コマの回転軸が力の方向に平行になるのではなく，コマの角運動量の微小変化はかけた力に垂直であり（ベクトル積であるから），コマはいわゆる味噌すり運動（才差運動とも呼ばれる）を行

うことは有名である．これと似た式が，スピン角運動量に対して成り立つ．式(4-19)右辺の力のモーメントが $\mu \times H$ となることと式(4-3)から，磁場中の磁気モーメントの時間変化は，運動方程式

$$\frac{d\mu}{dt} = \mu \times \gamma_N H \tag{4-20}$$

により記述される．最初磁気モーメントが磁場に平行であれば何も変化はないが（ベクトル積は 0），磁場に対して磁気モーメントが最初斜めの位置にあれば，微少変化の方向は磁気モーメントにも磁場にも垂直であり，味噌すり運動をすることになる．磁気共鳴を起こさせるために z 軸方向の静磁場 $H_0 \boldsymbol{k}$ に垂直に $H_1 \sin \omega t$ で振動するような高周波磁場をかけるのであるが，これは z 軸を回転軸として角速度 ω および $-\omega$ で互いに逆方向に回転する回転磁場を合成したものと考えることができる．この片方の $-\omega$ で回転する回転磁場が止まって見えるような回転座標系に乗って磁気モーメントの運動を観測してみる．質点の古典力学において，慣性系に対して回転する座標系に乗ると，ニュートンの運動方程式に遠心力やコリオリの力のような見かけの力が付け加わるが，この場合 z 軸方向に見かけの磁場 $-\omega/\gamma_N$ が付け加わり磁化に対する方程式が，

$$\frac{d\mu}{dt} = \mu \times \gamma_N H_{\text{eff}}, \quad H_{\text{eff}} = \left(H_0 - \frac{\omega}{\gamma_N}\right)\boldsymbol{k} + H_1 \boldsymbol{i} \tag{4-21}$$

となる[3]．このとき，$\omega = \gamma_N H_0$ すなわち式(4-6)の共鳴条件が満たされるときは，有効磁場の z 成分が消えてしまう．$H_0 = 10 \sim 50$ kOe 程度の大きな z 軸方向の静磁場が消え，磁気モーメントは回転系の x 方向の $H_1 = 1 \sim 100$ Oe 程度の小さな磁場の周りで味噌すり運動を行うことになる．最初モーメントが z 方向を向いていたとすると，zy 平面内を y 軸方向に向かって倒れてゆき，y 軸方向，$-z$ 軸方向，$-y$ 軸方向，z 軸方向とぐるぐる回ることになる．90° 回転して y 軸方向を向いたところで高周波磁場を切ると，磁気モーメントは回転系で y 軸方向を向いたまま静止することになり，こういう高周波パルスを 90° パルスという（**図 4-7** 参照）．回転系で y 軸を向いた磁気モーメントを元の座標系（実験室系と呼ばれる）から見ると当然回転する座標系と同じ角速度 $-\omega$

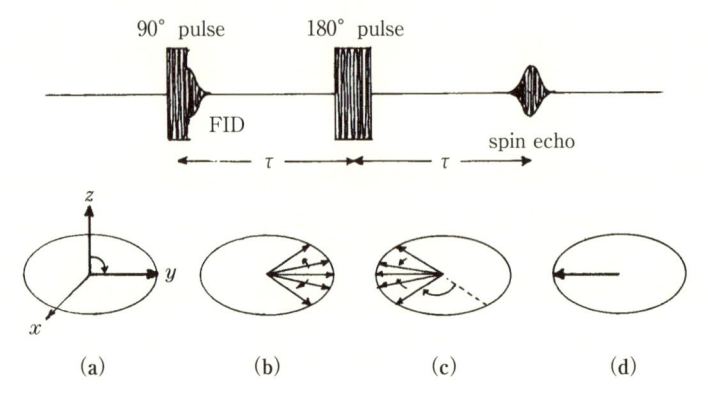

図 4-7 スピンエコー形成の原理図．（a）90°パルス，（b）90°パルスの後，（c）180°パルス，（d）180°パルスの後時間 τ 経過後．

で回転していることになる．高周波磁場をかけるため，x 軸方向に向けた rf コイルの中で，磁気モーメントが z 方向を軸として回転するので，ファラデーの電磁誘導の法則によりコイルに起電力が誘起される．こうして得られる信号がフリーディケイ（Free Induction Decay : FID）と呼ばれるものである．この信号は 90°パルスの後いつまでも続くわけではなく，名前のように時間の関数として減衰（decay）する．その原因は三つほどあるが，一つは試料中のすべての核スピンが同じ共鳴条件を満たしていればよいが，実際は試料中の原子核の場所によって磁場の強い所や弱い所があるためである．この磁場の不均一性は外からかけた磁場が少し不均一である場合もあるし，試料自体の性質である場合もあるが，いずれにしても回転系で見たとき，磁気モーメントが止まって見える角速度 ω に分布があることになり，平均の角速度で回転する回転座標系から見ると，平均の磁場より大きい所にある核のモーメントや小さい所にあるのは回転系でも停止せず，互いに逆方向にゆっくり回転して互いに散らばってしまう（図 4-7 参照）．全てのモーメントのベクトル和を取るとついには打ち消し合って 0 になってしまい，フリーディケイも消えてしまう（ベクトル和の成分が $1/e$ になる時間は普通 T_2^* と呼ばれる）．もとの磁場の不均一性が小さく，共鳴の幅が狭いほど，散らばり方がゆっくりで，フリーディケイ

は長く続く．この時間の関数としてのフリーディケイ信号をフーリエ変換すると，周波数の関数としての共鳴スペクトルになる．化学用のNMRではもともとの共鳴幅が非常に狭いのでもっぱらこのフリーディケイを観測してフーリエ変換することによりスペクトルを調べる方法が行われている．90°パルスを作るためにrfコイルに1～1000Vの電圧をかける必要があり，その直後に1μV～1mVのフリーディケイ信号を観測する必要があるが，90°パルスの直後は受信機が「死んでしまう」ので，固体物理でのNMRのように幅が広いとフリーディケイは短時間で消えてしまい観測が難しい場合が多い．しかも，幅の広い共鳴全範囲にわたって90°条件を満たさせることが難しく，フーリエ変換しても意味のない場合が多い．そこで次に説明するスピンエコー（スピンのやまびこ）を観測する方法が使われる．上でフリーディケイが減衰する原因に三つほどあると書き，一つ説明したが，その場合モーメントの方向が散らばるためにベクトル和は消えるが，個々のモーメントの成分は保存されたまま運動が続いていることに注意したい．第2の原因は核スピン系の全エネルギーは保存されたまま，双極子相互作用などのスピン間の相互作用により個々のスピンがエネルギーをやりとりして，x成分，y成分が消えていくメカニズムによるもので，それらが$1/e$に減衰する時間はスピンスピン緩和時間（T_2）と呼ばれている．第3の原因は，スピン系が外界との相互作用（スピン格子相互作用）によりエネルギーをやりとりして，外界との熱平衡状態に向かおうとするメカニズムで，磁気モーメントのz成分が温度Tの熱平衡値M_0へ，x, y成分はそれらの熱平衡値である0へ向かうためフリーディケイも消えてしまう．熱平衡値との差が$1/e$になる時間はスピン格子緩和時間T_1と呼ばれている．さてT_1およびT_2は十分長くて第1の原因でフリーディケイが消えた後に第2のパルスを長さを第1パルスの倍にしてすなわち180°パルスにして，第1パルスから時間τの後に加えてみよう．すると回転系でy軸方向を向いて止まっていたちょうど共鳴条件を満たしていたモーメントは回転計での磁化の運動方程式により運動を続け，y方向→$-z$方向→$-y$方向と180°回転する．磁場の大きい所にあり，ωが大きくて先に進んでいるモーメントは図4-7のようにx軸の周りに180°回転すると今度は後ろに付き，ωが小さく遅れたモーメント

は x 軸の周りに 180° 回転すると今度は前に付くことになる．微少変化のベクトルの方向はモーメント自身と有効磁場（x 軸方向）のベクトル積なのだから，モーメントの x 成分は変化せず，y 成分だけが 180° 回転することに注意すればわかりやすい．後ろについた速いモーメントは $-y$ 軸に向かって進み，前に出された遅いモーメントは遅れてこれも $-y$ 軸に向かい，第 2 パルスからさらに時間 τ がたつとすべて再び $-y$ 軸に集まることになる．こうやって出てくる信号がスピンエコーである（図 4-7 参照）．

4.1.7 スピン格子緩和時間

　試料中の核スピンはスピンスピン相互作用により結びついていて核スピン系を構成し，その系の温度（スピン温度）が定義でき，外界とエネルギーをやりとりするとその温度が変化する．核スピン系は超微細相互作用により電子スピン系と結ばれているのでそれを通してエネルギーをやりとりし温度が変化する．電子スピン系の熱容量は大きいので核スピン系からエネルギーをもらってもあまり温度は変化しないが，電子スピン系から格子振動の系にエネルギーは移り，最終的には試料の周りの空気を暖めたり，液体ヘリウムに試料を浸していれば液体ヘリウムを蒸発させることになる．NMR のスピンエコーを観測したとき，その強さは温度 T のボルツマン分布に対応した温度 T での核の磁化 M_0 に比例するが，図 4-8 のように高周波のパルスの列を加えるとエネルギー

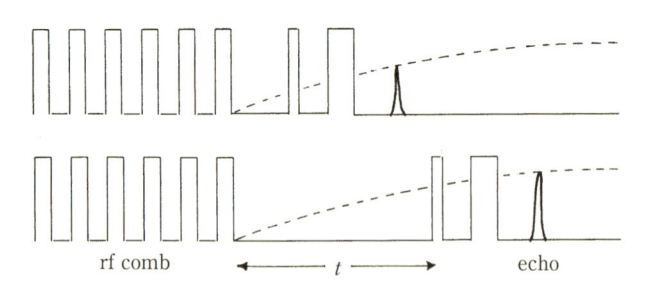

図 4-8　パルスコームの後のスピンエコー信号の回復の様子（T_1 測定法）．

の低い準位にいる核スピンが高い方にたたき上げられ，温度が上がり，磁化に対応した信号強度はゼロに近づく．パルス列を切ると，超微細相互作用により電子スピン系にエネルギーを移して熱平衡の値 M_0 に戻ろうとする．熱平衡値との差が $1/e$ になる時間はスピン格子緩和時間 T_1 と呼ばれている．核の磁化の運動方程式の z 成分には，

$$\frac{dM_z(t)}{dt} = \frac{M_0 - M_z(t)}{T_1} \tag{4-22}$$

の項が付け加わり，高周波パルスを切った後はこの項だけとなって，磁化は

$$M_z(t) = M_0 \left\{ 1 - \exp\left(-\frac{t}{T_1}\right) \right\} \tag{4-23}$$

のように回復してゆく．T_1 の逆数 T_1^{-1} はスピン格子緩和率と呼ばれる．T_1 の絶対値や温度変化などの振る舞いは，試料が金属であるか，絶縁体であるか，磁性体であるか，超伝導体であるかなど，電子系の性質によって大きく異なっている．温度を下げると電子系は最もエネルギーの低い状態（基底状態 ground state）に落ち込んでいくが，核スピンが緩和するためには電子系もほんの小さいエネルギーであるがそれを受け取って状態の変化がないといけないので，核スピン系の T_1 は電子系の低い励起状態（素励起）の性質に強く依存する．すなわち核スピン系の T_1 を調べることにより電子系の低い励起状態，ゆらぎの研究が可能である．単純な金属（銅など）において T_1 がどうなるかは Slichter の教科書に詳しく書かれている[2]．そこでは核スピンが反転し同時に伝導電子が波数 k，スピン s の状態から波数 k'，スピン s' の状態に全エネルギーを保存しながら遷移する確率を計算することにより，T_1 が求められている．伝導電子は結晶中を動き回ることから量子条件はゆるくなり，準連続なエネルギーバンドが作られ，エネルギーの最も低い状態から上向きスピンと下向きスピンが対になってつまってゆく（フェルミ分布）．占拠された最大のエネルギーがフェルミエネルギーであるが，伝導電子が状態を変えることができるのはフェルミ分布のぼやけた部分 $\sim k_B T$ である（k_B はボルツマン定数）ことが効いて，

$$T_1^{-1} \propto T \tag{4-24}$$

となる．ナイトシフト K を含む

$$T_1TK^2 = \frac{h\gamma_e^2}{8\pi^2 k_B \gamma_N^2} \tag{4-25}$$

はコリンガの関係式と呼ばれている．γ_e は電子の磁気回転比である．スピン格子緩和率 T_1^{-1} は，波数 k，角周波数 ω に依存した磁場に対する電子系の応答である一般化帯磁率（磁化率）$\chi(q,\omega)$ の虚数成分の q に対する総和の $\omega_0 = \gamma_N H_0$ 成分としても表される．

　強磁性ホイスラー合金など，強磁性体においては，高周波磁場に対して，電子系の磁気モーメントも運動し，磁壁の運動等も核磁気緩和に寄与するため強い静磁場をかけて磁壁を追い出して T_1 の測定をするなどの工夫が必要となる．この高周波磁場による電子の磁気モーメントの振動のため電子の磁気モーメントに比例した核の位置の内部磁場も振動することとなり，その成分が非常に大きいため高周波磁場が実効的に増幅されることとなる．NMR 信号も超微細相互作用により電子のモーメントを振動させるためそれがコイルへの起電力となり，増幅され，NMR 信号の観測は容易である．詳しくは参考文献[5]を参照されたい．

4.2　Co₂FeAl 系フルホイスラー合金における ^{59}Co の超微細磁場の分布

　Co 系ホイスラー合金はハーフメタルとして期待され，またキュリー温度も高いことから最近薄膜の試料を中心に多くの研究がなされている（第9章参照）．特に室温で 50% 程度の高いトンネル磁気抵抗効果（TMR）が観測されたホイスラー合金 Co₂FeAl の薄膜試料およびバルク試料において ^{59}Co の NMR による研究が行われた[12~14]．SiO₂ 基板上に種々の温度でスパッター蒸着され，さらに種々の温度でアニール処理された Co₂FeAl の薄膜試料が合成され，TMR が調べられた[12]．X 線回折から A2 構造および B2 構造を持つとわかっている試料の 4.2 K における ^{59}Co の NMR スペクトルを**図 4-9** に示す[12]．A2 構造の場合，180 MHz 付近をピークとする非常に幅の広いスペク

4.2 Co₂FeAl系フルホイスラー合金における ^{59}Co の超微細磁場の分布　　81

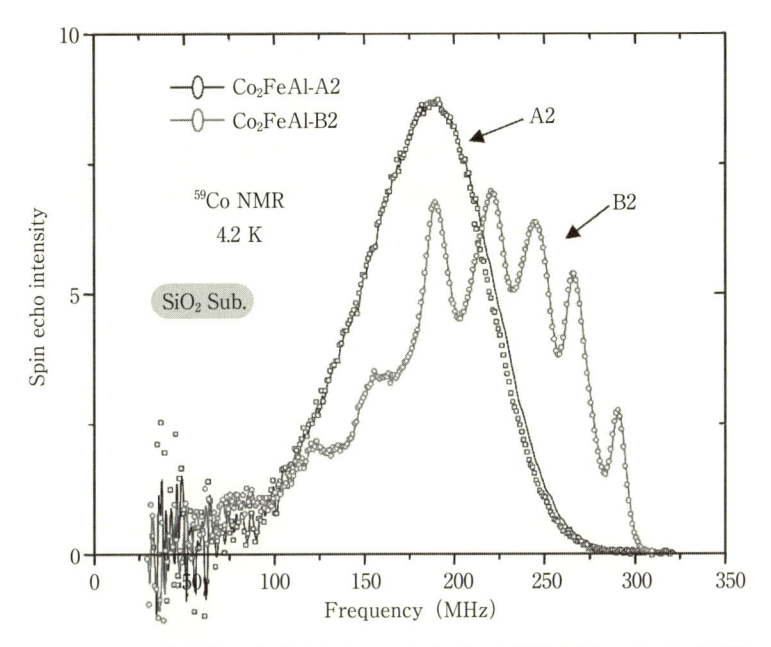

図 4-9　SiO₂ 基板上に合成された A2 および B2 構造を持つ Co₂FeAl 薄膜からの ^{59}Co NMR スペクトル（Inomata ら[12]より転載）．

トルが観測され，Co，Fe および Al 原子の無秩序な位置分布によるものと解釈された[12]．一方，B2 構造の場合，50～300 MHz の周波数範囲で 8 本のピークが観測され，最も周波数の高い 290 MHz のピークは Co 原子の 8 個の最近接原子が全て Fe 原子の場合，次の 270 MHz 付近のピークは最近接原子が Fe 原子 7 個＋Al 原子 1 個の場合などと解釈された[12]．Fe 原子は磁気モーメントを持っていて，Co 原子の隣にくると ^{59}Co にトランスファー超微細磁場を及ぼすが，Al 原子の場合はそれがないので，Co 原子の最近接の Fe 原子の数により ^{59}Co の共鳴周波数が異なることになる．サテライト信号の強度は，最近接の原子の分布が無秩序の場合，Co 原子の最近接原子数 $N=8$ 個のうち，n 個が Fe 原子で，$N-n$ 個が Al 原子である確率（2 項分布）

$$P(n,x) = \frac{N!}{(N-n)!n!}x^n(1-x)^{N-n} \qquad (4\text{-}26)$$

に比例する．ここで x は，(Fe 原子数)/(Fe 原子数 + Al 原子数)であり，化学量論的組成では，0.5 である．このことから ^{59}Co の NMR スペクトルを調べることにより，原子配列の乱れに関する，X 線回折では得難い，局所的な情報が得られることがわかる．Co$_2$FeAl バルク試料の ^{59}Co の NMR スペクトルは Inomata ら[13]および Wurmehl らのオランダのグループ[14]により調べられた．化学量論的組成の Co$_2$FeAl バルク試料の ^{59}Co の NMR スペクトルにおいても図 4-10 のように，はっきりしたサテライト信号が観測され，Al 原子位置に Fe 原子が 16% 混っているものと解釈された[13]．Wurmehl らによるアーク

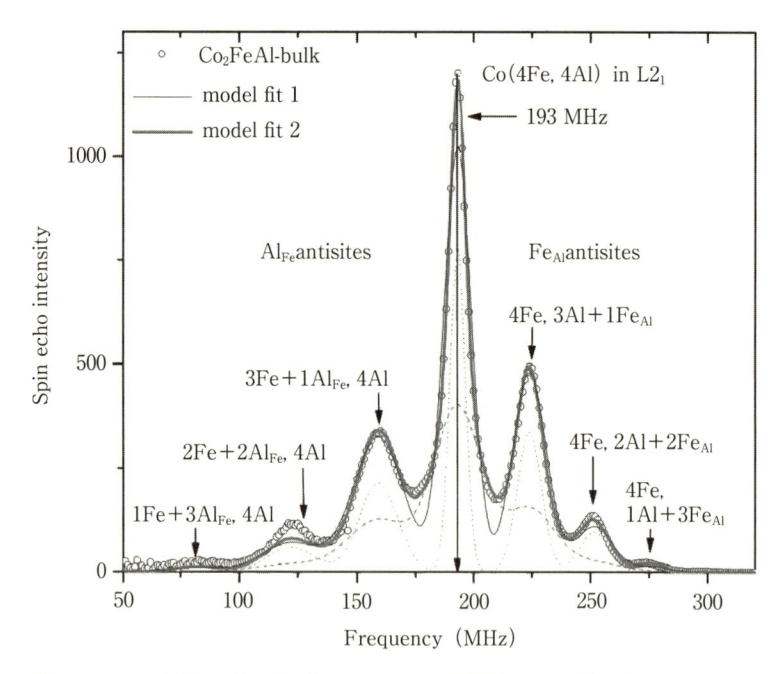

図 4-10　L2$_1$ 構造を持ったバルク Co$_2$FeAl 試料からの ^{59}Co NMR スペクトル（白丸）．線は Al 原子位置に Fe 原子が混じり込んでいるという模型にフィットした曲線（Inomata ら[13]より転載）．

4.2 Co₂FeAl系フルホイスラー合金における ^{59}Co の超微細磁場の分布

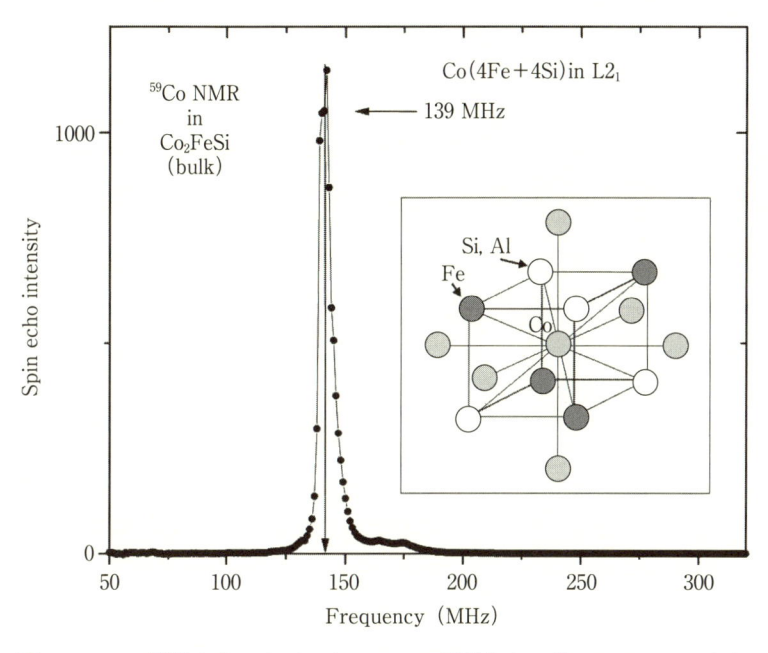

図 4-11 L2₁ 構造をもったバルク Co₂FeSi 試料からの ^{59}Co NMR スペクトル．挿入図は Co 原子の周りの環境（Inomata ら[13]より転載）．

溶解により合成されたままの Co₂FeAl バルク試料においては，さらに小さな周波数間隔で副次的サテライト信号も観測され，最近接原子のみならず，第2，第3近接位置の乱れも影響も考慮してスペクトルが解釈され，また約 10% の L2₁ 型構造からの寄与も見いだされている[14]．またその試料を 1300 K でアニールした場合，L2₁ 型構造からの成分はなくなり，B2 と A2 構造の成分の混合物となると解釈された[14]．これらの Co₂FeAl バルク試料の ^{59}Co の NMR スペクトルは，サテライト信号が非常に弱い Co₂FeSi バルク試料の場合（**図 4-11**）と対照的である[13]．Co₂FeAl バルク試料においては乱れの少ない試料を合成するのが難しいのであろう．

NMR による同様の研究は Co₂FeSi，Co₂FeSi₀.₅Al₀.₅ など[13]でも行われており，今後もホイスラー合金における原子秩序の乱れを局所的に調べる有力な方

法として使われるであろうと考えられる．

4.3 Co 基フルホイスラー合金中の ^{59}Co における正の超微細磁場

　Co 系ホイスラー合金はハーフメタルとして期待され，またキュリー温度も高いことから最近薄膜の試料を中心に多くの研究がなされているが，バルク試料に対する NMR による研究は 1970 年代からすでになされており，以下で紹介するように，日本人研究者による寄与が大きい[15~46]．Co 系ホイスラー合金の ^{59}Co の NMR の著しい特徴は，^{59}Co の超微細磁場の符号が正である場合が多いことである．このことは，普通磁気モーメントを持った原子の核の超微細磁場は d 電子による内殻 s 電子の分極を通したフェルミ接触相互作用による，磁気モーメント $1\mu_B$ 当たり約 $-100\,\mathrm{kOe}$ であるのと対照的である．この正の超微細磁場は最初 Co_2TiSn で見いだされ[24]，同様の系 Co_2YZ($Y=Ti, Zr, Hf, V, Nb$；$Z=Al, Ga, Sn$)で報告された．種々の Co_2YZ における超微細磁場を表 4-2 に文献とともにまとめておく．Yoshimura らは，Y 原子が Ti，V など磁気モーメントを持たない場合 ^{59}Co の超微細磁場は正となり，Y 原子が Cr，Fe，Mn などのように磁気モーメントを持つ場合，^{59}Co の超微細磁場は負となることを指摘した[15]．この正の超微細磁場の起源は，最初稀薄合金における超微細磁場の例からの類推により，軌道のモーメントによるものと推測された[26]．しかしその後 Co_2TiAl において Shinogi が詳しく調べ[17]，^{59}Co 位置での超微細場が常磁性状態と強磁性状態を含む広い温度範囲で磁化に比例していたことから正の超微細場の起源は軌道モーメントによる磁場ではなく，s バンドの伝導電子の分極によるものと解釈した．しかし後で述べるように，少し歪んだ八面体配位の軌道 3 重縮退した Co^{2+} イオンにおいては大きな軌道磁気モーメントが残り，基底状態が仮想スピン 1/2 で表されてそのスピン間の相互作用が異方性の大きいイジング模型で記述される場合，軌道による超微細磁場が効いていても，超微細磁場は低温で温度変化の小さいイジング模型の磁化に比例していると解釈されることもあり，超微細磁場が磁化に比例していても必

4.3 Co基フルホイスラー合金中の ^{59}Co における正の超微細磁場　85

表4-2 Co基ホイスラー合金中の^{59}Coの低温での超微細磁場.

試料	実験値 [kOe]	理論値 [kOe]
Co$_2$TiSn	+22.5[a]	+49[b]
Co$_2$TiAl	+17.1[a]	+41[b]
Co$_2$TiGa	+12.2[g]	+34.96[c]
Co$_2$ZrSn	+44.6[a]	
Co$_2$ZrAl	+31.8[a]	
Co$_2$NbSn	+34.6[a]	
Co$_2$VAl	+18.8[a]	+57.91[c]
Co$_2$VGa	+15.0[a]	+57.25[c]
Co$_2$MnSi	−145[e]	−120[d]
Co$_2$MnGe	−140.2[e]	−122[d]
Co$_2$MnSn	−156.0[e]	−105[b], −156[d]
Co$_2$MnAl	−175.1[f]	−146.24[c]
Co$_2$FeAl	−194.0[f]	−128.33[c]
Co$_2$FeGa	−182.0[f]	−130.56[c]
Co$_2$CrGa	−35.8[f]	−11.39[c]

a) 文献[23], b) 文献[20], c) 文献[21], d) 文献[22], e) 文献[16], f) 文献[15], g) 文献[26]

ずしも軌道による超微細磁場がないとは言えないと思われる．我々は，Co$_2$TiGaやCo$_2$VGaにおいて，強磁場中で磁場誘起モーメントと核スピンの相互作用による共鳴のシフトを調べるという全く別の観点から正の超微細場の起源を調べた[18]．Co$_2$TiGaはキュリー点が130 K，Co当たりの磁気モーメントが0.4 μ_Bの遍歴電子強磁性体であり，その磁気的振る舞いは遍歴電子強磁性体に対するスピンのゆらぎの理論でよく理解される．低温の強磁性状態で20 T超伝導磁石を用いて調べた^{59}Coの磁場掃引NMRスペクトルの例を**図4-12**に示す．粉末試料を用いているがかなり鋭い信号が観測されている．このようなスペクトルを4.2 Kで周波数を変えて取り，共鳴のピークの周波数を周波数対磁場ダイアグラムとして表したものが**図4-13**である．きれいな直線に乗っており，その傾きは，フリーな^{59}Coの$\gamma/2\pi$=1.0054 MHz/kOe に対して +0.83% 大きい強磁場でのシフトであった．CoCl$_2$·2H$_2$Oというコバルトの塩化物があ

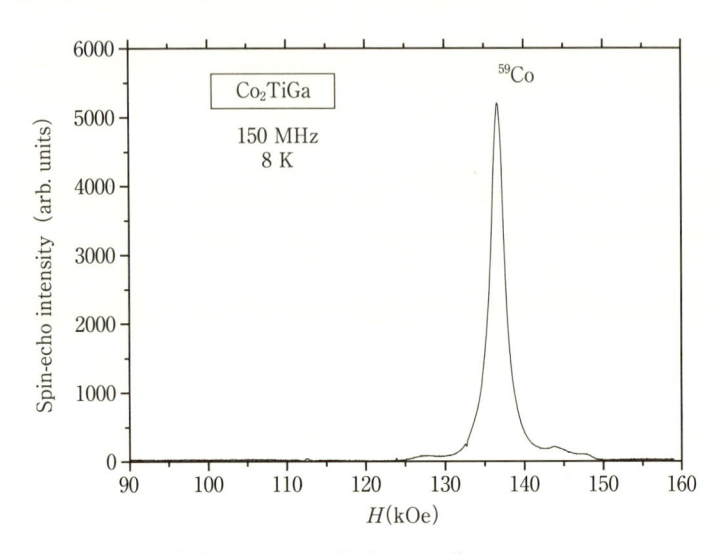

図 4-12 L2₁ 構造の Co₂TiGa 試料からの ^{59}Co の 150 MHz，8 K における磁場掃引 NMR スペクトル（Furutani ら[18]より転載）．

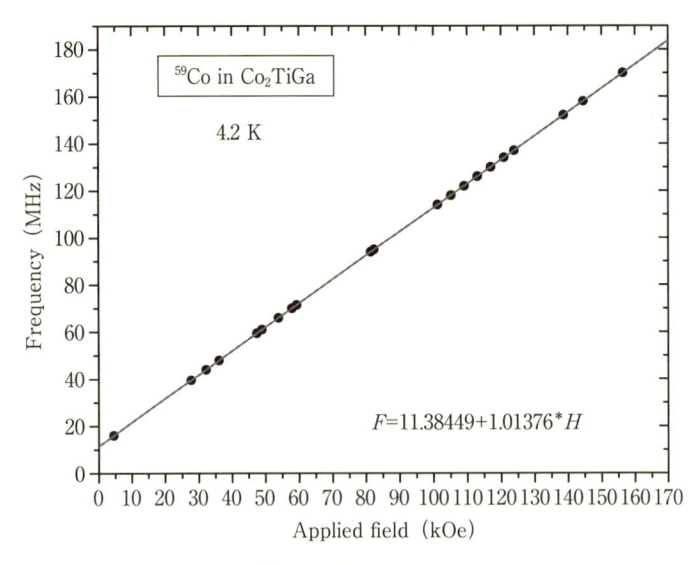

図 4-13 Co₂TiGa 中の ^{59}Co 磁場掃引 NMR スペクトルの 4.2 K におけるピークの周波数対磁場ダイアグラム（Furutani ら[18]より転載）．

4.3 Co 基フルホイスラー合金中の ^{59}Co における正の超微細磁場　87

るが，b 軸方向の Co 間の距離が小さく 1 次元強磁性イジングモデルがよく成り立つ化合物として知られている．Co イオンでは自由イオンの基底状態 ^{4}F が立方対称結晶場により，$^4T_1, ^4T_2, ^4A_2$ に分裂し，その中の一番エネルギーの低い 3 重縮退した $^4T_1$ がスピン軌道相互作用と正方対称の結晶場により 6 本のクラマース 2 重項に分裂し，次の励起状態までのエネルギー（260 cm^{-1}）に比べて温度が低ければ，基底 2 重項を $s=1/2$ のスピン系として扱え，その場合に交換相互作用が異方的となり 1 次元強磁性イジングモデルがよく成り立つこととなる．この場合 Co イオンに大きな軌道角運動量が残っていて +650 kOe の大きな正の超微細磁場をつくることが知られている[7]．そこで外部磁場をかけると，スピン軌道相互作用を通して磁気モーメントが誘起されそれと核スピンとの相互作用により，大きなシフトが誘起される[7]．CoCl$_2$·2H$_2$O の場合その field-induced-moment nuclear coupling によるシフトは 29% であった[7]．Co$_2$TiGa の場合も，軌道角運動量が残っていれば，外部磁場による大きな正のシフトが観測されるはずであるが，シフトはわずか +0.83% と CoCl$_2$·2H$_2$O の場合の 1/35 であったことより，Co$_2$TiGa 中の ^{59}Co における正の超微細磁場の起源は，軌道磁気モーメントによるものではないことが結論された[18]．同様の実験はホイスラー合金 Co$_2$VGa に対しても行われた．Co$_2$VGa はキュリー点が約 350 K，Co 当たりの磁気モーメントが 0.98 μ_B の遍歴電子強磁性体である．低温の強磁性状態で 20 T 超伝導磁石を用いて調べられた ^{59}Co の磁場掃引 NMR スペクトルの主たるピークに対する周波数対磁場ダイアグラムの傾きは，フリーな ^{59}Co の上記の値に対して +0.67% 大きく，CoCl$_2$·2H$_2$O の場合の 2.3% であったことより，Co$_2$VGa 中の ^{59}Co の場合も正の超微細磁場の起源は，軌道磁気モーメントによるものではないことが明らかとなった[18]．

　さらに低温強磁性状態における強磁場磁化率を測定し，それと強磁場での上記シフトの比較から強磁場における超微細相互作用定数を評価することが行われた[19]．強磁場における超微細磁場定数として，Co$_2$TiGa において，+170 kOe/(1 μ_B of Co atom)，Co$_2$VGa において，+1.9 MOe/(1 μ_B of Co atom) という大きな値が得られた．これらの大きな値はトランスファー超微細磁場では説明できず，s バンドの伝導電子の分極によるものと結論された．

さて，^{59}Co の正の超微細磁場は理論的に説明できるのであろうか．Ishida らによる LSDA（局所スピン密度近似）を用いた計算値を表 4-2 に示してある．この方法では軌道角運動量および双極子磁場の寄与は考慮されていないが実験値は定性的に説明されている[20,21]．その後，Picozzi らによる，スピン軌道相互作用を考慮した GGA（一般化された勾配近似）法による計算では，軌道磁気モーメントは消失していることが明らかとなり，また表 4-2 のように，Co$_2$MnSi, Co$_2$MnGe, Co$_2$MnSn における ^{59}Co の負の超微細磁場の実験値がほぼ説明された[22]．しかし ^{55}Mn の計算値は LSDA とほとんど変わらず，実験値を定量的に説明できていない[22]．したがってさらなる理論的研究も必要であると考えられる．

4.4　Fe$_2$VSi 系フルホイスラー合金の NMR

Fe$_{3-x}$V$_x$Si($0 \leq x \leq 1$)) の系の ^{51}V の NMR は，Niculescu らによって詳しく調べられた[31]．Fe$_3$Si は DO$_3$ 型の構造を持ち，$T_\mathrm{C}=839$ K の金属強磁性体であるが，V の組成 x の増加とともにキュリー点や磁気モーメントが下がり，$x=0.75$ では $T_\mathrm{C}=240$ K となり，フルホイスラー合金の組成（$x=1$）である Fe$_2$VSi の磁性が大きな問題となっていた．我々は熱処理の違う 2 種類の Fe$_2$VSi の試料に対し中性子回折と ^{51}V の NMR の実験を行い比較して議論した．試料 No.1 は 1073 K で燃成された後急冷されたもので，試料 No.2 は 1123 K で燃成された後急冷されたものである．試料 No.1 では約 47 K 以下において ^{51}V の NMR の半値幅が減少した．これは $T_\mathrm{N}=42$ K 以下で ^{51}V 周りに存在している Fe 原子が commensurate（整合構造）的に反強磁性構造を構成していくという中性子回折の結果と矛盾がなかった．一方，試料 No.2 では ^{51}V の NMR の半値幅の減少が見られなかった．これは ^{51}V の位置に影響を与える反強磁性成分が結晶周期とは波長の違う波の incommensurate（非整合構造）であるという中性子回折の結果と矛盾がなかった[32]．一方 Matsuda らは Fe$_{2+x}$V$_{1-x}$Si($0.00 \leq x \leq 0.08$)) の系の ^{51}V の NMR および ^{57}Fe のメスバウアー分光による詳しい研究を行い，Fe$_2$VSi の組成 $x=0.00$ において，$T_{\mathrm{N}_1}=123$ K

および $T_{N_2}=34$ K における二つの反強磁性転移を見いだし, $x=0.02$ への小さな x の変化により, T_{N_2} は 64 K に移った[33]. このように, Fe$_2$VSi の磁気構造は試料に強く依存し, 原子秩序の乱れの程度により大きく変化して非常に複雑である.

Fe$_2$VSi には上記の L2$_1$ ホイスラー型構造以外に, 1373 K 以上の高温から溶融急冷して合成すると, 低温相より複雑な構造である α-Mn 型 (A12) 構造の Fe$_2$VSi ができることが知られている[34]. ^{51}V の NMR スペクトルにおいて, シフトが温度変化しない信号と温度を下げると負の方向にシフトが変化する二つの信号が観測され, α-Mn 中の ^{55}Mn の NMR の場合と似ていることが報告されている[35].

同様の系 Fe$_2$VAl, Fe$_2$VGa においては磁気不純物による強磁性が議論されており, これらも複雑である[36,37]. 核磁気緩和率の温度変化は金属的でないことが報告されている[38].

4.5　ハーフホイスラー合金 CoVSb の NMR

C1$_b$ 構造の CoVSb はバンド計算によると V 原子が 1 μ_B の磁気モーメントを持ち, Co 原子はモーメントをほとんど持たないハーフメタル強磁性体と予言された[39]. しかし実験的には, CoVSb のキュリー温度や磁気モーメントの値は試料に強く依存し, T_c は 11～58 K の範囲に散らばり, CoVSb 当たりの磁気モーメントは 0.036～0.18 μ_B の範囲に散らばっていた[40]. この原因は Co 原子と V 原子の原子秩序の乱れによるものと考えられている. 普通より少し温度の高い 850℃ でアニールして合成された CoVSb の試料に対し中性子回折の実験が行われ, 低温での磁気モーメントは小さく, V 原子の位置には磁気モーメントがほとんどないことが報告された[41]. この試料と同じ方法で合成された CoVSb の試料に対し NMR の結果が報告された. 室温で鋭い ^{51}V のスピンエコーとやや幅の広い ^{59}Co のスピンエコー信号が観測され, それらのシフトの温度変化から超微細磁場定数が, ^{59}Co で -34.9 kOe/μ_B, ^{51}V で -15.7 kOe/μ_B と求められ, Co 原子の方が V 原子よりもより磁気的であった. 4.2 K

ではゼロ磁場で 30, 63, 82 MHz にピークを持ち 10～20 MHz の広い幅の信号が観測されたが，磁場掃引スペクトルにおいて非磁性の V 原子および非磁性の Co 原子からの信号と幅の広い ^{121,123}Sb からの信号も観測された．これらのことから CoVSb の強磁性はミクロなスケールでは非常に複雑であることが明らかとなった[42]．

4.6 その他のホイスラー合金の NMR

本来の意味でのホイスラー合金，Cu_2MnAl，Cu_2MnSn などの NMR は早い時期に Shinohara によって調べられ，RKKY 相互作用を用いた模型により半定量的に議論された[43]．

マルテンサイト変態で有名な Ni_2MnGa 中の ^{55}Mn の NMR は Ooiwa らによって調べられた[44]．立方晶から正方晶への相転移温度近傍では両相からの信号が観測されている．Mn の磁気モーメントから分子場により誘起される Ni 原子の磁気モーメントの値を評価し，それが構造と温度により変化することを示した[44]．

Co_2NbSn もホイスラー合金の中で温度を下げると立方晶から結晶が歪む材料の一つである．高温相での NMR スペクトルには四つの信号が観測され，低温の強磁性相でもシフトを持った非磁性原子からの NMR 信号が観測され複雑である．さらなる研究が必要であろう[45]．

4.7 まとめ

Co_2FeAl 系フルホイスラー合金における ^{59}Co の超微細磁場の分布と Co 基フルホイスラー合金中の ^{59}Co における正の超微細磁場の起源を中心にしてホイスラー合金における NMR について解説した．

ホイスラー合金の超微細磁場においては，隣の原子からくるトランスファー超微細磁場の寄与が大きいため，X 線回折ではわからないような結晶構造の局所的乱れがよくわかり，NMR の適用は今後も広く行われるであろうと考え

られる．化学量論的組成のフルホイスラー合金においても Co_2FeSi のように原子配列が乱れにくいものと Co_2FeAl，Fe_2VSi のように乱れやすいものがあることが明らかとなった．CoVSb 等空孔位置のあるハーフホイスラー合金も原子配列が乱れやすい．原子配列が乱れにくく，少し乱れてもハーフメタルの性質を失わないホイスラー合金がスピントロニクス材料の本命となるであろうと考えられる．

Co 基フルホイスラー合金中の ^{59}Co における正の超微細磁場の起源が軌道磁場によるものではなく伝導電子の大きな分極によるものであることは実験的には問題ないと言ってよいであろう．ただ理論計算値と実験値は完全には一致していないので，さらなる理論的研究は望まれる．なぜ Co 原子の軌道磁気モーメントは消失するのであろうか．八面体位置の Co^{2+} イオンでは軌道磁気モーメントが残るがフルホイスラー合金 Co_2YZ 中の Co の場合，Y と Z が違うので，四面体位置の配位子場に相当し，軌道一重項の場合に対応するのかもしれない．

紙面の都合で省略したテーマもあるが，筆者の不勉強により抜けた重要な研究があるかもしれないことをお断りしておきたい．ダブルペロブスカイトや CrO_2 を含むスピントロニクス材料全般の 2000 年以降の新しい文献に関しては，Wurmehl と Kohlhepp によるレビューも参考にしていただきたい[46]．

論文からの図の転載を快諾してくださった猪俣浩一郎博士に感謝します．

参考文献

[1] アブラガム：核の磁性（上・下），吉岡書店（1966）．
[2] C. P. スリクター（益田義賀訳）：磁気共鳴の原理，シュプリンガー（1998）．
[3] 北丸竜三：核磁気共鳴の基礎と原理，共立出版（1987）．
[4] 小林俊一編：物性測定の進歩 I ―NMR, μSR, STM―，丸善（1997）．
[5] 朝山邦輔：遍歴電子系の核磁気共鳴，裳華房（2002）．
[6] 安岡弘志：核磁気共鳴技術，岩波書店（2002）．
[7] H. Nishihara, H. Yasuoka and A. Hirai：J. Phys. Soc. Jpn. **32**（1972）1135.

[8] T. Kubo, A. Hirai and H. Abe : J. Phys. Soc. Jpn. **26** (1969) 1094.
[9] H. Nishihara, T. Kanomata, T. Kaneko and H. Yasuoka : J. Appl. Phys. **69** (1991) 4618.
[10] H. Nishihara, G. A. Scholz and R. F. Frindt : Solid State Commun. **44** (1982) 507.
[11] M. Naito, H. Nishihara and T. Butz : "Layered Transition Metal Dichalcogenides" in "Nuclear Spectroscopy on Charge Density Wave Systems" (ed.) T. Butz, Kleuver Academic Pub. (1992).
[12] K. Inomata, S. Okamura, A. Miyazaki, M. Kikuchi, N. Tezuka, M. Wojcik and E. Jedryka : J. Phys. D : Appl. Phys. **39** (2006) 816.
[13] K. Inomata, M. Wojcik, E. Jedryka, N. Ikeda and N. Tezuka : Phys. Rev. B **77** (2008) 214425.
[14] S. Wurmehl, J. T. Kohlhepp, H. J. M. Swagten and B. Koopmans : J. Phys. D : Appl. Phys. **41** (2008) 115007.
[15] K. Yoshimura, A. Miyazaki, R. Vijayaraghavan and Y. Nakamura : J. Magn. Magn. Mater. **53** (1985) 189.
[16] M. Kawakami, Y. Kasamatsu and H. Ido : J. Magn. Magn. Mater. **70** (1987) 265.
[17] A. Shinogi : J. Phys. Soc. Jpn. **54** (1985) 400.
[18] Y. Furutani, H. Nishihara, T. Kanomata, K. Kobayashi, R. Kainuma, K. Ishida, K. Koyama, K. Watanabe and T. Goto : J. Phys., C. S. **150** (2009) 042037.
[19] H. Nishihara, Y. Furutani, T. Wada, T. Kanomata, K. Kobayashi, R. Kainuma, K. Ishida, K. Koyama and K. Watanabe : J. Phys., C. S. **200** (2010) 032052.
[20] S. Ishida, S. Asano and J. Ishida : J. Phys. Soc. Jpn. **53** (1984) 2718.
[21] S. Ishida, S. Sugimura, S. Fujii and S. Asano : J. Phys. : Condens. Matter **3** (1991) 5793.
[22] S. Picozzi, A. Continenza and A. J. Freeman : Phys. Rev. B **66** (2002) 094421.
[23] R. Vijayaraghavan, A. K. Grover, L. C. Gupta, V. Nagarajan, J. Itoh, K. Shimizu and H. Mizutani : J. Phys. Soc. Jpn. **42** (1977) 1779 and references therein.
[24] K. Endo, A. Shinogi and I. Vincze : J. Phys. Soc. Jpn. **40** (1976) 674.
[25] A. Shinogi, K. Endo, I. C. An, N. Yamada and T. Ohoyama : J. Phys. Soc. Jpn. **43** (1977) 1453.
[26] Le Dang Kohi, P. Veillet and I. A. Campbell : J. Phys. F : Metal Phys. **8** (1978)

1811.

[27] A. Shinogi and K. Endo : J. Phys. Soc. Jpn. **53** (1984) 55.

[28] K. Ooiwa : J. Phys. Soc. Jpn. **54** (1985) 1581.

[29] M. Kawakami : Hyperfine Interactions **51** (1989) 993.

[30] M. Kawakami, M. Nagahama and S. Satohira : J. Phys. Soc. Jpn. **59** (1990) 4466.

[31] Niculescu, K. Raj, J. I. Budnick, T. J. Burch, W. A. Heines and A. H. Menotti : Phys. Rev. B **14** (1976) 4160.

[32] H. Nishihara, K. Ono, K.-U. Neumann, K. R. A. Ziebeck and T. Kanomata : J. Alloys Compd. **383** (2004) 302.

[33] H. Matsuda, K. Endo, M. Tokiyama, H. Shinmen, Y. Takano, S. Masubucyi, K. Ooiwa, H. Mitamura, J. Arai and T. Goto : J. Phys. Soc. Jpn. **75** (2006) 094714.

[34] O. Nashima, Y. Yamaguchi, H. Higashi, T. Goto, T. Kaneko, S. Sasamori, H. Kimura, R. Kainuma, K. Ishida and T. Kanomata : J. Alloys Compd. **417** (2006) 150.

[35] H. Nishihara, O. Nashima, Y. Furutani, T. Kanomata and Y. Yamaguchi : J. Magn. Magn. Mater. **310** (2007) 1818.

[36] C. S. Lue, J. H. Ross, Jr., K. D. D. Rathnayaka, D. G. Naugle, S. Y. Wu and W.-H. Li : J. Phys. : Condens. Matter **13** (2001) 1585.

[37] C. S. Lue and J. H. Ross, Jr. : Phys. Rev. B **63** (2001) 054420.

[38] K. Ooiwa and K. Endo : J. Magn. Magn. Mater. **177-181** (1998) 1443.

[39] B. R. K. Nanda and I. Dasgupta : J. Phys. : Condens. Matter **15**, (2003) 7307 and references therein.

[40] M. Terada, K. Endo, Y. Fujita and R. Kimura : J. Phys. Soc. Jpn. **32** (1972) 91 and references therein.

[41] L. Heine, T. Igarashi, K. Kanomata, K.-U. Neumann, B. Ouladdiaf and K. R. A. Ziebeck : J. Phys. : Condens. Matter **17** (2005) 4991.

[42] H. Nishihara, T. Kanomata, Y. Furutani, T. Igarashi, K. Koyama and T. Goto : phys. stat. sol. **3** (2006) 2779.

[43] T. Shinohara : J. Phys. Soc. Jpn. **27** (1969) 1127.

[44] K. Ooiwa, K. Endo and A. Shinogi : J. Magn. Magn. Mater. **104-107** (1992) 2011.

[45] A. U. B. Wolter, A. Bosse, D. Baabe, I. Maksimov, D. Mienert, H. H. Klauss, F. J.

Litterst, D. Niemeier, R. Michalak, C. Geibel, R. Feyerherm, R. Hendrikx, J. A. Mydosh and S. Seullow : Phys. Rev. B **66** (2002) 174428.

[46]　S. Wurmehl and J. T. Kohlhepp : J. Phys. D : Appl. Phys. **41** (2008) 173002.

機能材料としてのホイスラー合金

第5章
光電子分光および内殻吸収分光から見た ホイスラー合金の電子状態

5.1 はじめに

　各章で示されているように，ホイスラー合金は，高スピン偏極伝導，高効率熱電変換，強磁性形状記憶効果など，さまざまな興味深い物性を示す．これらの物性発現機構は，フェルミ準位近傍の電子構造に支配されている．このような機能性を電子構造の立場から解明することは，高い機能性を持つ物質設計には必要不可欠である．本章では，物質の電子構造を直接的にプローブすることのできる実験手法である光電子分光について，その原理とさまざまな機能性を持つホイスラー合金についての応用例を紹介する．さらには，元素選択的に磁気モーメントを決定できる内殻吸収を利用した磁気円二色性（XMCD）分光がホイスラー強磁性合金へ応用されるようになってきた．本章では，XMCD分光の原理と応用例についても比較的詳細に解説する．

5.2 光電子分光の基礎

5.2.1 光電子分光の原理

　固体にある波長より短い紫外線（真空紫外線）を照射することにより，そこから電子が飛び出す現象は1887年にヘルツによって発見された．これは「外部光電効果」としてよく知られる．光電子分光は，この外部光電効果に基づいており，光励起によって原子・分子・固体から放出される光電子強度を運動エネルギーの関数として測定する実験手法である．内殻準位の束縛エネルギーは，元素によって異なるため，古くから元素分析手法の一つとして用いられて

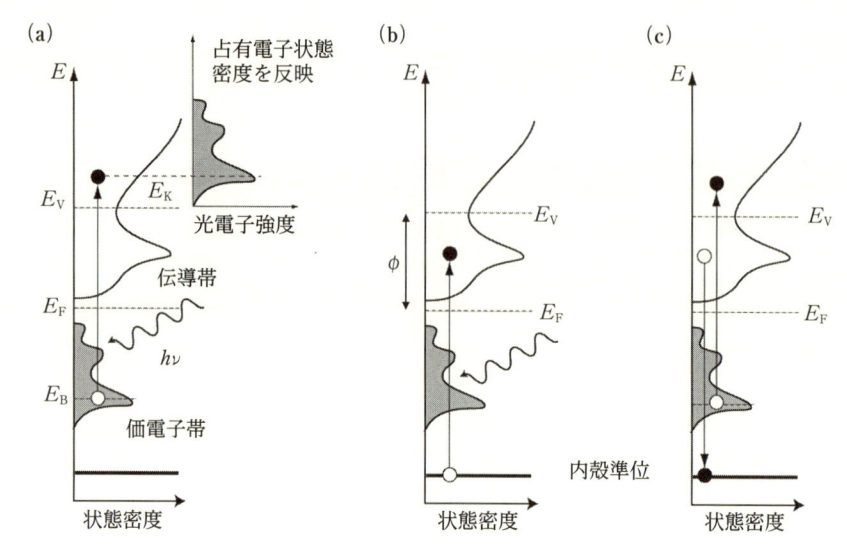

図5-1 光電子分光の原理.（a）価電子帯光電子放出,（b）内殻吸収過程,（c）共鳴光電子放出過程.

きた．最近では，光電子エネルギー分析器の性能が飛躍的に向上したことにより，固体のフェルミ準位近傍の電子状態を詳細にとらえることが可能になってきた．それでは，以下に内殻および価電子帯からの光電子放出の原理について述べる．

図5-1（a）の横軸には固体の電子状態密度，縦軸にはエネルギーを示している．エネルギー $h\nu$ を持つ光が入射した後，フェルミ準位（E_F）以下に位置する価電子帯の束縛エネルギー（E_B）の状態から光電子が放出される場合を考える．今，光電子の運動エネルギーを E_K，仕事関数を ϕ と書くと，エネルギー保存則より $h\nu = E_B + \phi + E_K$ が成り立つ．すなわち，光電子の運動エネルギー E_K が直接束縛エネルギー E_B に関連しており，光電子強度 I を E_K の関数として求めれば価電子帯の電子状態密度を直接観測することが可能である．

一方，内殻準位からの光電子放出の場合は，価電子帯と比較して，一見話が簡単なように思われる．なぜならば，内殻準位は原子核の近くで局在してお

り，基本的にはエネルギー分散幅を持たない局在レベルで記述できるからである．ところが，実際には光電子放出が起こった直後は，内殻準位にホールが残っているため，内殻ホールと価電子ホール（あるいは電子）の間で交換相互作用やクーロン相互作用があり，観測される内殻光電子スペクトルは一般的に複雑なスペクトル形状を示す[1~3]．

5.2.2 共鳴光電子分光

　特定の元素の内殻からフェルミ準位（E_F）直上への電子励起（内殻吸収）が起こるようなエネルギーを持つ光で励起すると，価電子帯光電子スペクトル中のある特定の元素成分のみを共鳴増大させることが可能である．これは共鳴光電子分光と言われ，いくつかの元素からなる物質の特定の軌道成分についての部分状態密度を実験的に得ることのできる有力な手法である．

　図5-1（b）に示すように，まずは入射光のエネルギーを選んで，内殻準位から伝導帯への光励起を起こす．その後，図5-1（c）で示すように，伝導帯に励起された電子は再びもとの内殻準位に緩和し，それと同じエネルギーをもらって価電子帯から光電子放出が起こる．内殻励起を伴った光電子スペクトルでは，この共鳴光電子放出過程を通じて，特定の元素の特定の軌道成分のスペクトル強度が増大する．このような共鳴増大は，比較的電子系が局在した物質では顕著に見られるが，遍歴電子系では通常のオージェ電子放出過程の寄与も大きく，共鳴構造の分離が実験的に困難なことが多い．一方，強磁性金属のNiでは明確な共鳴増大が観測される[1]．

5.3　内殻吸収分光スペクトルのX線磁気円二色性（XMCD）

5.3.1　X線磁気円二色性の原理

　可視光や紫外光領域における固体の反射・吸収は，**図5-2**（a）に示すようなバンド間遷移によって引き起こされ，基本的にはスペクトルは価電子帯と伝導帯の結合状態密度を反映する[4]．一方，図5-2（b）に示すように，内殻

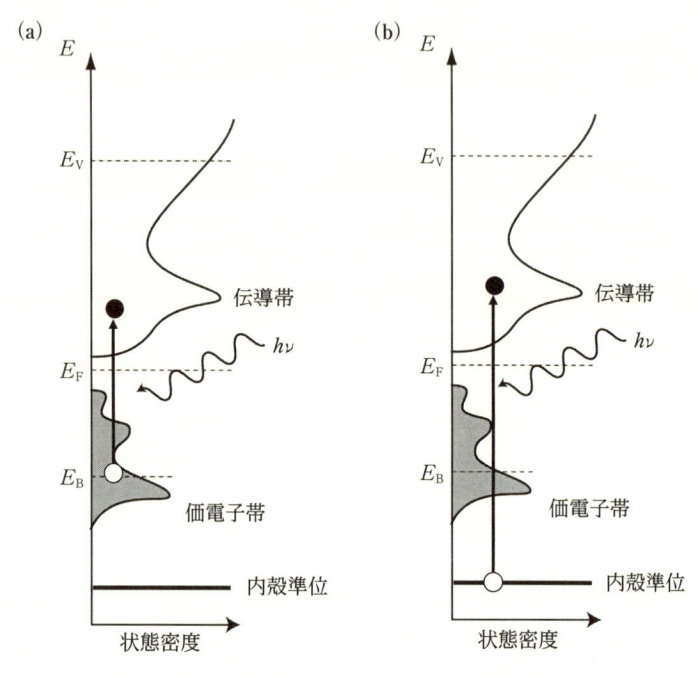

図 5-2　固体の光吸収の原理．(a) バンド間遷移，(b) 内殻吸収過程．

吸収過程では，原子核に束縛された内殻準位からフェルミ準位より上の非占有状態に光学遷移が起こる．内殻吸収が起こるエネルギーのしきい値が，内殻準位の束縛エネルギーが原子の種類や軌道によって異なることを反映して，内殻吸収スペクトルは元素や軌道選択的な分光手法ととらえることができる．

　磁性体に光を入射したとき，その吸収係数が磁化の向きに対して円偏光の極性により吸収係数が異なる性質を磁気円二色性（Magnetic Circular Dichroism：MCD）と呼ぶ．特に，内殻吸収スペクトルにおける MCD の場合には，可視光領域の場合と区別するために，X 線磁気円二色性（XMCD）と呼ばれる[5,6]．本書で取り扱うホイスラー合金では主に磁性を担う 3d 遷移金属を含む場合が多いことから，ここでは 2p→3d 内殻吸収に注目して話を進める．遷移金属元素の 2p 内殻吸収端は，入射光エネルギーが 400〜1000 eV であるこ

5.3 内殻吸収分光スペクトルのX線磁気円二色性（XMCD）

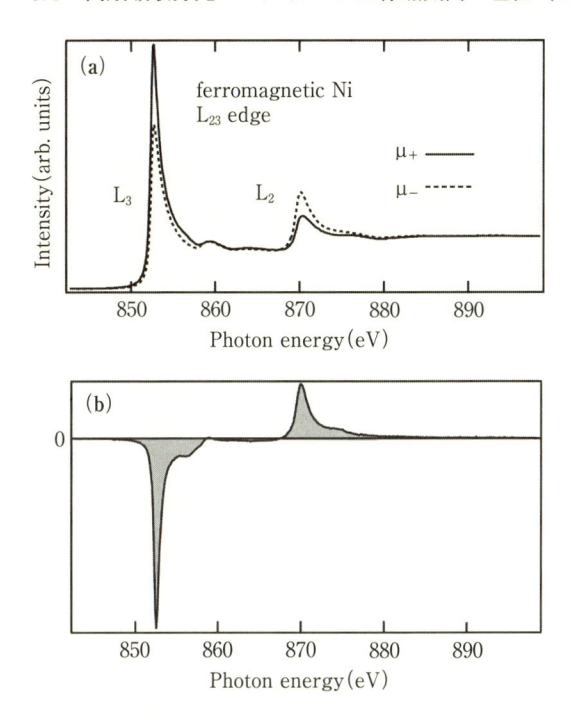

図5-3 強磁性体ニッケルの（a）L₂₃内殻吸収スペクトルおよび（b）X線磁気円二色性（XMCD）スペクトル．

とから，電気双極子近似がよく成り立つと考えてよい[4]．その場合，2p（軌道量子数 $l=1$）軌道からの光学遷移先（光吸収の終状態）は，s（$l=0$）か d（$l=2$）となるが，ここでは主に d 軌道の遷移だけを考えていく．

図5-3 に強磁性体の Ni の L₂₃ 内殻吸収スペクトルと XMCD スペクトルを示す．図5-3（a）には，入射光エネルギー 850〜900 eV の範囲に L₂₃ 内殻吸収スペクトルを示すが，基本的に低エネルギー側に L₃（$2p_{3/2}$→3d）吸収端，高エネルギー側に L₂（$2p_{1/2}$→3d）吸収端が現れる．これらは，2p 内殻正孔の強いスピン軌道相互作用によって全角運動量で記述される $j=3/2$ と 1/2 の状態に分裂したことによる．図5-3（a）を見ると磁化に対する左右の円偏光の吸

(a) スピン磁気モーメント

(b) スピン & 軌道磁気モーメント

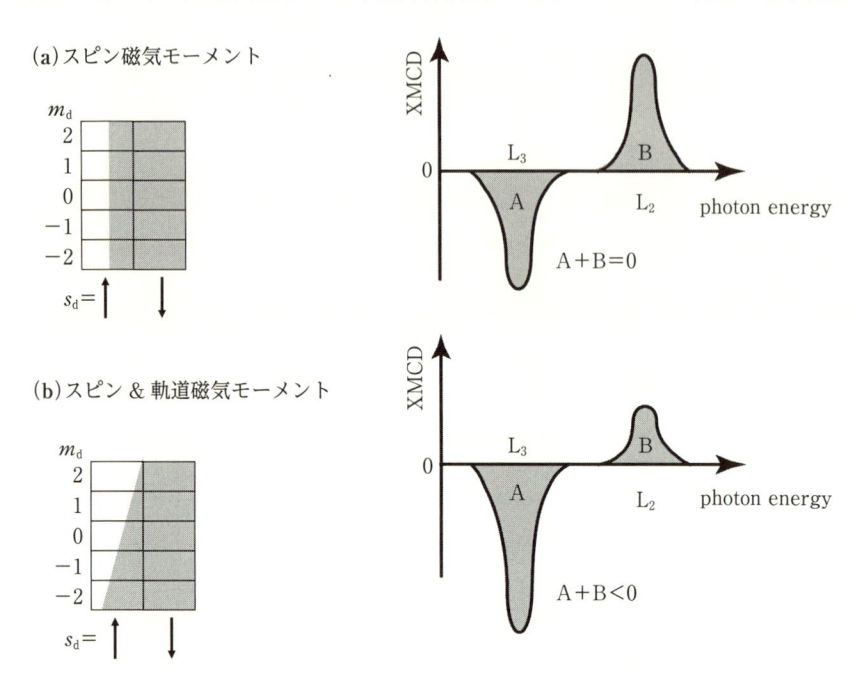

図 5-4 （a）スピン磁気モーメントを持つ場合，（b）スピンおよび軌道磁気モーメントの両方を有する場合の d 軌道の電子占有率と期待される XMCD スペクトルの模式図．

収係数が異なっていることがわかる．いまそれらの差分スペクトルを図 5-3 (b) に示している．図を見ればわかるように，L_3 吸収端では負に，L_2 吸収端では正の符号を取っている．この差分スペクトルを一般に XMCD スペクトルと呼ぶ．

以下ではその原理とともに，XMCD スペクトルから何が得られるのか解説していきたい．**図 5-4** には，磁気量子数 $m_d=-2\sim2$，スピン量子数 $s_d=+1/2(↑)$，$-1/2(↓)$ により指定される 10 個の d 軌道が部分的に占有された状態を模式的に示している．灰色の部分の面積が各軌道の電子占有率を表す．図 5-4（a）はスピン磁気モーメントだけが存在する状態，図 5-4（b）がスピンおよび軌道磁気モーメントの両方が存在する状態を表している．ここでは

5.3 内殻吸収分光スペクトルのX線磁気円二色性 (XMCD)

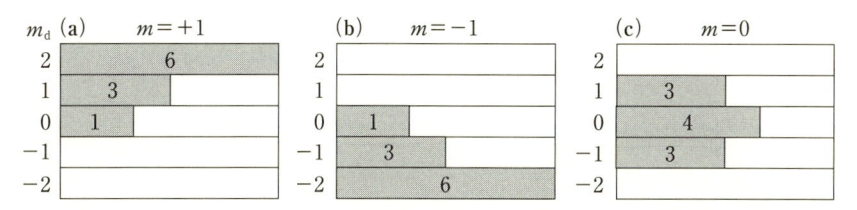

図5-5 (a) $m=+1$, (b) $m=-1$, (c) $m=-0$ の場合の p→d 遷移確率の m_d 依存性.

磁化の方向を量子化軸の正の方向に取る．電気双極子遷移では 2p 内殻の磁気量子数 m_p, スピン s_p を持つ電子が m_d, s_d で指定される 3d 軌道に光励起される確率はクレブッシュ-ゴルダン係数の 2 乗に比例する[7]．ここで, $s_\mathrm{p}=s_\mathrm{d}$ および $m=m_\mathrm{d}-m_\mathrm{p}$ と定義すると, $m=+1$ は左回り円偏光に, $m=-1$ は右回り円偏光に, $m=0$ は量子化軸に平行な直線偏光に対応する．**図5-5** には, 遷移確率の m_d 依存性を $m=+1, -1, 0$ のそれぞれについて示す．$m=+1(-1)$ のときには, m_d が $2,1,0(-2,-1,0)$ のそれぞれの軌道への遷移確率の比は $6:3:1$ となり, $m=0$ のときには, $m_\mathrm{d}=1,0,-1$ のそれぞれの軌道への確率は $3:4:3$ となる．さらに, 2p 内殻吸収では光吸収の終状態で作られる 2p 内殻正孔の強いスピン軌道相互作用により, スペクトルは $2\mathrm{p}_{3/2}$ 状態にある正孔に対応するもの (L_3), $2\mathrm{p}_{1/2}$ に対応するもの (L_2), に分裂するので, **図5-6** にそれぞれの場合についての遷移確率の m_d および s_d 依存性を示した．$2\mathrm{p}_{3/2}$ および $2\mathrm{p}_{1/2}$ での 2p 正孔の m_p, s_p で指定される状態への分布と図5-5 の遷移確率を重ね合わせて考えると理解がしやすい．$m=-1$ のスペクトルから $m=+1$ のスペクトルを差し引いた量で XMCD スペクトルを定義し, 磁気円二色性の特徴を挙げる．

スピン磁気モーメントだけが存在する図5-4（a）の場合, 図5-6 で示された遷移確率を考慮すると L_3 吸収端の XMCD シグナルは負となり, L_2 吸収端では反対に正になることがわかる．この場合の XMCD スペクトルの強度比は $-1:1$ となる．これからわかるように, スピン磁気モーメントだけが存在する場合には, XMCD スペクトルを入射光のエネルギーで積分した結果がゼロ

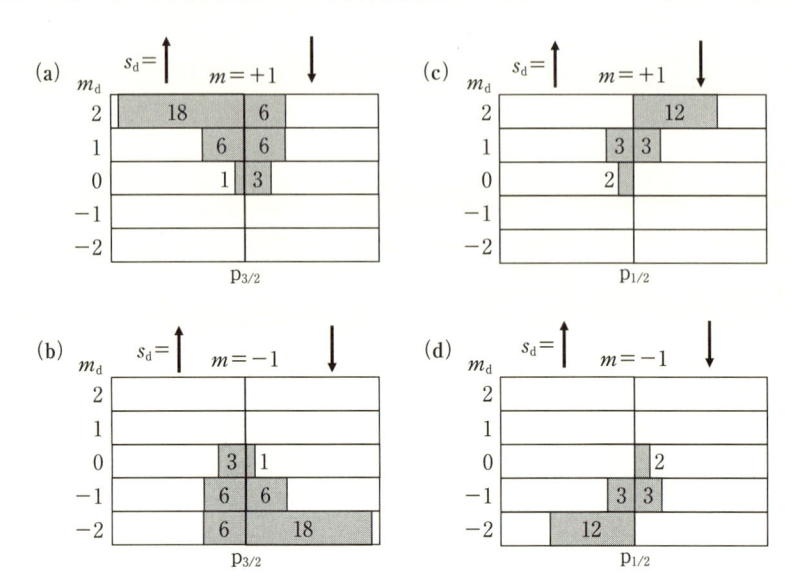

図 5-6 （a）〜（d） $m=\pm 1$ の場合の $p_{3/2}$, $p_{1/2} \to d$ 電気双極子遷移確率の m_d 依存性.

になる（図 5-4（a）の右側）．一方，スピン磁気モーメントと軌道磁気モーメントの両方が存在する図 5-4（b）の場合には，上向きスピンの m_d が正から負にいくに従って，正孔の数（空準位の面積）が次第に小さくなるため，L_3 領域では $m=+1$ の遷移がスピン磁気モーメントだけが存在する図 5-4（a）の場合に比べてより起こりやすくなるのに対し，L_2 領域では $m=-1$ の遷移がより起こりやすくなる．したがって，L_3 領域の XMCD スペクトルは負でより大きくなるのに対し，L_2 領域のそれは減少する（図 5-4（b）右側）．

5.3.2 磁気光学総和則

　XMCD 分光が最も力を発揮するのは，得られたスペクトルを用いて，スピン磁気モーメントと軌道磁気モーメントを定量評価ができることである．ここでは，Thole と Carra によって提唱された「磁気光学総和則（magneto optical sum rule）」について紹介する[8〜10]．

いま，入射光円偏光のヘリシティーと試料磁化の向きが平行の場合と反平行の場合の吸収係数をそれぞれ μ^+ および μ^- と置き，XMCD スペクトルを $\mu^- - \mu^+$ と定義する．磁気モーメントの定量評価のために，これらの吸収係数を用いて次のような三つの積分量 p, q, r を定義しよう．

$$p = \int_{L_3} (\mu^- - \mu^+) dE$$

$$q = \int_{L_3+L_2} (\mu^- - \mu^+) dE$$

$$r = \int_{L_3+L_2} (\mu^- + \mu^+ - \text{b.g.}) dE \quad (\text{b.g.} \quad バックグラウンドの強度)$$

ここで，p は XMCD スペクトルを L_3 吸収領域についてエネルギーの関数として積分した量，q は XMCD スペクトルを吸収スペクトル全体（L_3+L_2）のエネルギー領域で積分した量を表す．一方，r は，$\mu^- + \mu^+$ からバックグラウンドを差し引いたスペクトルを全体のエネルギー領域で積分した量である．これはちょうど 3d 軌道への遷移強度を選択的に取り出していることに相当する．これらの三つの積分値を求めてから，次のようにスピン磁気モーメント（m_spin），軌道磁気モーメント（m_orb）および磁気双極子モーメント（m_T）を以下に示す式を用いて定量評価することができる．

$$m_\text{spin} + 7 m_\text{T} = -\frac{6p - 4q}{r}(10 - n_\text{3d})$$

$$m_\text{orb} = -\frac{4q}{3r}(10 - n_\text{3d})$$

ここで n_3d は 3d 電子数（$10 - n_\text{3d}$ がホール数に相当）を表す．図 5-3 に示す強磁性 Ni に磁気総和則を適用すると，$m_\text{spin} = 0.51 \mu_\text{B}$ および $m_\text{orb} = 0.07 \mu_\text{B}$ と見積もられる．

5.4 高スピン偏極材料の電子状態

ホイスラー合金には，ハーフメタル強磁性体と呼ばれる物質群が数多く存在する．第 3 章，第 6 章や第 9 章にも解説されているが，ハーフメタル強磁性体

では多数スピンバンド，少数スピンバンドのどちらか一方が金属的で他方が半導体的な電子構造となっており，フェルミ準位におけるスピン偏極度が±100%となる．このことから，非常に高い磁気抵抗比を有するトンネル磁気抵抗（TMR）素子への応用が注目を集めている（第9章参照）．このような電子構造は主に第一原理計算により導きだされるが，実験的に電子構造を調べハーフメタル性を実証することは電子デバイスへの応用には非常に重要である．ここでは，ハーフメタル性を示すホイスラー型強磁性合金の中でも，最も多く研究されているCo_2MnZ（Z=Si, Ge）に注目する．

5.4.1 光電子スペクトル

まず図5-7（a）に典型的なCo_2MnSiの価電子帯光電子スペクトルを示す．図5-7（a）にはエネルギー約6 keVの硬X線放射光を用いた光電子スペクトルを示す[11]．図の横軸がフェルミ準位を基準とした束縛エネルギー（E_B）を表し，縦軸は光電子強度を表す．光電子スペクトルに現れるA～Eの記号は，後で第一原理計算の結果と比較するために用いている．この中でも構造Cは，束縛エネルギー約1.2 eV付近に位置し，いちばん大きな強度を示す．それよりも高い束縛エネルギー側にも少しブロードな構造D, E, 低い束縛エネルギー側にも構造A, Bが観測される．

次に，観測されたCo_2MnSiの光電子スペクトルと第一原理計算より得られた電子状態密度（DOS）と比較してみよう．比較の際，5.4.2項で示すように軌道成分の違いによって光電子の放出強度が異なってくることを考慮し，第一原理計算から得られた部分状態密度を，それぞれの光イオン化断面積をかけ合わせて比較する．さらに，光電子分光では占有状態のみを観測していることから非占有状態側の部分をカットし，装置のエネルギー分解能を表すガウス関数で畳み込んでいる．図5-7（a）を見てわかるように，第一原理計算から得られた電子状態密度ではα-εで示された構造が現れている．実験で観測された構造Cがエネルギー位置や強度から判断して計算スペクトルのγに対応しており，実験で現れたB, D, Eといった構造が，計算スペクトル上のβ, δ, εと対応する．より理解を深めるために，多数スピンおよび少数スピンで分離し

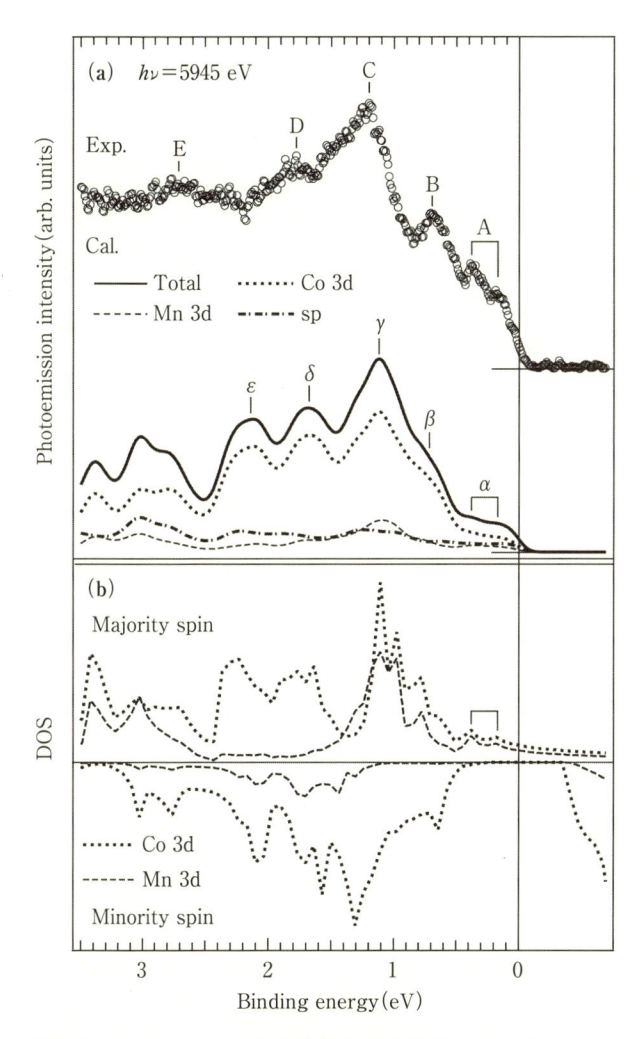

図 5-7 （a）Co₂MnSi の価電子帯光電子スペクトル[11]．（b）第一原理計算から得られた Co 3d および Mn 3d 部分状態密度．上下はそれぞれ多数スピン，少数スピン状態を表す．また（a）の下には，第一原理計算をもとに導出した光電子スペクトルを示す．

た状態密度の計算結果を見てみよう．図5-7（b）には第一原理計算により得られた Co 3d および Mn 3d 部分状態密度を多数スピン（上），少数スピン（下）について示している．これを見ると，状態密度として最も大きい構造 γ は主に Co 3d 電子の多数スピンおよび少数スピン状態が重ね合わさった状態であることがわかる．多数スピン状態は $E_B=1\,\mathrm{eV}$ にピークを持ち，少数スピン状態は 1.3 eV にピークを示す．多数スピン状態側では，Co 3d 状態に加え Mn 3d 状態が重なっており両者の軌道間に顕著な混成があることを示す．一方，少数スピン状態側での Mn 3d 状態密度は小さい．実験スペクトルに現れるフェルミ準位付近の構造 A は計算でもその特徴がよく再現されており，少数スピンバンドギャップ中に現れる，多数スピン状態であると考えられる（構造 α）．このように，光電子分光法によって，実験的にホイスラー型合金の電子状態密度を決定でき，第一原理計算によりそれが再現されることがわかった．ただし，Mn 3d 状態の光のイオン化断面積が Co 3d 状態に比べ小さいために，光電子スペクトルは Co 3d 状態が支配的で，Mn 3d 状態が不明確になってし

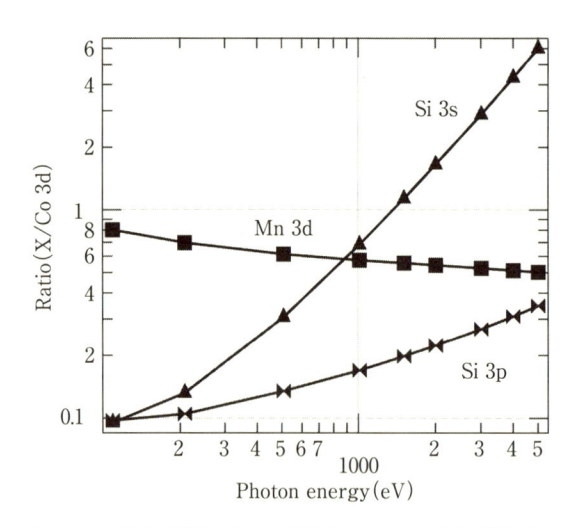

図5-8 理論計算によって得られた Co 3d 軌道に対する，Mn 3d, Si 3s, 3p 軌道のイオン化断面積の比の光エネルギー依存性[12, 13]．

まっている．

5.4.2 光イオン化断面積による光電子スペクトル形状の違い

　光電子分光を用いて電子構造を決定する際，電子軌道の違いによって光のイオン化断面積が異なることを頭に入れておかなければならない．図 5-8 には，Co 3d 軌道に対する，Mn 3d, Si 3s, 3p 軌道のイオン化断面積の比の光エネルギー依存性の計算結果を示している[12,13]．Mn 3d 軌道のイオン化断面積が，Co 3d 軌道のそれに比べ 1 より小さく，それらの比が光エネルギーの増加に伴って減少しているが，Si 3s, 3p 軌道に対しては，増加している．特に，1 keV を超えたところで，Si 3s の断面積が Co 3d のそれより大きくなる．

　まず，軟 X 線放射光で励起した場合の Co_2MnSi の価電子帯光電子スペクトルを図 5-9 の下側に示す．図 5-7 と同様に $E_B=1.2$ eV に鋭いピーク構造 C が観測されるほか，それよりもエネルギーの低い $E_B=0.7$ eV に小さいながらも明確な構造 B が観測される．またピーク構造 C よりも高い束縛エネルギー側で強度の小さい構造（E～H）が観測される．ところが，図の上側に示す入射光エネルギー 8 keV で励起すると，軟 X 線励起の場合ではあまり明確ではなかった D～H の光電子強度が軟 X 線励起のときと比べて随分と増大しているのがわかる．

　第一原理計算から得られた軌道ごとの部分状態密度を光のイオン化断面積の比で重みをつけて足し合わせたスペクトルを，それぞれの実験スペクトルの下に示す．まずは，下側に示す軟 X 線励起スペクトルの場合，光電子スペクトルに寄与している成分はほとんど Co 3d 状態であることがわかる．一方，硬 X 線励起の場合，Si sp 軌道のイオン化断面積が Co 3d や Mn 3d 状態と比較して大きく増大しており，主に高い束縛エネルギー側の光電子強度（D～H）の増大が顕著に見られる．このように，光電子スペクトルの入射光のエネルギー依存性から，構成元素や軌道成分を分離した議論が可能になる．

5.4.3 共鳴光電子スペクトル

　図 5-9 を改めて見ると，軟 X 線，硬 X 線励起のどちらの場合においても，

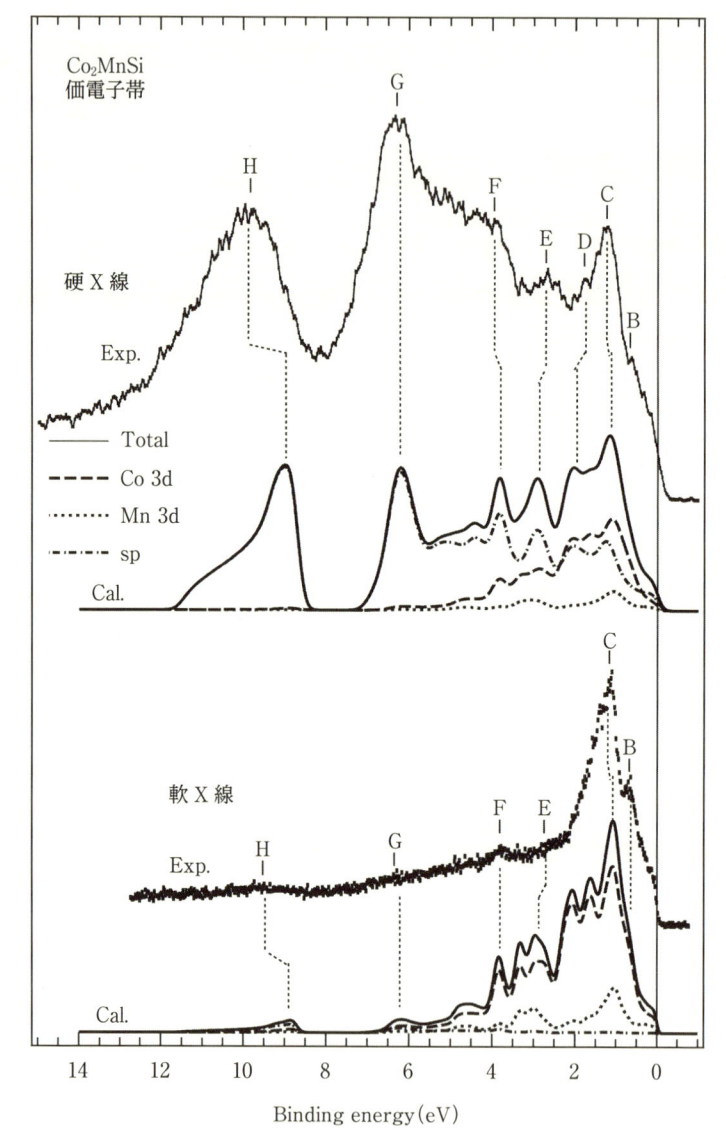

図 5-9　硬 X 線（上）および軟 X 線（下）放射光で励起した場合の Co_2MnSi の価電子帯光電子スペクトル．

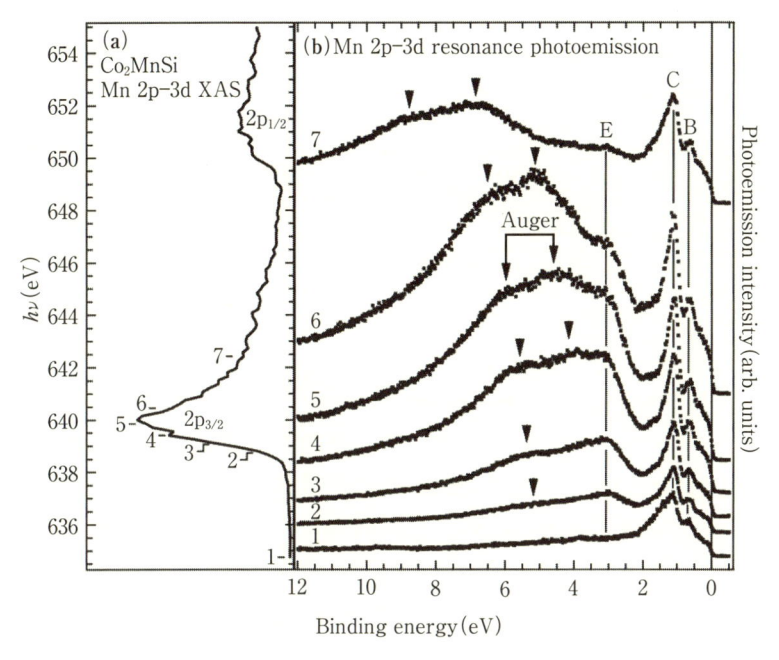

5.4 高スピン偏極材料の電子状態　109

図 5-10 （a）Co$_2$MnSi についての Mn L$_{23}$ 内殻吸収スペクトル．（b）いろいろな入射光エネルギーで測定した価電子帯光電子スペクトル．番号 1〜7 は（a）の吸収スペクトルのものと対応している．

　Co$_2$MnSi の光電子分光スペクトルは，フェルミ準位付近で Co 3d 状態の寄与が大きいが，Mn 3d 状態の寄与が非常に小さいことに気づく．Mn 3d 状態は Co$_2$MnSi の磁性の主役でもあるため，Mn 3d 電子状態密度を選択的に抽出することが重要になることが多い．Mn 3d 状態を実験的に抽出する有力な実験手法として，5.2.2 項で述べた共鳴光電子分光が挙げられる．**図 5-10**（a）には入射光のエネルギーの関数としてプロットした Mn L$_{23}$ 内殻吸収スペクトル，図 5-10（b）にはいろいろな入射光エネルギーで測定した価電子帯光電子スペクトルを示す．ここでも横軸はフェルミ準位を基準にした束縛エネルギー（E_B）を，縦軸は光電子強度を表している．Mn 2p$_{3/2}$（L$_3$）内殻吸収端のピークのエネルギーは約 640 eV である．まずは，Mn 2p 内殻の励起エネルギーよ

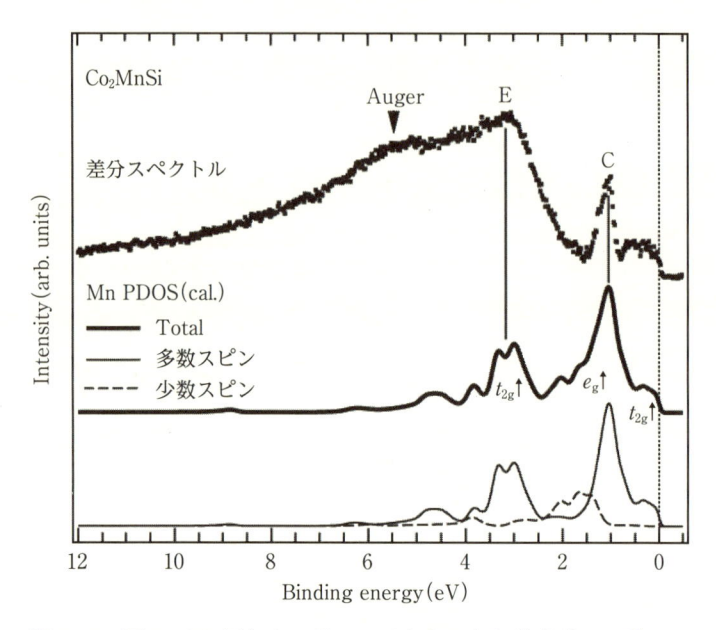

110　第5章　光電子分光および内殻吸収分光から見たホイスラー合金の電子状態

図 5-11　図 5-10 に示した 3 番のスペクトルから非共鳴の 1 番のスペクトルを差し引いたスペクトル．この差分スペクトルは原理的に Mn 3d 部分状態密度（PDOS）を表す．

りも低いエネルギーの入射光で励起した光電子スペクトルを見る（番号 1）と，基本的には図 5-9 の下側と同様に $E_B=0.7$ eV（B）および 1.2 eV（C）の構造が観測されるだけで，その他は特に目立った構造は観測されない．入射光のエネルギーを増加させ，次第に Mn $2p_{3/2}$ 内殻吸収端に近づけていくと，強度の小さかった特に $E_B=3$ eV の構造（E）の強度が増大する．また構造 E よりも高い束縛エネルギー（E_B）側には，強度が大きくなりながら，高い束縛エネルギー側にシフトする構造も観測される．この入射光のエネルギーに比例してエネルギーシフトを示す構造は，オージェ電子放出によるものでありここでは深く議論しないことにする．Mn 3d 部分状態密度を抽出するために，3 番の共鳴スペクトルから 1 番の非共鳴スペクトルを差し引いたスペクトルを**図 5-11** に示す．この差分スペクトルは原理的に Mn 3d 部分状態密度（PDOS）

を表している．そのスペクトルは $E_B=1\,\mathrm{eV}$ にシャープなピーク構造（C）を持ち，金属的なフェルミ端を有する．さらには，約 3 eV のところには少しブロードな構造が見られ，それよりもさらに高い束縛エネルギー側には先ほど述べたオージェ構造が存在する．

次に，第一原理計算で得られた Mn 3d の部分状態密度と，実験で得られた差分スペクトルを直接比較してみよう．第一原理計算で得られた Mn 3d 部分状態密度を差分スペクトルの下に示す．また，いちばん下には，多数スピン（実線）および少数スピン（破線）に分けて示している．図 5-11 から明らかなように，$E_B=1\,\mathrm{eV}$ のシャープな構造とフェルミ準位近傍の金属的なフェルミ端を含む構造はそれぞれ Mn 3d 多数スピンの e_g 状態および t_{2g} 状態に由来することがわかる[14]．また高い束縛エネルギー側の構造 E は Mn 3d 多数スピンの t_{2g} 状態である．以上から，Mn 2p 内殻吸収端における共鳴光電子分光を利用して，通常の光電子分光では見極めるのが困難であった Mn 3d 部分状態密度を抽出することができた．その結果，得られた Mn 3d の部分状態密度は第一原理計算で見事に再現されていることもわかった．また Mn 3d の e_g 状態と t_{2g} 状態のエネルギー位置が決定でき，伝導を担うフェルミエネルギー近傍の電子として Mn 3d 成分も含まれていることが明らかとなったと言える．

このように共鳴光電子分光は，物質の元素や軌道成分を特定した電子構造の決定に有効な手段であり，ホイスラー型合金だけでなくさまざまな機能性材料にも適用できる．

5.4.4 光電子スペクトルの温度依存性

第 3 章，第 6 章と第 9 章に示されているように，Co_2MnSi は室温より十分高いキュリー温度を有し，理論的にハーフメタル強磁性体として予言されていることから，スピン注入デバイスへの応用が期待されている．実際に，Co_2MnSi をベースとしたトンネル接合素子が低温で大きなトンネル磁気抵抗比を示し，高いスピン偏極率を有することが示唆される一方，室温になるとそれが大幅に減少するという問題がある（第 6 章）．このスピン偏極率の変化は磁化の温度依存性とは対応しておらず，室温で動作するスピン注入デバイスを開発する点

では致命的な欠陥と捉えられ，スピン偏極率の減少のメカニズムを探ることが重要な課題となる．いくつかの理論研究の中で，動的平均場理論に基づいた有限温度の第一原理計算が行われ，非擬粒子状態が，温度上昇に伴って少数スピンギャップ中に成長し，スピン偏極度の減少を起こすことが予言された[15]．さらに，この理論では束縛エネルギー約 1 eV 付近にある電子状態密度に顕著な温度依存性が現れることが予測されている．この予測を検証するために，Co_2MnSi についての価電子帯光電子スペクトルの温度依存性測定を行った[11]．図 5-7 (a) に示したスペクトルは 30 K の温度で測定したものであるが，温度が 300 K のときに測定したスペクトルと比較したところ，エネルギー分解能 150 meV の範囲内では有為な違いが見られなかった[11]．この実験結果は動的平均場理論に基づいた有限温度の第一原理計算結果と矛盾し，スピン偏極率の減少は，Co_2MnSi バルク電子状態に起因したものではなく，トンネル接合素子における接合界面の電子状態に起因していることが示唆される（第 6 章）．

5.4.5 内殻吸収磁気円二色性スペクトルから求める元素選択的磁気モーメント

5.3 節で述べたように，内殻レベルの束縛エネルギーが元素によって異なるため，内殻吸収分光を利用することによって，構成元素それぞれの磁気モーメントを評価することが原理的に可能である．さらには，スピン磁気モーメントと軌道磁気モーメントを分離して見積もることができ，有力である．また元素選択性を利用して，界面に埋もれた情報を選択的にピックアップすることができ，ホイスラー型強磁性合金薄膜を用いたトンネル磁気抵抗素子にもこの実験手法が適用されている[16,17]．

図 5-12 (a) および (b) に，Co_2MnSi と同様に高スピン偏極材料として期待される Co_2MnGe の Co L_{23} 吸収端における内殻吸収スペクトルと XMCD スペクトルを示す[18,19]．Co L_3 吸収端（入射光エネルギー $h\nu=778.4$ eV）にて明確に示されるように，メインピークに加え，二つの肩構造 A ($h\nu\sim779.5$ eV) および B ($h\nu\sim781.8$ eV) が観測される．一方，図 5-12 (b) を見ると，この Co L_{23} 吸収端において明確な XMCD が観測される．内殻吸収スペクトル

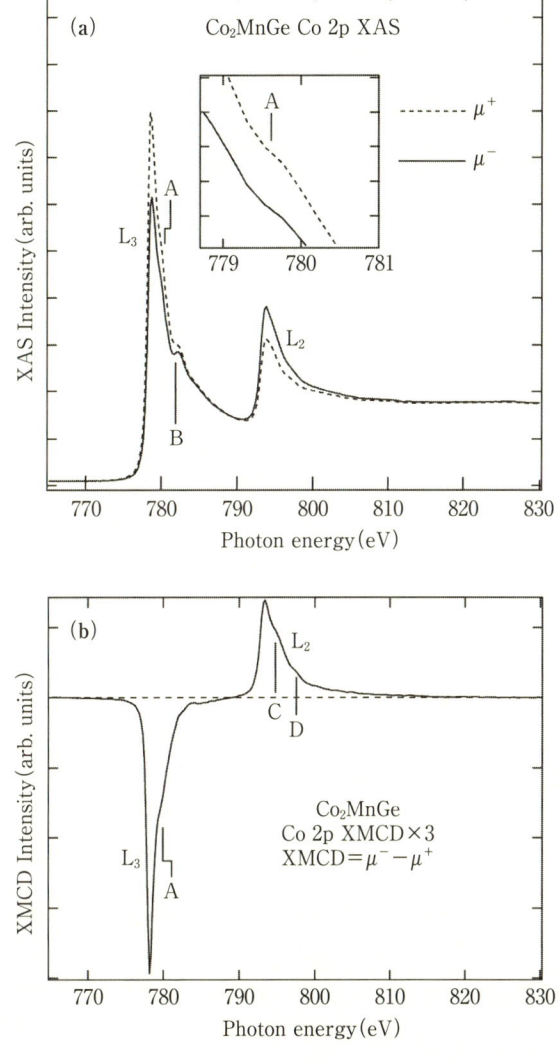

図 5-12　Co_2MnGe の（a）Co L_{23} 内殻吸収スペクトルと（b）XMCD スペクトル[18, 19].

に現れている肩構造 A に相当する部分に XMCD スペクトルにも構造が観測され，さらには L_2 吸収端にもメインピークよりそれぞれ 1.3 eV，3.6 eV のところに C，D という二つの肩構造が現れている．Co L_{23} 内殻吸収端スペクトルは，基本的にフェルミ準位より上の非占有電子状態を反映している．特に，Co 2p 内殻からの電気双極子遷移の選択則を考慮に入れると，主に，非占有側の Co 3d 部分状態密度が反映されている．ここで，Co_2MnGe の第一原理計算結果を参照すると，少数スピン状態側に，e_u および t_{2g} 対称性を持った二つの異なる状態があることがわかる[14]．それらの異なる状態のエネルギー差が，Co L_3, L_2 吸収端メインピークと肩構造 A，C のそれぞれのエネルギー差と一致することから，メインピークは Co 3d e_u 軌道，肩構造は Co 3d t_{2g} 軌道への遷移に対応すると解釈できる．

図 5-13（a）と（b）には Mn L_{23} 内殻吸収スペクトル，XMCD スペクトルを示す．XMCD スペクトルでは，L_3 吸収端で負，L_2 吸収端で正となる特徴は Co L_{23} 吸収端の場合と同じである．このことは，Co 3d および Mn 3d スピン磁気モーメントの向きが平行であることを示す．ただし，Co L_{23} 吸収端と少し特徴としては異なっている．すなわち，内殻吸収スペクトルおよび XMCD スペクトル共に多重項構造が現れていることである．特に，L_2 吸収端においては，内殻吸収スペクトル，XMCD スペクトル両方に二つにエネルギー分裂した構造が現れている．観測されたスペクトル形状は，2 価の Mn イオン（$3d^5$ 電子配置）に対する $2p^5 3d^6$ 終状態多重項計算によって再現されることがわかっており，Mn 3d 電子の局在性が比較的強いことを示している．

次に，Co L_{23} および Mn L_{23} 吸収端スペクトルから，磁気光学総和則を用いて Co 3d および Mn 3d のスピン・軌道磁気モーメントを求めていこう．ここでは，磁気双極子項が無視できるほど小さいとして取り扱う．内殻吸収強度を見積もるために，L_3，L_2 吸収端でのステップの高さの比を 2：1 と近似した 2 段階ステップ関数を用いてバックグラウンドを吸収スペクトルから差し引いている（5.3.2 項参照）．さらに，1 原子当たりの電子数 n_{3d} は Co 3d 軌道については 8 個，Mn 3d 電子については 5 個と仮定した．その結果，Co 3d のスピン磁気モーメントは 0.7 μ_B と求められ，中性子散乱で求められた値に一致する[20]．

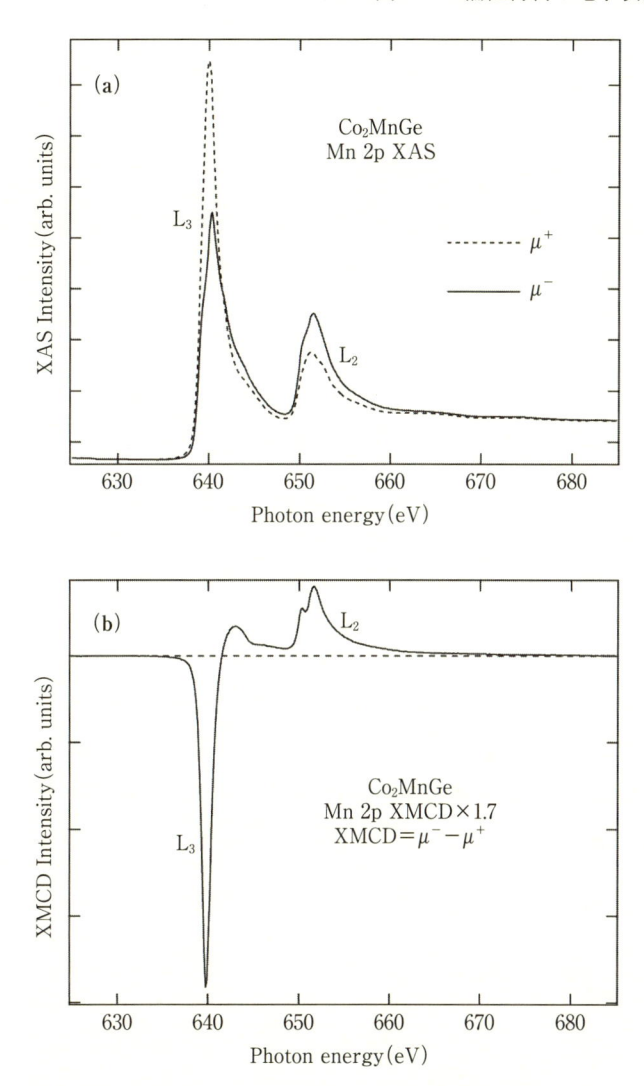

図 5-13 Co₂MnGe の（a）Mn L₂₃ 内殻吸収スペクトルと（b）XMCD スペクトル[18, 19].

一方，Mn 3d 電子のスピン磁気モーメントは 2.44 μ_B と求められ，中性子散乱から求められた値や第一原理計算から予言された値よりも随分と小さくなり矛盾してしまう．これは先述のように Mn 2p 内殻正孔のスピン軌道相互作用が小さく，スピン角運動量と軌道角運動量の合成角運動量 j がよい量子数とはなっていないためである．実際に 2 価の Mn イオンを仮定した Mn $2p^5 3d^6$ 終状態多重項スペクトルを用いて，磁気光学総和則を適用すると，期待される原子当たりのスピン磁気モーメント 5 μ_B よりも 30% ほど小さく見積もられてしまう[21]．この問題を解消するため，ここでは磁化測定から求められた，全体の磁化の値（M_total=5.10 μ_B/f.u.[20]）から Co 3d 電子のスピンおよび軌道磁気モーメント（$m_\text{spin}^\text{Co}+m_\text{orb}^\text{Co}$）および Mn 3d 電子の軌道磁気モーメント（$m_\text{orb}^\text{Mn}$）を差し引くことで Mn 3d 電子のスピン磁気モーメント（m_spin^Mn）を求めることを試みた．ここでは，Ge 4s, 4p 電子の磁気モーメントは小さいとして無視している．まず，磁気光学総和則を用いて m_orb^Co=0.05 μ_B および m_orb^Mn=0.03 μ_B と評価した．これらの値を用いて求められた Mn 3d スピン磁気モーメントの値は，$m_\text{spin}^\text{Mn}=M_\text{total}-2(m_\text{spin}^\text{Co}+m_\text{orb}^\text{Co})-m_\text{orb}^\text{Mn}$=3.57 μ_B となった．この XMCD 分光から得られた値や中性子散乱やいくつかの第一原理計算から得られた値を**表 5-1** にまとめておく．XMCD 分光を用いて求められた Co 3d および Mn 3d 電子の軌道磁気モーメントとスピン磁気モーメントの比（$m_\text{orb}/m_\text{spin}$）はそれぞれ 7% お

表 5-1 XMCD 分光，中性子散乱，第一原理計算から Co_2MnGe の Co 3d および Mn 3d 電子のスピン，軌道磁気モーメント．

		Co 3d	Mn 3d
XMCD	m_spin	0.70	3.57
	m_orb	0.05	0.03
Neutron[20]	m_spin	0.75±0.08	3.61±0.16
KKR[22]	m_spin	0.97	3.11
KKR[14]	m_spin	1.02	3.04
GGA[23]	m_spin	0.98	2.98
	m_orb	0.02	0.008

よび1%であり，決して小さくはない．Co 3d および Mn 3d 電子の両者について，実験で求められた軌道磁気モーメントは第一原理計算から予言される値に比べ随分大きくなっていることが表5-1 を見てもわかるであろう．特にCo 3d 電子については，実験値が理論値の3倍を上回る．スピン磁気モーメントについては，Co 3d 電子の場合，理論計算ではどれも1 μ_B 近くの値が予言されており，実験で得られた値はそれらに比べ明らかに小さくなっている．一方，Mn 3d スピン磁気モーメントは実験値が理論値を大きく上回っている．ところが，表を見てわかるように，XMCD 分光から得られた磁気モーメントの値は中性子散乱実験から得られた実験値[20]に非常に近い．

5.5 熱電変換材料の電子状態

　熱電変換材料は，環境問題解決に向けた重要な機能材料として大変注目されている．熱電変換材料の開発上，重要になってくるパラメータとして，ゼーベック係数 α があげられるが，これが極力高くなるような材料が望まれる．さらには，電気抵抗率 ρ が低く，熱伝導率 κ を下げたものが必要である．第10章で述べられているように，熱電変換効率は，無次元性能指数 $ZT=\alpha^2/\rho\kappa$ を用いて表される．実用化の目安は $ZT>2$ であるが，この条件に近いのは Bi_2Te_3 や $PbTe$ などに限られている．しかしながらこれらのような重金属などの有害元素を含む材料は規制される方向にあり，現在では脱有害元素の観点から，環境にやさしい熱電変換材料の探索・開発が急務になっている．

　2005年，東芝の桜田らにより，ハーフホイスラー型合金をベースとした XNiSn（X=$Zr_{0.25}Hf_{0.25}Ti_{0.5}$）が 700 K で $ZT=1.5$ という大きな値を示す熱電変換材料であることが初めて発見され，大きな注目を浴びている[24]．このような高い熱電変換効率の起源を電子構造の立場から理解するために光電子分光を用い，さらに高い機能性を持つ材料開発への指針を得ることは重要である．

　Mott が導出した理論的表式によれば，ゼーベック係数はフェルミ準位における状態密度に反比例し，そのエネルギー勾配に比例する．また，電気抵抗率はフェルミ準位における電子状態密度に反比例するので，XNiSn のように電

子構造としてフェルミ準位近傍で擬ギャップを示す物質の場合には，フェルミ準位の位置を最適化することによりゼーベック係数を増大させ，電気抵抗率を小さくすることができるはずである．このように，熱電変換材料に対して，電子構造の知見が大変重要であるにも関わらず，XNiSn 一連の物質について電子構造に関する研究報告例がほとんどなかったのが現状である．Fe_2VAl や XNiSn 一連の物質についてフェルミ準位近傍の電子構造を高エネルギー分解能で測定し，擬ギャップに関する詳細な情報を得て，測定されたゼーベック係数との関わりを明らかにする試みがこれまでなされている[25, 26]．

5.5.1 擬ギャップによる内殻シフト

図 5-14 には $Fe_{3-x}V_xSi$ の Fe 1s, V 1s, Si 1s 内殻光電子スペクトルの V 濃度依存性を示している[27]．まず図 5-14 を見て明らかなように，V 濃度の増加によって内殻レベルが元素の種類に依存せず，高い束縛エネルギー（E_B）側にシフトしているのがわかる．いま，内殻レベルシフト量を ΔE_B とすると，

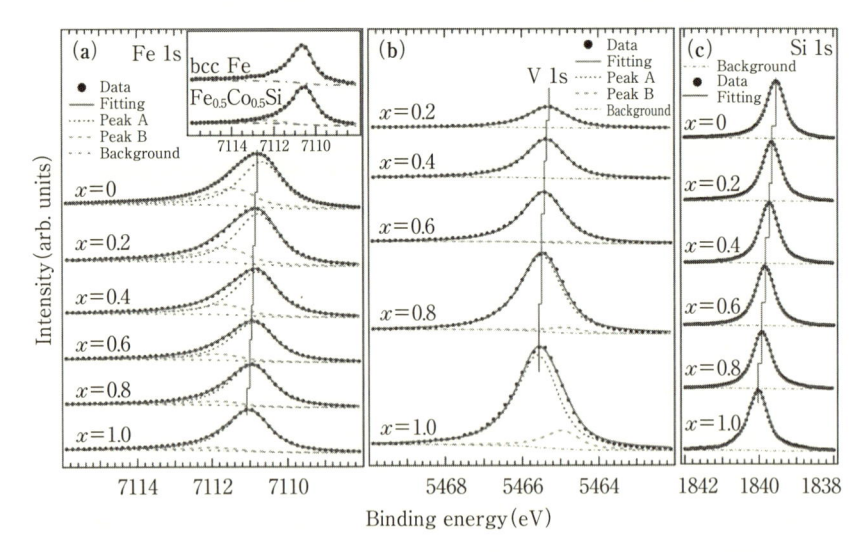

図 5-14 $Fe_{3-x}V_xSi$ の Fe 1s, V 1s, Si 1s 内殻光電子スペクトルの V 濃度依存性[27]．

次式のように記述できる[3].

$$\Delta E_B = \Delta\mu - K\Delta Q + \Delta V_M - \Delta E_R$$

ここで，$\Delta\mu$ は化学ポテンシャルシフトを示す．また ΔQ は原子内での価電子数の変化を示し，内殻正孔と価電子の間に働くクーロン力の変化を生み，化学シフトの原因となる．K は内殻正孔と価電子との結合定数である．ΔV_M はマーデルングポテンシャルの変化を，ΔE_R は内殻正孔が存在する光電子放出の終状態におけるエネルギー緩和を表す．Fe，V，Si すべての構成元素について同様の内殻シフトが観測されていることから，これは化学シフトよりもむしろ化学ポテンシャルシフトであると考えられる．ただし，Fe の価電子数が 8，V の価電子数が 5 であることを考えると，リジッドバンドモデルではこの化学ポテンシャルシフトを説明することができない．すなわち，V は Fe 原子に比べ価電子数が少ないことからリジッドバンドモデルに従うとすれば V 原子の増加に伴って，フェルミ準位が下がり，フェルミ準位を基準とした束縛エネルギーが小さい方にシフトすることが期待されるが，実験結果はそれとは反

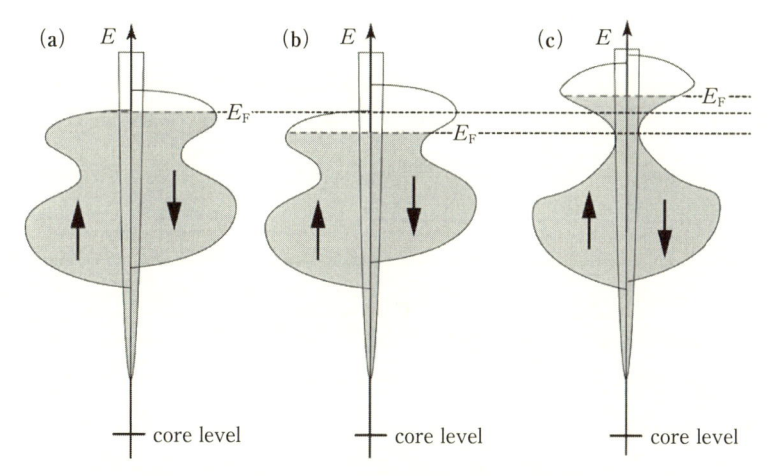

図 5-15 （a）Fe_3Si の模式的な状態密度．価電子数の減少に伴ったフェルミエネルギーの変化．（b）リジッドバンドモデル．（c）擬ギャップを形成した場合．

対の傾向を示している．

次にこの内殻シフトが意味するところを説明していきたい．図 5-15（a）には，Fe₃Si の電子状態密度を模式的に示している．いま，価電子数が減少した場合，リジッドバンドモデルに基づいて考えると図 5-15（b）に示すように，フェルミ準位（E_F）のエネルギーは下に移動する．一方，バンドに擬ギャップが形成された場合，図 5-15（c）で示すように，擬ギャップ領域での状態数が非常に少ないために，価電子数が減少してもフェルミ準位の位置が上にシフトしている．すなわち，実験で観測された内殻シフトは V 原子の増加にともなってフェルミ準位付近に擬ギャップが形成されていることを示している．

5.6 強磁性形状記憶合金のマルテンサイト変態と電子状態

温度，磁場，電場など，外場を与えて変位や力などの機械的アウトプットに変換する材料は，アクチュエーター材料と呼ばれる．代表的なアクチュエーターとして，圧電材料，磁歪材料，形状記憶合金があげられるが，中でも形状記憶合金は発生可能な歪や力が大きく，発生エネルギー密度は圧電材料・磁歪材料の約 1000 倍と非常に強力である．しかしながら，動作が材料の熱伝導で律速されるため，動作速度が低いという欠点があった．

1996 年に米国マサチューセッツ工科大学（MIT）の研究グループにより，Ni₂MnGa という物質が，0.15% にも及ぶ磁場誘起歪を生じることが発見され，それがきっかけとなって強磁性形状記憶合金の研究が飛躍的に加速した[28]．この強磁性形状記憶合金は，磁場により変位を制御できることから，高速応答が可能な磁場駆動アクチュエーターへの応用展開が期待される．さらに，ヘルシンキ工科大の研究グループにより Ni₂MnGa の歪の大きさが約 10% にも及ぶことが報告されたが，双晶界面の移動を原理とすることから数メガパスカルの力しかできないことが実用への大きな障害となっていた（第 7 章参照）．

ところが，2004 年以降に Ni₂MnZ（Z＝In, Sn, Sb）という，3 元ホイスラー

5.6 強磁性形状記憶合金のマルテンサイト変態と電子状態 121

合金をベースとする強磁性形状記憶合金が現れ,新たな展開が始まった[29].
Ni_2MnZ そのものは強磁性体であるが,Ni_2MnGa のような形状記憶効果は現れず,合金のマンガン原子を過剰にした $Ni_2Mn_{1+x}Z_{1-x}$ となって初めて大きな形状記憶効果が現れる.特に 2006 年には Co をドープした Ni-Mn-In の合金において,磁場を誘起することにより形状が完全に回復し,原理的には磁場によって 100 メガパスカルもの力を発生することができることが報告され,大きな注目を集めた[30].

このような強磁性形状記憶合金は,合金の結晶の基本構造が,高温では立方晶であるのに対し,冷却しある温度に達すると,立方晶からずれた複雑な構造に相転移を起こす.この構造相転移はマルテンサイト変態と呼ばれるが,この構造相転移の発現機構をミクロな立場から理解することは,より高い機能性を持った,実用的な強磁性形状記憶合金を開発する上で大変重要と考えられる.

図 5-16 には母相 Ni_2MnSn の硬 X 線放射光 ($h\nu=6$ keV) を用いて測定され

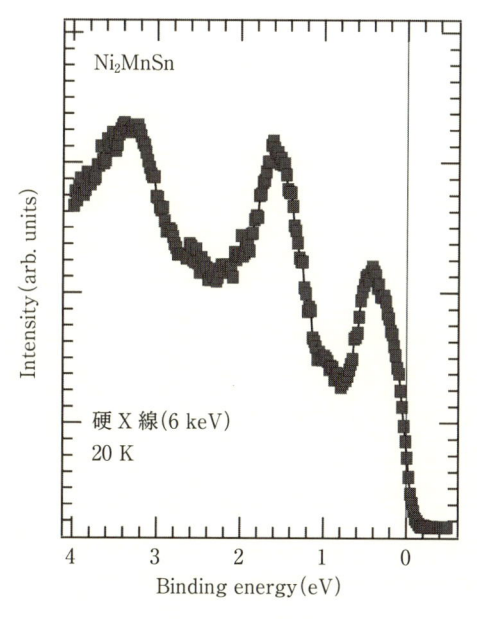

図 5-16 母相 Ni_2MnSn の価電子帯光電子スペクトル[31].

た価電子帯光電子スペクトルを示す[31]．図5-16には特徴的な三つのピーク構造が現れている．一つ目はフェルミ準位直下（$E_B=0.4$ eV）に，また$E_B=1.5$ eV と 3.3 eV に顕著なピークが現れている．母相であるNi_2MnSnについての第一原理計算によると，フェルミ準位近傍の構造は Ni 3d 少数スピンe_g軌道，$E_B=1.5$ eV のピーク構造は主に Ni 3d t_{2g} 軌道に由来することがわかる．またさらに高い束縛エネルギー側の構造は，Sn 5p の混成バンドでできている．

次にマルテンサイト変態を起こす過剰な Mn 原子が存在する合金に注目する．$Ni_2Mn_{1.42}Sn_{0.58}$（$x=0.42$）はマルテンサイト変態が 230 K（降温過程でマルテンサイト変態が始まる温度で定義）で起こる．この合金について，室温から 20 K まで変化させて測定した価電子帯光電子スペクトルを**図 5-17** に示す．室温から 240 K まで温度を下げていってもフェルミ準位直下の Ni 3d e_g バンドを含め三つの特徴的なピーク構造に大きな変化は見られない．ところが，220 K まで温度が下がると，フェルミ準位直下のピークが消失したかのように光電子強度が大きく減少した．ここで変化が見られたのはフェルミ準位直下のピークだけで，高い束縛エネルギー側の構造に変化は観測されないというのが特徴である．なお，マルテンサイト変態を起こさない母物質ではこのような顕著な温度依存性は示さない（図 5-16 参照）．これらのことから，マルテンサイト変態にともなって，大きく電子構造が変化したことがわかる．

次に，フェルミ準位近傍の Ni 3d e_g 少数スピン状態が Mn 濃度によってどのように変化をするのかを見てみる．**図 5-18** に $x=0$ から 0.42 の範囲のフェルミ準位直下の光電子スペクトルを示している．Mn 濃度が増加するに従い，ピークのエネルギー位置が低い束縛エネルギー側に移動している．いま Mn 原子の価電子数が 7（$3d^54s^2$），Sn 原子の価電子数が 4（$5s^25p^2$）であることを考慮すると，このエネルギーシフトはリジッドバンドモデルからの予想とは逆になっている．すなわち，過剰な Mn 原子が結晶中で Sn 原子サイトを占める場合，結晶全体としての価電子数は増加するはずであるから，大きくエネルギーバンド構造が変化しない限りフェルミ準位は増加していくはずである．光電子分光では常にフェルミ準位が基準として測定されることから，リジッドバンドモデルでは Mn 濃度が増加するに従ってその束縛エネルギーは増加して

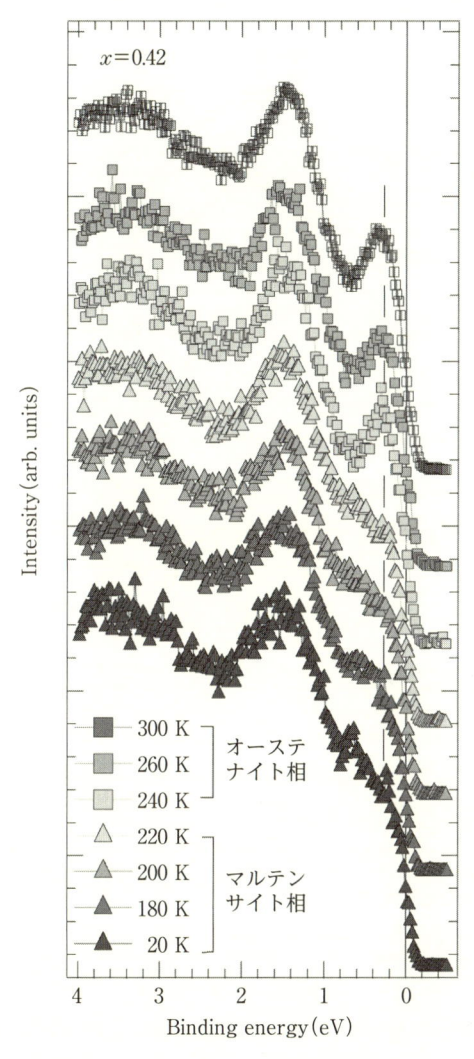

5.6 強磁性形状記憶合金のマルテンサイト変態と電子状態　　123

図 5-17　Ni$_2$Mn$_{1.42}$Sn$_{0.58}$（$x=0.42$）価電子帯光電子スペクトル[31].

いくと予想され，実験結果を説明しない．

　次に，第一原理計算の結果を見て行こう．**図 5-19** に $x=0.00, 0.25, 0.50$ について第一原理計算で求められた電子状態密度を示す．上が多数スピンバンド，下

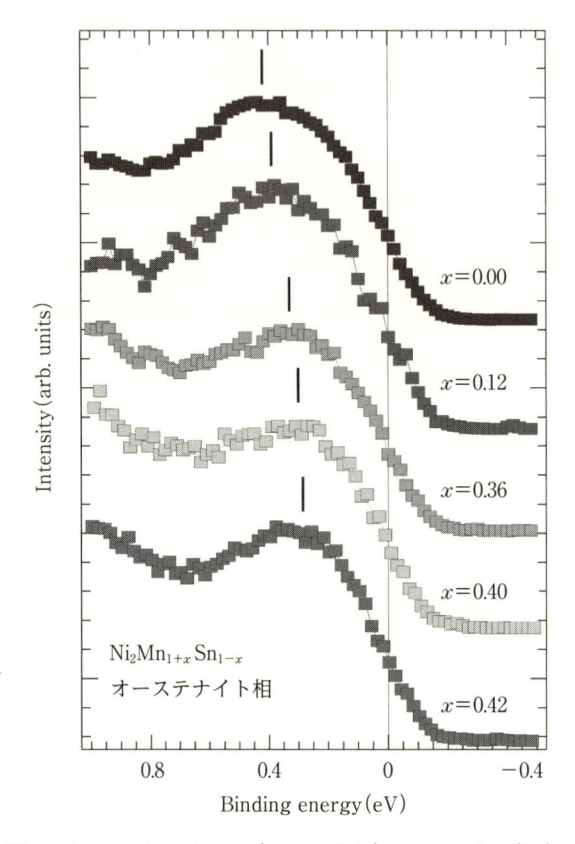

124　第5章　光電子分光および内殻吸収分光から見たホイスラー合金の電子状態

図 5-18　Ni₂Mn$_{1+x}$Sn$_{1-x}$（$x=0\sim0.42$）についての光電子スペクトル．全てオーステナイト相になっている[31]．

が少数スピンバンドの電子状態密度を示す．フェルミ準位直下で多数スピンバンドは特徴的な構造を示さないが，Ni 3d e_g 少数スピンバンドが鋭いピーク構造を形成している．さらに Mn 濃度が増加すると，そのピーク位置が低い束縛エネルギー側に移動し，実験結果を説明している．
　なぜリジッドバンドモデルで説明できないか，という疑問を解いていこう．実は Sn 原子サイトに導入された Mn 原子の 3d 電子スピンはもともとの Mn 原子のものに対して反平行になっていることが第一原理計算から予言されてい

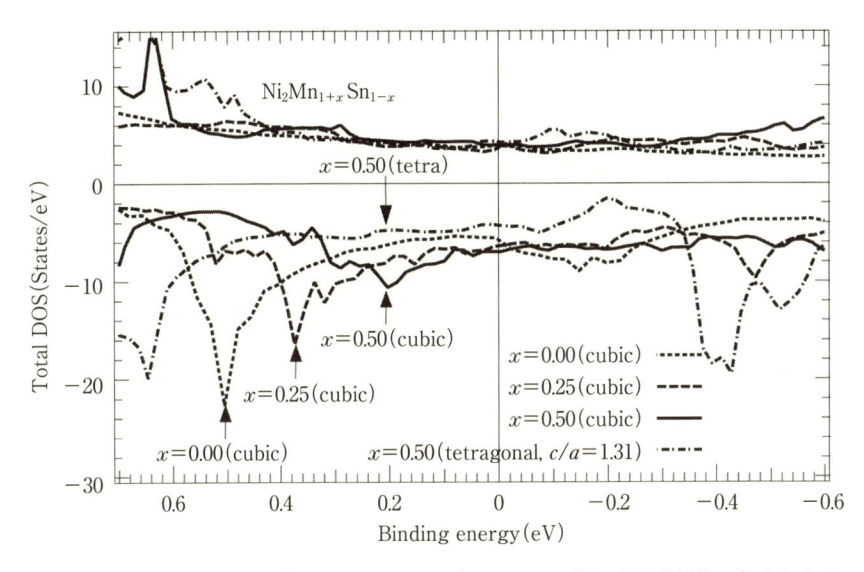

5.6 強磁性形状記憶合金のマルテンサイト変態と電子状態　125

図 5-19 Ni$_2$Mn$_{1+x}$Sn$_{1-x}$ ($x=0.00, 0.25, 0.50$) について第一原理計算で求められた電子状態密度[31].

る．実際に，Mn原子濃度に対して全体の磁化が減少していることから，この計算結果は磁化測定の結果と矛盾しない．図5-20にNi$_2$Mn$_{1+x}$Sn$_{1-x}$のバンド構造を$x=0$の母相と$x>0$の過剰なMnを含む合金について模式的に示している．左側が多数スピンバンド，右側が少数スピンバンドを表している．Sn原子サイトに置き換わったMn原子サイトの3d電子の部分状態密度は，もともとのMn原子サイトそれに比べて，多数スピンと少数スピンのものを入れ替えた形になっている．そのため，少数スピンバンド側でSnサイトのMn 3d（ここではMn$_{Sn}$と表記）軌道とNi 3d軌道が混成を起こした結果，Ni 3d e_gバンドがフェルミ準位側にシフトしたと理解される．

最後に，マルテンサイト変態に伴う電子構造の変化について述べる．光電子分光では，オーステナイト相からマルテンサイト相への構造相転移に伴ってNi 3d e_g少数スピン状態の状態密度がフェルミ準位付近で大きく減少する結果が得られている．第一原理計算で得られたマルテンサイト相（$x=0.50$）の電

(a) Ni₂MnSn (b) Ni₂Mn$_{1+x}$Sn$_{1+x}$

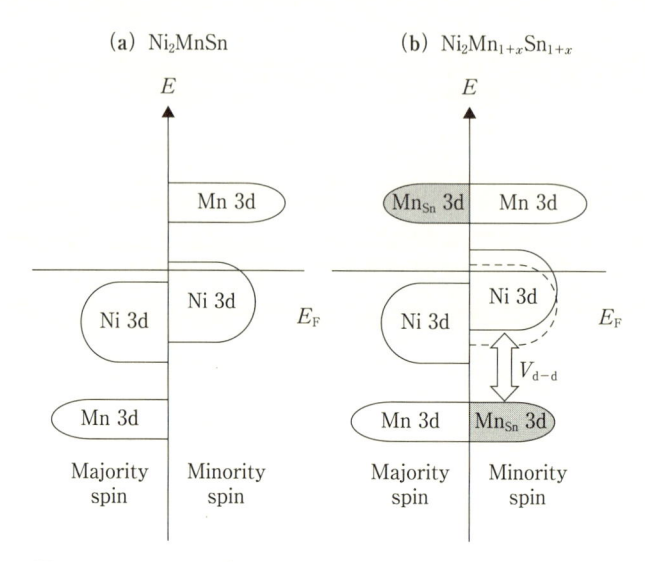

図 5-20 $x=0$ の母相と $x>0$ の過剰な Mn を含む合金について模式的に示した Ni₂Mn$_{1+x}$Sn$_{1-x}$ のバンド構造.

子状態密度を図 5-19 に示している．オーステナイト相（cubic）では Ni 3d e_g 少数スピン状態が約 0.2 eV にピークを持って存在しているが，マルテンサイト相では，占有状態側で約 0.5 eV，非占有状態側で約 -0.4 eV にピークが分裂しており，もともとピークの存在していたフェルミ準位付近の状態が消失しているかのように見える．この理論計算の結果は実験結果をよく説明している．さらに第一原理計算ではマルテンサイト相を正方晶と仮定しているが，その c/a の関数として全エネルギーをプロットしたものを**図 5-21** に示す．母相（$x=0$）の場合，全エネルギーの極小値が $c/a=1$ のところにきている．これはまさに母相は立方晶（L2₁ 構造）が安定であることを示し，実験結果と矛盾しない．Mn 濃度（x）が増加すると次第に $c/a=1$ がエネルギー極小でなくなり，$x=0.5$ では $c/a=1.31$ で極小になる．この理論計算結果も実験事実を説明している．

以上から，過剰 Mn が存在することによって，マルテンサイト変態が起こるためのシナリオが次のようにかける．（1）Mn 濃度が過剰になり，Sn 原子

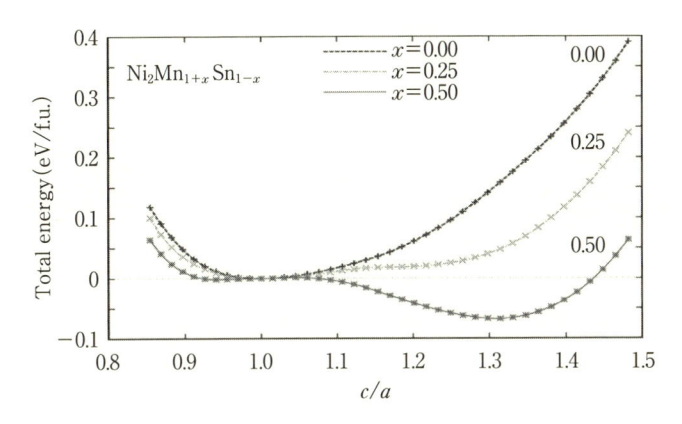

図 5-21 第一原理計算から得られた全エネルギーの c/a 依存性[31].

サイトに置換し, 3d スピンを反平行に向ける. (2) 少数スピン状態側で Ni 3d e_g 軌道が Sn 原子サイトの Mn 3d 軌道と混成しフェルミ準位に近づく. (3) Ni 3d e_g 状態が Jahn-Teller 効果によりエネルギー分裂を起こしマルテンサイト相を安定化する.

ここでは, $Ni_2Mn_{1+x}Sn_{1-x}$ を取り上げて, マルテンサイト変態と電子構造の関係について述べたが, ここで取り上げたメカニズムは他のホイスラー型強磁性合金にも適用できるものと考えられ, 今後の発展に期待したい.

5.6 まとめ

以上のように, 高スピン偏極材料, 熱電変換材料, 強磁性形状記憶材料としてのさまざまなホイスラー合金について, 光電子分光および内殻吸収磁気円二色性 (XMCD) 分光実験から得られた電子構造がそれらの機能性解明に重要な役割を果たすことを解説した. これらの解説をもとに, 今後もより高い機能性を持つホイスラー合金材料の物質開発へのヒントとなれば幸いである.

本章では主に, 宮本幸治氏, 崔芸祷氏, 叶茂氏との共同研究の成果をもとに

執筆させていただいた．また本章で用いた実験データは全て大型放射光施設 SPring-8 にて得られたものであり，実験ではスタッフの方々に多大なる御支援をいただいた．ここに感謝する．

参 考 文 献

[1] S. Hüfner : Photoelectron Spectroscopy : Principles and Applications, 3rd Edition, Springer, Berlin, Heidelberg (2003).
[2] A. Kotani and F. de Groot : Core Level Spectroscopy of Solids, CRC Press (2008).
[3] S. Hüfner : Very High Resolution Photoelectron Spectroscopy, Springer-Verlag (2007).
[4] 櫛田孝司 : 光物性物理学, 朝倉書店 (1991).
[5] 橋爪弘雄, 岩住俊明 編 : 放射光X線磁気分光と散乱, アイピーシー (2007).
[6] 横山利彦, 太田俊明 編 : 内殻分光, アイピーシー (2007).
[7] 上村 洸, 菅野 暁, 田辺行人 : 配位子場理論とその応用, 裳華房 (1969).
[8] B. T. Thole, P. Carra, F. Sette and G. van der Laan : Phys. Rev. Lett. **68** (1992) 1943.
[9] P. Carra, B. T. Thole, M. Altarelli and X. Wang : Phys. Rev. Lett. **70** (1993) 694.
[10] C. T. Chen, Y. U. Idzerda, H. J. Lin, N. V. Smith, G. Meigs, E. Chaban, G. H. Ho, E. Pellegrin and F. Sette : Phys. Rev. Lett. **75** (1995) 152.
[11] K. Miyamoto, A. Kimura, Y. Miura, M. Shirai, Y. Ye, Y. Cui, K. Shimada, H. Namatame, M. Taniguchi, Y. Takeda, Y. Saitoh, E. Ikenaga, S. Ueda, K. Kobayashi and T. Kanomata : Phys. Rev. B **79** (2009) 100405.
[12] M. B. Trzhaskovskaya, V. I. Nefedov and V. G. Yarzhemsky : At. Data Nucl. Data Tables **77** (2001) 97.
[13] M. B. Trzhaskovskaya, V. I. Nefedov and V. G. Yarzhemsky : At. Data Nucl. Data Tables **82** (2002) 257.
[14] I. Galanakis, P. H. Dederichs and N. Papanikolaou : Phys. Rev. B **66** (2002) 174429.
[15] L. Chioncel, Y. Sakuraba, E. Arrigoni, M. I. Katsnelson, M. Oogane, Y. Ando, T. Miyazaki, E. Burzo and A. I. Lichtenstein : Phys. Rev. B **100** (2008) 086402.

[16] N. D. Telling, P. S. Keatley, G. van der Laan, R. J. Hicken, E. Arenholz, Y. Sakuraba, M. Oogane, Y. Ando and T. Miyazaki : Phys. Rev. B **74**（2006）224439.

[17] T. Saito, T. Katayama, T. Ishikawa, M. Yamamoto, D. Asakura, T. Koide, Y. Miura and M. Shirai : Phys. Rev. B **81**（2010）144417.

[18] K. Miyamoto, K. Iori, A. Kimura, T. Xie, M. Taniguchi, S. Qiao and K. Tsuchiya : Solid State Commun. **128**（2003）163.

[19] K. Miyamoto, A. Kimura, K. Iori, K. Sakamoto, T. Xie, T. Moko, S. Qiao, M. Taniguchi and K. Tsuchiya : J. Phys. : Condens. Matter **16**（2004）S5797.

[20] P. J. Webster : J. Phys. Chem. Solid. **32**（1971）1221.

[21] Y. Teramura, A. Tanaka and T. Jo : J. Phys. Soc. Jpn. **65**（1996）1053.

[22] S. Fujii, S. Sugiyama, S. Ishida and S. Asano : J. Phys. : Condens. Matter **2**（1990）8583.

[23] S. Picozzi, A. Continenza and A. J. Freeman : Phys. Rev. B **66**（2002）094421.

[24] S. Sakurada and N. Shutou : Appl. Phys. Lett. **86**（2005）082105.

[25] K. Soda, H. Murayama, K. Shimba, S. Yagi, J. Yuhara, T. Takeuchi, U. Mizutani, H. Sumi, M. Kato, H. Kato, Y. Nishino, A. Sekiyama, S. Suga, T. Matsushita and Y. Saitoh : Phys. Rev. B **71**（2005）245112.

[26] K. Miyamoto, A. Kimura, K. Sakamoto, M. Ye, Y. Cui, K. Shimada, H. Namatame, M. Taniguchi, S.-i. Fujimori, Y. Saitoh, E. Ikenaga, K. Kobayashi, J. Tadano and T. Kanomata : Appl. Phys. Exp. **1**（2008）081901.

[27] Y. T. Cui, A. Kimura, K. Miyamoto, M. Taniguchi, T. Xie, S. Qiao, K. Shimada, H. Namatame, E. Ikenaga, K. Kobayashi, Hsin Lin, S. Kaprzyk, A. Bansil, O. Nashima and T. Kanomata : Phys. Rev. B **78**（2008）205113.

[28] K. Ullakko, J. K. Huang, C. Kantner, R. C. O'Handley and V. V. Kokorin : Appl. Phys. Lett. **69**（1996）1966.

[29] Y. Sutou, Y. Imano, N. Koeda, T. Omori, R. Kainuma, K. Ishida and K. Oikawa : Appl. Phys. Lett. **85**（2004）4358.

[30] R. Kainuma, Y. Imano, W. Ito, Y. Sutou, H. Morito, S. Okamoto, O. Kitakami, K. Oikawa, A. Fujita, T. Kanomata and K. Ishida : Nature **439**（2006）957.

[31] M. Ye, A. Kimura, Y. Miura, M. Shirai, Y. T. Cui, K. Shimada, H. Namatame, M. Taniguchi, S. Ueda, K. Kobayashi, R. Kainuma, T. Shishido, K. Fukushima and T. Kanomata : Phys. Rev. Lett. **104**（2010）176401.

機能材料としてのホイスラー合金

第6章

第一原理計算から見たホイスラー合金の電子状態

　ホイスラー合金は構成元素の組み合わせにより多様な機能を示し，形状記憶合金（第7章），磁気冷凍材料（第8章），スピントロニクス材料（第9章），熱電変換材料（第10章）など，さまざまな用途に利用される．一般に材料の物性は電子状態と密接に関連しており，ホイスラー合金が示す機能の多様性を理解するためには，その電子状態に関する知見を得ることが不可欠である．この章では，ホイスラー合金の電子状態を第一原理計算した理論研究のいくつかを取り上げ，その電子状態と物性・機能との関連性について述べる．特に，ホイスラー合金をスピントロニクス材料として応用する際の問題点に焦点を絞り，それを克服するための研究の一端を紹介する．

6.1　高スピン偏極ホイスラー合金

　磁気記録装置（ハードディスクドライブ）の読み出しヘッドには巨大磁気抵抗（GMR）素子またはトンネル磁気抵抗（TMR）素子が用いられている．これら磁気抵抗素子は，非磁性金属または絶縁酸化物で隔てられた二層の強磁性金属の磁化の向きにより電気抵抗が変化する現象（磁気抵抗効果）に基づいた素子である．最近では，トンネル磁気抵抗素子は電源をオフにしても記憶データが保持される不揮発性スピンメモリとしても応用されている．一方，ソース・ドレイン電極に強磁性金属を用いたスピントランジスタは，両電極の磁化の向きにより異なる電流-電圧特性を示すことを利用してメモリ機能と増幅・スイッチ機能を併せ持たせた素子である．このようなスピントロニクス素子は，電子情報機器の低消費電力化を実現するだけでなく，再構成可能な論理回

路に基づいた高機能化により，電子情報分野に新しいパラダイムを拓く新技術として注目を集めている．

このようなスピントロニクス素子の高性能化を実現するためには，電気伝導に寄与する電子のスピン偏極を高める必要がある．すなわち上向きスピンを持つ電子数と下向きスピンを持つ電子数の差を大きくしなければならない．そういう観点から有望な材料がハーフメタルである．ハーフメタルは上向きスピンを持つ電子に対しては金属的であるのに対して，下向きスピンを持つ電子に対しては半導体的な電子状態を持つ．そのため電気伝導に寄与する電子が完全にスピン偏極しており，トンネル磁気抵抗素子の電極にハーフメタルを用いると，トンネル障壁を隔てた磁化が反平行のとき，トンネル伝導が抑えられる．そのため非常に巨大な TMR 特性が期待できる．また，ハーフメタルの伝導電子はすべて上向きスピンを持つので，非磁性金属や半導体へのスピン注入源としても理想的な材料であると期待されている．

これまでに多くの材料がハーフメタルであると，電子状態の第一原理計算に基づいて提唱されている．最初にハーフメタルであると報告された材料は，NiMnSb や PtMnSb に代表される $C1_b$ 規則構造のホイスラー合金と[1]，Co_2MnAl や Co_2MnSn といった $L2_1$ 規則構造を持つホイスラー合金である[2]．化学式 XYZ と表記される前者をハーフホイスラー合金，また X_2YZ と表される後者をフルホイスラー合金と呼んで区別されることがある．これ以後，一連のホイスラー合金の電子状態が系統的に計算され，その中からハーフメタル（または完全ではないが，高スピン偏極した電子状態を持つ強磁性体）も数多く見いだされている．

6.2 高スピン偏極電子状態と磁性

ハーフメタル性を示すホイスラー合金に共通な特徴として，化学式当たりの Bohr 磁子を単位としたスピン磁気モーメント M_s と価電子数 N_v の間に，ハーフホイスラー合金では $M_s = N_v - 18$，フルホイスラー合金では $M_s = N_v - 24$ という線形の関係式が成り立つことが指摘されている[3,4]．この関係は，ある種

6.2 高スピン偏極電子状態と磁性

の Slater-Pauling 則を表しており，半導体的な下向きスピン（少数スピン）の価電子バンドに収容された電子数 $N_\downarrow$ が，ハーフホイスラー合金では9個，フルホイスラー合金では12個であることを反映している．なぜなら，上向きスピン（多数スピン）を持つ価電子数を $N_\uparrow$ とすると，価電子数は $N_v = N_\uparrow + N_\downarrow$ であるので，磁気モーメントは $M_s = N_\uparrow - N_\downarrow = N_v - 2N_\downarrow$ で与えられるからである．この関係式は，測定された自発磁化の値から，そのホイスラー合金がハーフメタルの候補として有力であるか否かを判定するための簡便な指針として使われている．例えば NiMnSb の場合，各構成元素の価電子数は，Ni：10個，Mn：7個，Sb：5個であるので，これらを合計すると $N_v = 22$ となり，Slater-Pauling 則から予測されるスピン磁気モーメント $M_s = N_v - 18 = 4\mu_B$ は実験値とよく対応している（第3章，表3-11参照）．

　これらホイスラー合金がハーフメタルに特徴的なバンド構造を持つ起源については，最隣接位置を占める異種の磁性原子（例えば NiMnSb の場合には Ni と Mn）の3d 軌道間の混成が重要な役割を果たしていると指摘されている[3,4]．NiMnSb を例に取ると，大きな磁気モーメントを持つ Mn 原子の3d 軌道は，スピンの向きに応じて顕著なエネルギー分離を示す．その結果，多数スピンに対しては，Mn 原子の3d 軌道は低エネルギー側に押し下げられ，Ni 原子の3d 軌道とともにバンド幅の広い金属的な電子状態を形成する．一方，少数スピンに対しては，高エネルギー側に押し上げられた Mn 原子の3d 軌道を主成分とする反結合軌道からなる伝導バンドと，Ni 原子の3d 軌道を主成分とする結合軌道からなる価電子バンドの間にエネルギーギャップが生じ，半導体的な電子状態が形成される．通常の半導体の場合と同様に，このエネルギーギャップにフェルミ準位が位置することで，電子系のエネルギー利得がもたらされる．

　高スピン偏極ホイスラー合金には，室温よりずっと高い強磁性転移温度（キュリー温度）を示すものが多く，室温で動作するスピントロニクス素子への応用に適していると考えられている．この高いキュリー温度は，最隣接位置を占める異種磁性原子の3d 軌道間にはたらく強い磁気的相互作用によりもたらされる（詳細は第3章を参照のこと）．高スピン偏極ホイスラー合金のキュ

リー温度を系統的に整理すると，自発磁化との間に正の相関を示すことが知られている[5]．すなわち自発磁化の大きな（または価電子数の多い）ホイスラー合金を選択すれば，同時にキュリー温度も高いことが期待できる．

前述したように，ハーフメタルはスピントロニクス材料として理想的ではあるが，現実には，原子配列不規則性，表面・界面，電子相関，温度上昇に伴う磁気モーメントの熱ゆらぎなど，さまざまな要因により，スピン偏極率が低下してしまうことが指摘されている．以下では，ホイスラー合金のスピン偏極率の低下をもたらす要因を個別に取り上げて検証する．

6.3 不規則構造における電子状態

ホイスラー合金では原子配列の不規則化はある程度避けられない．原子配列不規則化がスピン偏極率に及ぼす影響に関する第一原理計算は，ハーフホイスラー合金 PtMnSb に対してなされた[6]．原子置換に起因した不純物状態が少数スピンのエネルギーギャップ中に生じる．特に Mn 原子が Pt サイトを占めた場合，少数スピンギャップ中に状態密度のピーク構造が生じ，スピン偏極率の著しい低下を招くことが確かめられている．その後，原子配列不規則化の影響に関する定量的な理論研究が，コヒーレント・ポテンシャル近似（Coherent Potential Approximation: CPA）に基づく第一原理計算により行われている[7]．ハーフホイスラー合金 NiMnSb において，Ni 原子と Mn 原子が 5% 置換すると，スピン偏極率は 52% まで低下する．一方，Mn 原子や Sb 原子が空孔サイトをわずか 5% 占めるだけで，スピン偏極率は 24% まで低下する．エピタキシャル成長させた PtMnSb 薄膜に対する X 線回折実験によると，不規則度の標準的な値は 10% 程度であると見積もられている[8]．したがって，原子空孔サイトのあるハーフホイスラー合金の場合，原子配列の不規則化に伴うスピン偏極率の低下は避けがたい．

一方，空孔サイトを持たないフルホイスラー合金 Co_2YZ では，Y 原子と Z 原子の B2 型不規則置換により，スピン偏極率はほとんど影響を受けないことが，コヒーレント・ポテンシャル近似に基づく第一原理計算により確かめられ

6.3 不規則構造における電子状態

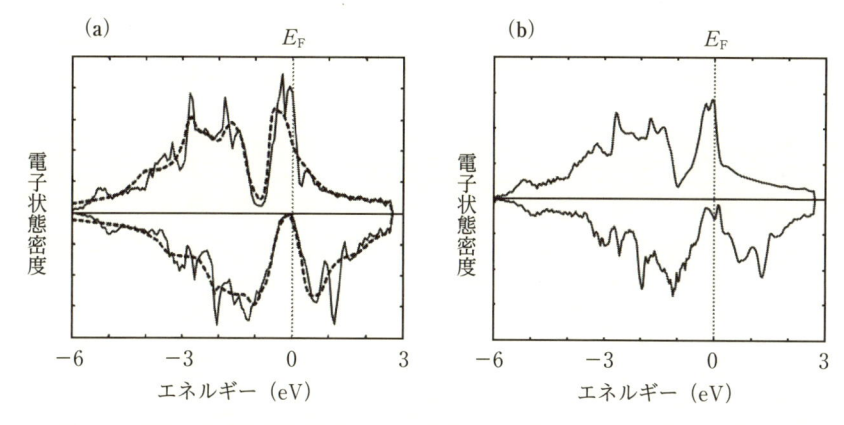

図 6-1 ホイスラー合金 Co_2CrAl の電子状態密度．（a）$L2_1$ 規則構造（実線）と B2 不規則構造（破線）を比較すると，フェルミ準位 E_F 付近のギャップ端の状態はほとんど変化していない．（b）DO_3 不規則構造（Co-Cr 原子 10% 置換）では E_F 付近のギャップ中に不純物状態が形成されている．

ている[9,10]．例えば，Co_2CrAl の場合，Cr 原子と Al 原子の配列が完全に不規則化した B2 構造においても 90% 以上の高スピン偏極率が保持される．これはハーフメタルの特徴である少数スピンにおけるエネルギーギャップ端付近の電子状態が，最隣接の Cr 原子や Al 原子の軌道と混成しない Co 原子の 3d 非結合軌道を主成分としており，Cr 原子と Al 原子の置換が生じても，**図 6-1**（a）に示すように，ギャップ端付近の状態密度の形状がほとんど影響を受けないためである．また，Co_2CrAl の磁化の大きさも B2 型不規則化によりほとんど変化せず，Slater-Pauling 則により期待される化学式当たり $3\mu_B$ という値を保つことが確かめられている．

これとは対照的に，Co_2CrAl の Co 原子と Cr 原子の DO_3 型不規則置換の場合，不規則度の増加に伴って，スピン偏極率は急激に低下する[9,10]．これは，Cr 原子を置換した Co 原子 3d 軌道からなる不純物状態が，図 6-1(b) に示すように，少数スピン側のエネルギーギャップ中に形成されることに起因している．また，Co_2CrAl の磁化の大きさは DO_3 型不規則度の増加に伴って $L2_1$ 規則構造における化学式当たり $3\mu_B$ という値からほぼ線形に減少する．この磁

化の減少は，Co サイトを占めた Cr 原子の磁気モーメントが，最隣接の Cr 原子の磁気モーメントと反強磁性的に相互作用し，反平行に配列することに起因している．

　幸いなことに，Co_2CrAl では Co-Cr 置換に伴うエネルギー増加は，Cr-Al 置換の場合に比べて十分に大きいので，試料に適当な熱処理を施すことにより，スピン偏極率の低下をもたらす格子欠陥を抑制することが可能である．しかし，Co_2CrAl は組成の異なる二種類以上の合金に相分離しやすい物質であることが，実験的に確かめられている[11]．一方，Co_2CrGa は $L2_1$-B2 構造相転移温度が 1050 K と非常に高く，スピン偏極率の高い $L2_1$ 規則構造が得やすい材料である[12]．実際，Co_2CrGa に対する第一原理計算によると，$L2_1$ 構造と B2 構造におけるスピン偏極率は，それぞれ 95% および 84% という値が得られている[12]．

　以上の結果から，高スピン偏極率を利用するスピントロニクス応用には，熱処理により，B2 構造もしくは $L2_1$ 規則構造が得やすいホイスラー合金を選択することが肝要である．つまり，Co 原子置換に伴う形成エネルギーの高い材料を選べばよい．例えば，Co_2MnSi および Co_2MnGe における Co-Mn 置換の形成エネルギーは，それぞれ 1.13 eV および 1.17 eV と見積もられており[13]，Co_2CrZ における Co-Cr 置換の形成エネルギーよりも大きい[14]．ホイスラー合金のスピン偏極率をもたらす Co 原子置換の形成エネルギーの高い材料を，第一原理計算により探索すると，Co_2TiZ もしくは Co_2MnSn が有望な候補となるが[14]，Co_2TiZ は強磁性転移温度が低く，室温でのスピントロニクス応用には不向きである．一方，Mössbauer 測定によると，Co_2MnSn には二種類の Sn 原子核位置が存在しており，単相試料作製方法の確立が今後の課題である．

　最近の Co_2FeAl に対する強磁性共鳴実験によると，原子配列の不規則性と磁気緩和の間に相関が見られることが報告されている[15]．原子配列が完全に不規則化した A2 型構造に比べて，B2 型規則化が進むにつれて，磁気緩和が抑制される傾向がある．磁気緩和をもたらす一つの機構として，スピン軌道相互作用による局在スピンから伝導電子スピンへの散逸過程が考えられる．実際

にB2型規則化が進むに従って，少数スピン側のフェルミ準位付近の電子状態密度に擬ギャップが形成されていくことが，第一原理計算により確かめられている．すなわち，局在スピンの散逸先となる伝導電子の数が，B2型規則化に伴い減少していることが，磁気緩和の抑制をもたらしている．したがって，Co_2FeAlにおける原子配列不規則性とスピン偏極率の関連性が，間接的ながら実証されたことを意味している．

6.4 表面の電子状態

固体表面では原子の結合様式がバルクと異なっており，その結果として電子状態にも顕著な変化が見られる．ハーフメタルにおいても表面ではスピン偏極率の低下が生じていることが容易に予想される．ホイスラー合金表面における電子状態の第一原理計算は，NiMnSbのMnSb終端(001)表面に対して最初に報告された[16]．

予想どおり少数スピンギャップ中に表面状態が現れ，完全に金属的な電子状態となっていることが確かめられた．もちろん，ギャップ中に生じた電子状態は表面近傍に局在しており，物質内部ではハーフメタル特性が保たれている．さらにNiMnSbのMnSb終端(001)表面上にSb原子層を積層することによる電子状態の変化についても調べられたが，ハーフメタル特性が回復するには至らなかった[17]．一方，NiMnSb(111)表面の電子状態も第一原理計算され，少数スピンギャップ中に生じた表面状態のバンド幅は終端面により異なるものの，残念ながらハーフメタル特性が保持される表面は見いだされなかった[18]．NiMnSb(001)表面におけるスピン偏極率は，MnSb終端表面で26%，Ni終端表面で−14%と見積もられている[19]．NiMnSb表面における構造緩和（原子位置の最適化）を考慮した精度の高い第一原理計算も行われており[20, 21]，その結果によると(111)表面の方が(001)表面に比べてスピン偏極率の低下が顕著である．また，NiMnSb(001)表面のスピン偏極率は，MnSb終端とNi終端に対してそれぞれ76%および7%と報告されており，Ni終端表面の方がスピン偏極率の低下が著しい傾向が得られている．

フルホイスラー合金 Co_2MnGe および Co_2CrAl に対しても(001)表面の電子状態計算がなされており[19]，少数スピンギャップ中に表面状態が形成されることによるスピン偏極率の低下が確認されている．特に Co 終端表面では，表面第一層の Co 原子層だけでなく，第二層においても表面 Co 原子との結合を通じて著しいスピン偏極率の低下がもたらされている．一方，Co_2MnGe の MnGe 終端(001)表面では，Mn 3d 軌道に由来する表面状態が少数スピンギャップ中に鋭いピーク構造を形成している．これに対して Co_2CrAl の CrAl 終端(001)表面では，少数スピン状態密度のフェルミ準位付近に擬ギャップが残存しており，高いスピン偏極率（78%）が保持される．表面における Cr 原子の磁気モーメントは $3.12\mu_B$ とバルクでの値（$1.54\mu_B$）に比べて著しく増大している．その結果，Cr 3d 状態のスピン分裂が大きくなり，少数スピンの Cr 3d 状態がエネルギーギャップより高エネルギー側に移動することが，高スピン偏極率の保持の要因である．今後，スピン分解光電子分光やスピン偏極トンネル分光による実験検証が必要である．

ホイスラー合金 Co_2MnSi(001)表面における熱力学的に安定な構造が，表面形成エネルギーの第一原理計算に基づいて調べられている[22]．構成元素の化学ポテンシャルを制御することにより，MnSi 終端，Mn 終端，Si 終端のいずれかが安定になる．特に Co 原子層を表面第二層に持つ Mn 終端表面では，Mn 原子と Co 原子の結合により高スピン偏極率が保持されることが予測されている．それ以外の MnSi 終端および Si 終端表面でのスピン偏極率は，それぞれ -16% および -17% と著しい低下を示す．高スピン偏極 Mn 終端表面は，Co および Mn 原子の供給量が適切な限られた条件下でのみ実現が可能であり，これら構成元素の供給量が過剰になるとバルクの Co もしくは Mn 金属が単体として析出してしまう．表面成長条件の最適化に困難があるものの熱力学的に安定な領域が存在することが確かめられているので，今後の実験検証に期待したい．

6.5 半導体との界面の電子状態

　半導体を基盤材料とする従来のエレクトロニクスデバイスにスピンの自由度を利用して不揮発性や再構成可能性を付加することにより，省エネルギー化・高機能化を実現することが可能となる．そのための基盤技術の一つが，半導体への高効率スピン注入の実現である．しかし，半導体へのスピン注入の問題点として，拡散伝導領域では強磁性体と半導体の伝導度が桁違いに異なることに起因して，スピン注入の効率が著しく低下することが指摘されている[23]．この問題を克服する一つの手段として，絶縁障壁を介した半導体へのスピン注入が提案され[24]，これまでに報告されているスピン注入実験の多くが強磁性金属/酸化物/半導体構造による．しかし，スピン注入構造を低抵抗化するためには，強磁性金属を半導体と直接接合する必要があり，その場合には，ハーフメタルをスピン注入源として利用することが有望である．ただし，強磁性金属/半導体界面付近では，各原子の周りの局所的な対称性が低下することと，原子の結合様式が著しく異なるために，バルクでの電子状態は保持されない．その結果として界面付近でのスピン偏極率が低下すると，そこでスピン反転を伴う伝導過程が生じ，スピン注入効率が損なわれてしまう．したがって，界面付近においても高スピン偏極率が保持されるハーフメタル/半導体接合を探索する必要がある．

　ハーフホイスラー合金 NiMnSb と，II-VI族化合物半導体 CdS の(001)および(111)接合界面での電子状態の第一原理計算がなされている[25]．ほとんどの界面構造においてスピン偏極率の低下が生じるが，例外的に Sb-S 終端 NiMnSb/CdS(111)界面では高スピン偏極率が保持されることが見いだされた．この Sb-S 終端界面では，Sb 原子も S 原子も四面体配位されており，バルクと類似の局所構造が保たれていることが，界面においても高スピン偏極率が保持されている理由と考えられる．その後，NiMnSb と III-V族化合物半導体 InP との接合に対しても高スピン偏極界面が精力的に探索された[26]．先の例と同様に二重陰イオン Sb-P 終端 NiMnSb/InP(111)界面において，最高の

スピン偏極率 74% が見いだされている．実際，P 原子が Sb 原子の直上に位置する理想的な界面を仮定すると，ハーフメタル性が保持されるものの，界面構造の最適化をすると，原子の積層様式が微妙に変化して，スピン偏極率の低下がもたらされる．これまでのところ二重陰イオン結合を有する界面の熱力学的な安定性については議論されていないが，静電エネルギーの観点からは実現が困難であるように見受けられる．例えば閃亜鉛鉱型 CrAs/GaAs(001) 界面のように[27]，高スピン偏極率の保持をもたらす局所的対称性の保存と同時にエネルギー的に安定な接合界面を探索する必要がある．

　フルホイスラー合金とⅢ-Ⅴ族化合物半導体の接合界面の第一原理計算は，Co_2MnGe/GaAs 接合[28,29]，Co_2CrAl/InP 接合[30]，Co_2CrAl/GaAs 接合など[31,32]，これまでに数多く報告されているが，(001) 接合界面ではすべての終端構造においてスピン偏極率の低下が生じる．ホイスラー合金の少数スピンギャップ中だけでなく，半導体のギャップ中にも界面状態（金属誘起ギャップ状態）が形成されている．金属誘起ギャップ状態は界面から遠ざかるにつれて指数関数的に減衰するが，その減衰長はエネルギーギャップの大きさと関連しており，Co_2MnGe/GaAs(001) 接合の場合，Co_2MnGe の少数スピンギャップ中での減衰長は 0.25 nm と見積もられている[28]．

　これとは対照的に Co_2CrAl/GaAs(110) 接合においては，高スピン偏極率が界面付近においても保持されることが見いだされた[31,32]．真空に接している Co_2CrAl(110) 表面の電子状態はハーフメタルからほど遠いので，この接合界面における高スピン偏極率は，GaAs(110) 表面の特殊性に由来していると結論できる．すなわち，GaAs(110) 面には As 原子と Ga 原子が共存しており，GaAs(110) 表面に現れる非結合電子状態のうち As 4p 軌道を主成分とする状態は電子に完全に占有され，もう一方の Ga 4p 軌道を主成分とする状態は非占有となる．そして，これら二種類の非結合軌道と Co_2CrAl の電子軌道の混成により，バンドギャップ内に生じた界面電子状態がフェルミ準位から排除され，その結果として，フェルミ準位での高スピン偏極率は保持される．ただし，Co-As 結合を有する (110) 界面構造ではスピン偏極率の低下が生じるが，幸いなことに Co 終端 (110) 界面は最安定構造ではないことが確認されている．上

記の議論からも予想されるように，Co_2CrAl だけでなく Co_2CrSi，Co_2MnSi，Co_2MnGe と GaAs の (110) 接合界面においても高スピン偏極率が保持される．したがって，ホイスラー合金と GaAs の (110) 接合が GaAs への高効率スピン注入を実現する有望な候補といえる．

現在のところ，化合物半導体上へのホイスラー合金のエピタキシャル成長は，(001) 面方位に対してしか報告されていない[33〜39]．ホイスラー合金 Co_2MnGe から AlGaAs/GaAs(001) 量子井戸へのスピン注入実験が行われており，低温 2 K において円偏光度 15% の発光が観測されている[33]．しかし，この値は Fe/AlGaAs(001) 接合に対して 4.5 K で観測されている発光の円偏光度 32% に比べるとかなり低い[40]．その原因の一部は Co_2MnGe/AlGaAs(001) 界面におけるスピン偏極率の低下に帰せられる．また，GaAs(110) 量子井戸における電子のスピン緩和時間は室温においてもナノ秒程度であり，GaAs(001) 量子井戸におけるスピン緩和時間より 1 桁程度長いことが実験的に確かめられている[41]．したがって，ホイスラー合金との (110) 界面から GaAs(110) 量子井戸へのスピン注入が実現されれば，スピントロニクス応用にとって重要な展開をもたらす可能性があり，今後のヘテロ接合作製ならびにスピン注入実験の進展に期待したい．

現在のエレクトロニクスの基幹を担う素子・プロセス技術の有効活用を考慮すると，Si をベースとしたスピントロニクス素子の開発が望まれる．特に，Si への高効率なスピン注入を可能にする強磁性体/半導体ヘテロ接合の実現が非常に重要な課題である．先に述べたIII-V族化合物半導体とホイスラー合金の接合界面に対する計算結果と同様に，Co_2FeSi/Si(110) 界面において高スピン偏極率が保持されることが確認されている．この Co_2FeSi/Si(110) 界面では，各原子の周りの配位様式が比較的バルクと似た構造をしているために，エネルギー的にも安定である．また，Si(110) 界面には対称性の異なる二種類の Si 原子位置が存在し，そのために GaAs(110) 界面と似た状況が現れたものと考えられる．さらに，Co_2FeSi の Co 原子が欠損した状況においても，高スピン偏極界面が実現できる[42]．ホイスラー合金 Co_2FeSi の強磁性転移温度は 1100 K と非常に高く[43]，急速熱アニーリング法によって Si 基板表面の熱酸化膜上に

L2$_1$ 規則度の高い合金として形成可能である[44]．アニーリング温度 800℃で作製された試料を X 線回折で解析したところ，90% 以上の占有率で正しい元素が各サイトを占めていることが確認されている．したがって，Co$_2$FeSi は Si への高効率スピン注入を実現する有望な材料として期待できる．

6.6 絶縁体との界面の電子状態

ハーフメタル電極と酸化物障壁の接合界面に形成される局所電子状態を介したスピン反転トンネル過程が，温度上昇に伴う TMR 特性劣化の要因であると提案されている[45]．実際，Co$_2$MnSi/MgO(100)界面では，界面が Co 終端であるか MnSi 終端であるかによらず，界面付近数原子層にわたりスピン偏極率が著しく低下することが，第一原理計算により確かめられている[46,47]．これとは対照的に，CrAl 終端 Co$_2$CrAl/MgO(100)接合では，少数スピンギャップ中には界面電子状態は形成されず，界面に至るまで高スピン偏極率が保持される[47]．界面第一層にある Cr 原子の磁気モーメントは Co$_2$CrAl のバルク値より約 70% も増大しており，CrAl 終端 Co$_2$CrAl(001)表面の場合と同様に[19]，この磁気モーメントの増大が界面における高スピン偏極率の保持と密接に関連している．Co$_2$CrAl では多数スピンのフェルミ準位付近に Cr 3d 軌道からなる状態密度のピーク構造が存在し，ここに電子を収容する余地が残されている．そのため，電子はトンネル接合界面において少数スピンに形成された界面電子状態を占有せずに，多数スピン状態を占有する．したがって，界面電子状態はフェルミ準位におけるスピン偏極率の低下をもたらさない．先にも述べたように Co$_2$CrAl は B2 構造と A2 構造を持つ二つ以上の相に分離しやすい材料であることが，実験的に確かめられている[11]．上述の理由から明らかなように，Co$_2$CrAl と価電子数が等しい Co$_2$CrGa や，価電子数が一つ多い Co$_2$MnAl でも，Co$_2$CrAl と同じ効果が期待できる[48]．

単結晶 MgO 障壁中では，[001]軸の周りに 4 回対称性（Δ_1 対称性）を持つ軌道からなる状態を占めた電子が優先的に透過することが知られている[49,50]．一方，Fe や FeCo といった強磁性金属では，多数スピン側の Δ_1 対称性のバン

6.6 絶縁体との界面の電子状態 143

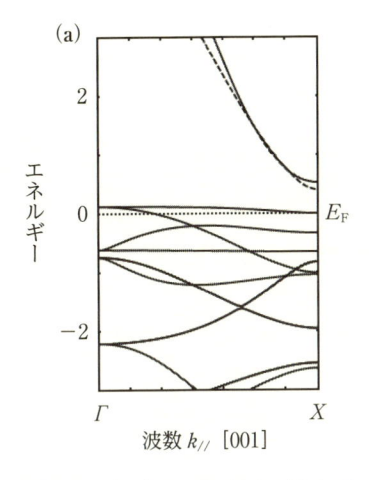

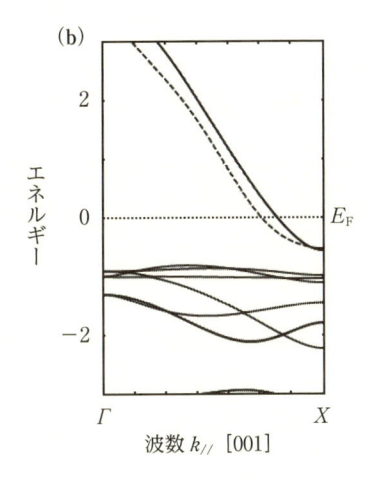

図 6-2 （a）Co$_2$CrAl と（b）Co$_2$MnSi の [001] 方向のバンド構造．破線で表された Co$_2$MnSi の Δ_1 バンドはフェルミ準位 E_F を横切るが，Co$_2$CrAl の Δ_1 バンドは E_F の高エネルギー側に位置する．

ドだけがフェルミ準位を横切っている．この事実が，Fe/MgO/Fe(001)接合[51]や，CoFe/MgO/CoFe(001)接合[52]で観測されている巨大な TMR 比の物理的起源となっている．残念ながら，Co$_2$CrAl や Co$_2$CrGa の Δ_1 バンドはフェルミ準位を横切っていないため，これらホイスラー合金を MgO 障壁トンネル接合の電極に用いても巨大なトンネル磁気抵抗効果は期待できない．そこで，Δ_1 バンドがフェルミ準位を横切っている Co$_2$MnSi を電極に用いて，Co$_2$MnSi/MgO(100)接合界面に数原子層の Co$_2$CrAl や Co$_2$MnAl などを挿入する方法が有望である[47,48]．ここで注意を要するのは，Co$_2$MnSi/MgO(100)接合界面のスピン偏極率を低下させている電子状態の軌道成分は Δ_1 以外の対称性を持つことである．そのため，MgO 障壁層が十分に厚い場合には，界面電子状態を介したトンネル過程は必然的に抑制される．このような状況においては，以下で述べるように，接合界面での磁気モーメントの熱ゆらぎが，温度上昇に伴う TMR 比の低下の主要因と考えられる．

6.7 有限温度における電子状態

近年，ホイスラー合金を電極に用いたトンネル磁気抵抗素子の研究開発が活発に行われている．アモルファス障壁を持つ $Co_2MnSi/AlO_x/Co_2MnSi$ 接合において，低温で 570% という巨大なトンネル磁気抵抗比が観測されており[53]，これは，ホイスラー合金の高スピン偏極特性を実験的に検証した重要な報告である．その後，結晶化した MgO 障壁とホイスラー合金電極を併用することにより，トンネル磁気抵抗比の向上が次々と報告され，最近では，低温で 700% を越える巨大なトンネル磁気抵抗比が観測されている[54~56]．しかし，ホイスラー合金を用いたトンネル磁気抵抗素子の問題点は，温度上昇に伴いトンネル磁気抵抗比が急激に低下することである．最近では，$Co_2FeAl_{0.5}Si_{0.5}/MgO/Co_2FeAl_{0.5}Si_{0.5}$ 接合において，室温で 386% というトンネル磁気抵抗比が観測されている[56]．しかし，ホイスラー合金電極トンネル接合における磁気抵抗比の温度依存性の起源を解明し，対応策を講じることが焦眉の問題である．

各原子の磁気モーメントがすべて向きをそろえた状況では完全にスピン偏極しているハーフメタルにおいても，温度上昇に伴い各原子の磁気モーメントの向きに熱ゆらぎが生じると，上向き・下向きスピン状態の混成によりスピン偏極率が低下する．この影響を平均場近似で取り扱うと，熱ゆらぎに伴うスピン偏極率の温度変化は，磁化の温度変化に比例する．ノンコリニア磁気構造に対する第一原理計算に基づいた理論計算によると，ホイスラー合金 NiMnSb のスピン偏極率の温度変化は，磁化の温度変化よりかなり顕著である[57]．このスピン偏極率の温度変化は，低温における Ni 原子の磁気モーメントの急激な減少と関連しており，NiMnSb に特有の現象と見なせる．室温よりずっと高い強磁性転移温度を持つ Co_2MnSi を電極に用いた磁気トンネル接合において，室温以下の温度範囲で観測されている磁気抵抗比の顕著な温度依存性を，バルクの Co_2MnSi における磁気モーメントの熱ゆらぎの影響に帰することはできない．

ハーフメタルのスピン偏極率の温度変化の原因として，電子間相互作用に起

因する多体効果によりバンドギャップ中に形成される，非擬粒子状態の重要性が指摘されている[58]．実際に，動的平均場理論に基づいて有限温度におけるCo_2MnSiのバンド構造が計算されており，トンネル磁気抵抗比の温度変化から導出したスピン偏極率の温度依存性を説明することに成功している[59]．この理論では，フェルミ準位の低エネルギー側約1eV付近にある電子状態密度のピーク構造に顕著な温度変化が予測されている．一方，バルクCo_2MnSiに対する硬X線光電子分光測定では，低温と室温における価電子バンド構造に有意な相違は観測されていない[60]（第5章参照）．希土類化合物など，局在性の強い電子系に対して有効な動的平均場理論を，バンド描像で比較的よく記述できるホイスラー合金に適用したことが，この不一致の原因と考えられる．

　最近，Co_2MnSi/MgO(100)接合界面付近における Co 原子と隣接原子の間の交換相互作用が，バルクのCo_2MnSiと比べて著しく弱まっていることが，第一原理計算に基づいて見いだされている[61]．この結果は，接合界面付近の Co 原子の磁気モーメントが熱ゆらぎの影響を受けやすいことを示唆しており，トンネル磁気抵抗比の顕著な温度変化を理解する上で重要な知見である．トンネル接合界面付近における磁気モーメントの熱ゆらぎは，伝導電子のスピン反転をもたらすからである．実際に，Co_2MnSi/MgO/Co_2MnSi(001)接合におけるノンコリニア磁気構造を考慮して，トンネル伝導を第一原理計算すると，接合界面近傍における磁気モーメントの回転に伴い，反平行磁化配置でのトンネル伝導が増加する[62]．特に，接合界面から数原子層の範囲に位置する Co 原子の磁気モーメントの回転が，温度上昇に伴うトンネル磁気抵抗比の顕著な低下の原因であるといえる．したがって，高スピン偏極ホイスラー合金を電極に用いたトンネル接合における室温での磁気抵抗比の向上を実現するためには，例えば接合界面に Fe 原子層を挿入するなどして，MgO との界面近傍における磁気モーメントの熱ゆらぎを抑制する必要がある．ホイスラー合金を用いたトンネル磁気抵抗素子の実現に向けた今後の重要な課題である．

　この章で紹介した著者のグループによる研究成果の一部は，文部科学省・科学研究費補助金特定領域研究「スピン流の創出と制御」，科学技術振興機構・

日本－ドイツ共同研究「先端スピントロニクス材料と伝導現象」，日本学術振興会・最先端研究開発支援プログラム「省エネルギー・スピントロニクス論理集積回路の研究開発」の下で実施された．また，共同研究者の三浦良雄，阿部和多加の両氏ならびに実験結果について有益な議論をしていただいた諸氏に謝意を表したい．

参 考 文 献

[1]　R. A. de Groot, F. M. Mueller, P. G. van Engen and K. H. J. Buschow : Phys. Rev. Lett. **50**（1983）2024.
[2]　J. Kübler, A. R. Williams and C. B. Sommers : Phys. Rev. B **28**（1983）1745.
[3]　I. Galanakis, P. H. Dederichs and N. Papanikolaou : Phys. Rev. B **66**（2002）134428 ; Phys. Rev. B **66**（2002）174429.
[4]　I. Galanakis and P. H. Dederichs : Half-metallic Alloys : Fundamentals and Applications, Lecture Notes in Physics, Vol. 676, Springer, Berlin（2005）p. 1.
[5]　S. Wurmehl, G. H. Fecher, H. C. Kandpal, V. Ksenofontov, C. Felser, H.-J. Lin and J. Morais : Phys. Rev. B **72**（2005）184434.
[6]　H. Ebert and G. Schütz : J. Appl. Phys. **69**（1991）4627.
[7]　D. Orgassa, H. Fujiwara, T. C. Schulthess and W. H. Butler : Phys. Rev. B **60**（1999）13237 ; J. Appl. Phys. **87**（2000）5870.
[8]　M. C. Kautzky, F. B. Mancoff, J.-F. Bobo, P. R. Johnson, R. L. White and B. M. Clemens : J. Appl. Phys. **81**（1997）4026.
[9]　Y. Miura, K. Nagao and M. Shirai : Phys. Rev. B **69**（2004）144413.
[10]　Y. Miura, M. Shirai and K. Nagao : J. Appl. Phys. **95**（2004）7225.
[11]　K. Kobayashi, R. Y. Umetsu, R. Kainuma, K. Ishida, T. Oyamada, A. Fujita and K. Fukamichi : Appl. Phys. Lett. **85**（2004）4684.
[12]　R. Y. Umetsu, K. Kobayashi, R. Kainuma, A. Fujita, K. Fukamichi, K. Ishida and A. Sakuma : Appl. Phys. Lett. **85**（2004）2011.
[13]　S. Picozzi, A. Continenza and A. J. Freeman : Phys. Rev. B **69**（2004）094423.
[14]　Y. Miura, M. Shirai and K. Nagao : J. Appl. Phys. **99**（2006）08J112.
[15]　S. Mizukami, D. Watanabe, M. Oogane, Y. Ando, Y. Miura, M. Shirai and T. Miyazaki : J. Appl. Phys. **105**（2009）07D306.

[16] S. J. Jenkins and D. A. King : Surf. Sci. **494**（2001）L793.
[17] S. J. Jenkins and D. A. King : Surf. Sci. **501**（2002）L185.
[18] S. J. Jenkins : Phys. Rev. B **70**（2004）245401.
[19] I. Galanakis : J. Phys. : Condens. Matter **14**（2002）6329.
[20] M. Ležaić, I. Galanakis, G. Bihlmayer and S. Blügel : J. Phys. : Condens. Matter, **17**（2005）3121.
[21] M. Ležaić, Ph. Mavropoulos, G. Bihlmayer and S. Blügel : J. Phys. D : Appl. Phys. **39**（2005）797.
[22] S. J. Hashemifar, P. Kratzer and M. Scheffler : Phys. Rev. Lett. **94**（2005）096402.
[23] G. Schmidt, D. Ferrand, L. W. Molenkamp, A. T. Filip and B. J. van Wees : Phys. Rev. B **62**（2000）R4790.
[24] E. I. Rashba : Phys. Rev. B **62**（2000）R16267.
[25] G. A. de Wijs and R. A. de Groot : Phys. Rev. B **64**（2001）020402（R）.
[26] I. Galanakis, M. Ležaić, G. Bihlmayer and S. Blügel : Phys. Rev. B **71**（2005）214431.
[27] K. Nagao, M. Shirai and Y. Miura : J. Appl. Phys. **95**（2004）6518.
[28] S. Picozzi, A. Continenza and A. J. Freeman : IEEE Trans. Magn. **38**（2002）2895 ; J. Phys. Chem. Solids **64**（2003）1697 ; J. Appl. Phys. **94**（2003）4723.
[29] S. Picozzi and A. J. Freeman : J. Phys. : Condens. Matter **19**（2007）315215.
[30] I. Galanakis : J. Phys. : Condens. Matter **16**（2004）8007.
[31] K. Nagao, M. Shirai and Y. Miura : J. Phys. : Condens. Matter **16**（2004）S5725.
[32] K. Nagao, Y. Miura and M. Shirai : Phys. Rev. B **73**（2006）104447.
[33] X. Y. Dong, C. Adelmann, J. Q. Xie, C. J. Palmstrøm, X. Lou, J. Strand, P. A. Crowell, J.-P. Bames and A. K. Petford-Long : Appl. Phys. Lett. **86**（2005）102107.
[34] M. Hashimoto, J. Herfort, H.-P. Schönherr and K. H. Ploog : Appl. Phys. Lett. **97**（2005）102506 ; J. Appl. Phys. **98**（2005）104902.
[35] M. Hashimoto, J. Herfort, A. Trampert, H.-P. Schönherr and K. H. Ploog : J. Vac. Sci. Technol. B **24**（2006）2004 ; 2007, J. Phys. D : Appl. Phys. **40**（2007）1631.
[36] A. Hirohata, S. Okamura, T. Masaki, T. Nozaki, M. Kikuchi, N. Tezuka, K. Inomata, J. S. Claydon and Y. B. Xu : J. Appl. Phys. **97**（2005）10C308.
[37] A. Hirohata, H. Kurebayashi, S. Okamura, N. Tezuka and K. Inomata : IEEE

Trans. Magn. **41** (2005) 2802.

[38] A. Hirohata, H. Kurebayashi, S. Okamura, M. Kikuchi, T. Masaki, T. Nozaki, N. Tezuka and K. Inomata : J. Appl. Phys. **97** (2005) 103714.

[39] A. Hirohata, M. Kikuchi, N. Tezuka, K. Inomata, J. S. Claydon, Y. B. Xu and G. van der Laan : Curr. Opin. Solid State Mater. Sci. **10** (2006) 93.

[40] A. T. Hanbicki, O. M. J. van 't Erve, R. Magno, G. Kioseoglou, C. H. Li, G. Itskos, R. Mallory, M. Yasar and A. Petrou : Appl. Phys. Lett. **82** (2003) 4092.

[41] Y. Ohno, R. Terauchi, T. Adachi, F. Matsukura and H. Ohno : Phys. Rev. Lett. **83** (1999) 4196.

[42] K. Abe, Y. Miura, Y. Shiozawa and M. Shirai : J. Phys. : Condens. Matter **21** (2010) 064244.

[43] S. Wurmehl, G. H. Fecher, H. C. Kandpal, V. Ksenofontov, C. Felser, H.-J. Lin and J. Morais : Phys. Rev. B **72** (2005) 184434.

[44] Y. Takamura, R. Nakane and S. Sugahara : J. Appl. Phys. **105** (2009) 07B109 ; J. Appl. Phys. **107** (2010) 09B111.

[45] Ph. Mavropoulos, M. Ležaić and S. Blügel : Phys. Rev. B **72** (2005) 174428.

[46] Y. Miura, H. Uchida, Y. Oba, K. Nagao and M. Shirai : J. Phys. : Condens. Matter **19** (2007) 365228.

[47] Y. Miura, H. Uchida, Y. Oba, K. Abe and M. Shirai : Phys. Rev. B **78** (2008) 064416.

[48] Y. Miura, K. Abe and M. Shirai : J. Phys. : Conf. Series **200** (2010) 052016.

[49] W. H. Butler, X.-G. Znang and T. C. Schulthess : Phys. Rev. B **63** (2001) 054416.

[50] J. Mathon and A. Umerski : Phys. Rev. B **63** (2001) 220403 (R).

[51] S. Yuasa, T. Nagahama, A. Fukushima, Y. Suzuki and K. Ando : Nature Mater. **3** (2004) 868.

[52] S. S. P. Parkin, C. Kaiser, A. Panchula, P. M. Rice, B. Hughes, M. Samant and S.-H. Yang : Nature Mater. **3** (2004) 862.

[53] Y. Sakuraba, M. Hattori, M. Oogane, Y. Ando, H. Kato, A. Sakuma, T. Miyazaki and H. Kubota : Appl. Phys. Lett. **88** (2006) 192508.

[54] S. Tsunegi, Y. Sakuraba, M. Oogane, K. Takanashi and Y. Ando : Appl. Phys. Lett. **93** (2008) 112506.

[55] T. Ishikawa, N. Itabashi, T. Taira, K.-i. Matsuda, T. Uemura and M. Yamamoto :

Appl. Phys. Lett. **94** (2009) 092503.

[56] N. Tezuka, N. Ikeda, F. Mitsuhashi and S. Sugimoto: Appl. Phys. Lett. **94** (2009) 162504.

[57] M. Ležaić, Ph. Mavropoulos, J. Enkovaara, G. Bihlmayer and S. Blügel: Phys. Rev. Lett. **97** (2006) 026404.

[58] M. I. Katsnelson, V. Yu. Irkhin, L. Chioncel, A. I. Liechtenstein and R. A. de Groot: Rev. Mod. Phys. **80** (2008) 315.

[59] L. Chioncel, Y. Sakuraba, E. Arrigoni, M. I. Katsnelson, M. Oogane, Y. Ando, T. Miyazaki, E. Burzo and A. I. Liechtenstein: Phys. Rev. Lett. **100** (2008) 086402.

[60] K. Miyamoto, A. Kimura, Y. Miura, M. Shirai, M. Ye, Y. Cui, K. Shimada, H. Namatame, M. Taniguchi, Y. Takeda, Y. Saitoh, E. Ikenaga, S. Ueda, K. Kobayashi and T. Kanomata: Phys. Rev. B **79** (2009) 100405 (R).

[61] A. Sakuma, Y. Toga and H. Tsuchiura: J. Appl. Phys. **105** (2009) 07C910.

[62] Y. Miura, K. Abe and M. Shirai：Phys. Rev. B, 印刷中.

機能材料としてのホイスラー合金

第7章
ホイスラー系形状記憶合金と磁場誘起歪

7.1 はじめに

　形状記憶合金は[1]，所定の形状を有する針金や板片を大きく変形させても，ライターやお湯などで暖めることによって瞬時に元の形状に戻る（形状記憶効果）不思議な金属である．多くの形状記憶合金は，温度だけではなく，応力によっても変態を制御でき，見掛け上7, 8%にも及ぶ巨大な弾性変形（超弾性効果）を得ることもできる．歴史的には，1951年Readらにより Au-47.5 wt% Cd合金で初めて形状記憶効果が報告されたが[2]，1962年に米国海軍の研究所にて多結晶TiNi合金が開発されてからその具体的な実用化が始まった．まず，1970年代にF-14戦闘機の油圧配管の継ぎ手に応用され，1980年代には本邦で超弾性効果を利用したブラジャー用ガイドワイヤーに採用され，民生分野における形状記憶合金実用化の先駆けとなった．現在，民生分野では，湯水混合栓の感温駆動素子や携帯電話用アンテナ，医療用途では，カテーテル治療用ガイドワイヤーやステント，歯列矯正ワイヤーなどとして広く利用されている．

　形状記憶効果が発現するメカニズムは，外場によってマルテンサイト変態と呼ばれる一次の構造相変態が生じることに起因する．もちろん本章で述べるホイスラー系形状記憶合金も例外ではなく，形状記憶効果や磁場誘起歪発現の理解にはマルテンサイト変態そのものの特徴を知る必要がある．本章では，マルテンサイト変態と形状記憶効果の関連性を述べた後，主要なホイスラー系形状記憶合金を取り上げる．特にNi-Mn基系強磁性合金で見いだされているメタ磁性形状記憶効果および双晶磁歪を中心に解説する．

7.2 マルテンサイト変態と形状記憶効果
7.2.1 マルテンサイト変態

マルテンサイトとは，炭素鋼を高温域のオーステナイト相から焼き入れた際に生じる緻密な金属組織のことを意味し，ドイツの著名な金属学者 Martens の名にちなんで名付けられたものである．その後の研究により，炭素鋼のマルテンサイトは，面心立方晶（オーステナイト(A)相）が無拡散のまま体心立方晶（マルテンサイト(M)相）に構造変態することで生じることが明らかになった．現在までに，多くの純金属や合金において同様の変態が発見されているが，このような原子個別の拡散がなく（無拡散），かつ結晶格子のせん断変形を伴う構造相変態のことをマルテンサイト変態と呼んでいる．一般には，析出や規則-不規則変態など，拡散を伴う拡散型変態に対して変位型もしくは無拡散型変態と呼ばれる場合もある．ただし，無拡散変態の中でも FeRh 合金における強磁性（B2）-反強磁性（B2）変態の場合のように，せん断変形を伴うことなく単に体積変化が生じる場合は[3]，厳密にはマルテンサイト変態から除外される．

マルテンサイト変態は 1 次の相転移であり，2 相共存を経由して変態が進行すると共に，変態ヒステリシスを示す．多くの場合，冷却中にマルテンサイト変態が開始もしくは終了する温度を T_{Ms} および T_{Mf} 温度と呼び，加熱中に逆変態が開始もしくは終了する温度を T_{As} および T_{Af} 温度と定義する．この変態温度を用いると変態熱ヒステリシスは，$T_{Af}-T_{Ms}$ あるいは $T_{As}-T_{Mf}$ で与えられる．一般的なマルテンサイト変態の特徴としては，先に述べた（1）無拡散変態の他に，（2）表面起伏があること，（3）オーステナイト相とマルテンサイト相の格子間に特定の結晶学的方位関係が存在すること，（4）マルテンサイト相内に積層欠陥や転位，双晶と呼ばれる格子欠陥が存在することなどがあげられる．また，マルテンサイトは硬いという特徴をイメージされることも多いが，これは一部の鉄系合金にのみ適用される特徴であり，一般のマルテンサイトに当てはまるわけではないのでご注意いただきたい．

7.2 マルテンサイト変態と形状記憶効果

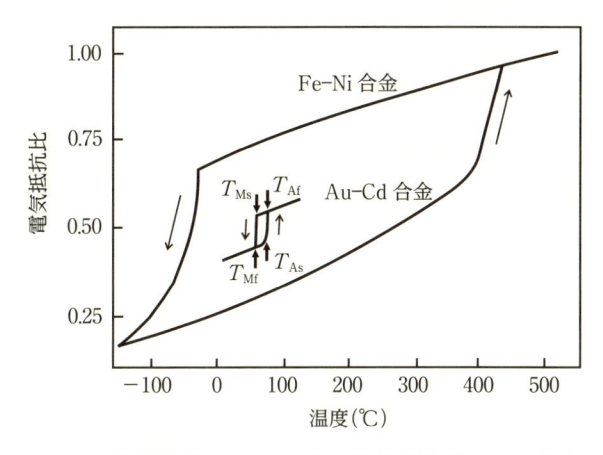

図7-1 熱弾性型 Au-Cd 合金と非熱弾性型 Fe-Ni 合金の電気抵抗変化[4].

マルテンサイト変態は，変態時にマルテンサイト相内に導入される欠陥によって熱弾性型と非熱弾性型の2種類に分類される．代表例として，熱弾性型の Au-Cd 合金と非熱弾性型の Fe-Ni 合金の電気抵抗変化を**図 7-1** に示す[4]．両合金系においてマルテンサイト変態に伴う急激な電気抵抗変化が見られるが，Au-Cd 合金では数十度程度のごく狭い温度範囲内で正・逆変態が終了しているのに対し，Fe-Ni 合金では 400℃ 以上にも及ぶ巨大なヒステリシスを示している．このように，一般に熱弾性型は変態ヒステリシスが小さく，非熱弾性型は大きい．**図 7-2** にマルテンサイト相内に導入される欠陥の内部組織に関する模式図を示す．まず，非熱弾性型マルテンサイト変態は，マルテンサイト相内に存在する主な格子欠陥が転位や積層欠陥であるため，界面の移動にあたり新しい欠陥を形成してゆくための大きな駆動力（過冷度）が必要とされ，図 7-1 に示したように変態ヒステリシスが大きくなる．また，永久歪が入るため逆変態で元の無欠陥の原子配列に復帰することはできず完全な形状記憶効果は得られない．一方，熱弾性型マルテンサイト変態は，マルテンサイト相内に存在する主な格子欠陥が低エネルギーの双晶であるため異相界面移動が容易であり，その結果一般に変態ヒステリシスは 20〜30℃ 程度と小さく，温度変化に

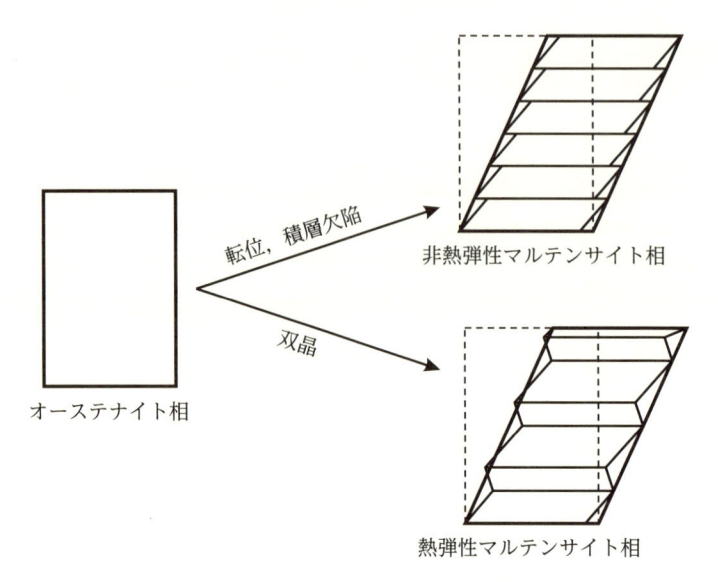

図7-2 マルテンサイト相内に導入される各種欠陥の内部組織の模式図.

対して変態が可逆的に生じる．熱弾性型変態は良好な形状記憶効果を得るために非常に重要な要素であり，「相変態に伴う歪（格子変形量）が小さい」合金系に出現することが多い．

7.2.2 形状記憶効果と超弾性効果

すでに述べたように，形状記憶効果の発現にはマルテンサイト変態が大きく関係している．正確には，変形を加えられたマルテンサイト相が，加熱によって逆変態しオーステナイト相に戻るときに形状回復が生じる．しかし，熱弾性型マルテンサイト変態を生じる合金すべてが明瞭な形状記憶効果を示すわけではない．優れた形状記憶効果，特に超弾性効果を得るためには，熱弾性型変態にも関係した以下にあげるいくつかの条件が必要である．

（1） マルテンサイト変態および変形時に導入される格子欠陥が，ほぼ完全に双晶欠陥であること．

7.2 マルテンサイト変態と形状記憶効果　　155

形状記憶効果

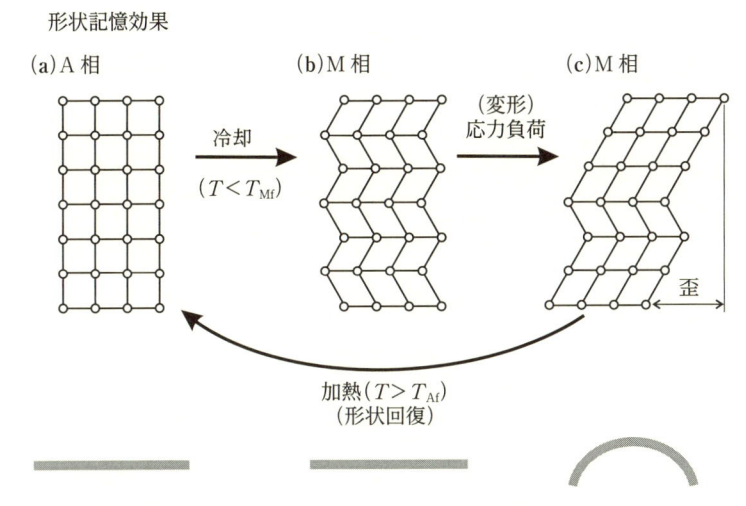

(a) A 相　　　(b) M 相　　　(c) M 相

冷却
($T < T_{Mf}$)

（変形）
応力負荷

歪

加熱($T > T_{Af}$)
（形状回復）

図 7-3　形状記憶効果の発現メカニズムを表す原子配列モデルとマクロ的模式図.

（2）マルテンサイト双晶界面や A/M 相界面が動きやすいこと.
（3）オーステナイト相（高温相）が規則構造を有していること.

ホイスラー系合金のオーステナイト相は bcc を基本格子とした規則構造を持ち無条件に（3）を満たすため，熱弾性マルテンサイト変態の特徴を示せば，形状記憶効果が発現する可能性が高いと言える.

形状回復のメカニズムについて模式図を使って説明する．**図 7-3** 上側に示すのは原子配列モデルであり，下側に示しているのは形状記憶合金のマクロ的な形状を示す模式図である．まず，オーステナイトを T_{Mf} 温度以下まで冷却することでマルテンサイト状態になる．このとき，さまざまな場所に異なる方位で核生成するマルテンサイト兄弟晶が互いに接する部分に双晶欠陥が形成される．図 7-3（b）に模式的に示すように，マルテンサイト相内部では形成されるマルテンサイト兄弟晶が生成する互いの歪を打ち消し，ある配列を取る（自己調整機能）ことで，ミクロンオーダーの表面起伏は存在するものの肉眼で確認できるようなマクロ的な外形変化は生じない．この状態で変形を加えると図

超弾性効果（$T > T_{Af}$）

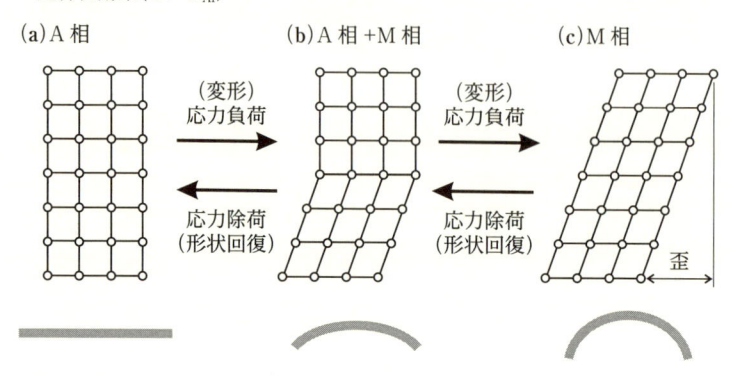

(a) A 相　　(b) A 相 + M 相　　(c) M 相

（変形）応力負荷 →
応力除荷（形状回復）←

図 7-4　超弾性効果の発現メカニズムを表す原子配列モデルとマクロ的模式図．

7-3（c）のように双晶界面が移動し蛇腹が伸ばされるような形で変形歪が得られる．その後，加熱してオーステナイトに戻るときには，菱形の格子を正方形に戻すので，原子配列の変態がマクロ的な変形として顕在化し，最大で数％の歪が回復する．このとき，再度冷却しても（c）に戻らず（b）の状態になるため，形状記憶効果は基本的に加熱中の逆変態で得られる不可逆変化である．ここで，図7-3（c）の状態を越え1方向の菱形格子に揃った状態が形状回復可能な歪の限界であり，これ以上に大きな歪を与えると転位が導入されて永久歪が生じ，形状回復率が低下するので注意が必要である．

次に，応力誘起変態により得られる超弾性効果について簡単に説明する．先ほどと同様に，原子配列モデルとマクロ的な模式図を**図 7-4**に示す．具体的には，T_{Af}温度以上のオーステナイト状態の合金を応力によって強制的にマルテンサイト変態（応力誘起変態）させる．このとき，歪を打ち消すに最も都合のよい方位を持つマルテンサイト兄弟晶がオーステナイト相の中に出現し，最終的には完全にマルテンサイト相のみとなる（図7-4（a）～（c）参照）．その後，応力除去すると，無応力状態ではオーステナイトの方が熱力学的に安定なので逆変態が生じ，見かけ上の大きな弾性的変形（変態擬弾性）が得られる．形状記憶合金における変態擬弾性は，特別に"超弾性効果"と呼ばれている．

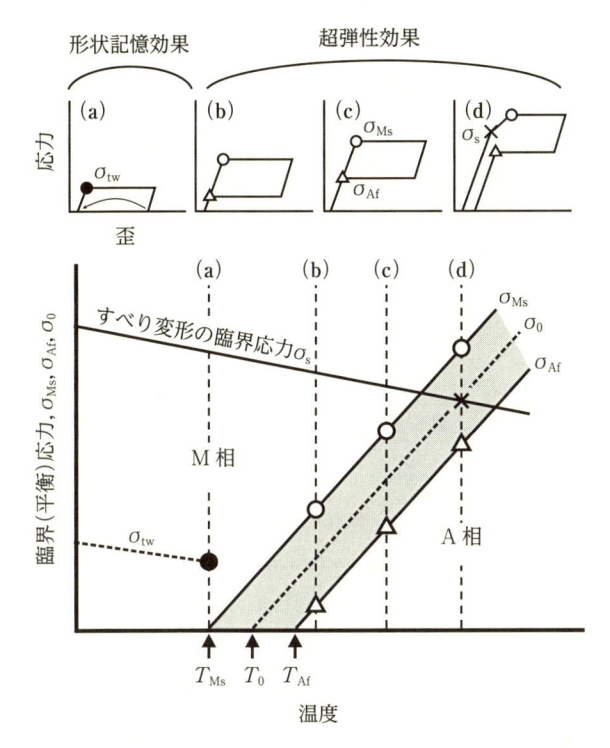

図 7-5 形状記憶効果および超弾性効果が発現する温度および応力条件.

図 7-5 は形状記憶効果と超弾性効果が発現する温度および応力条件を示している．ここで，上側には形状記憶効果と超弾性効果が発現するときの典型的な応力-歪線図の模式図を示した．正変態開始および逆変態終了臨界応力：σ_{Ms} および σ_{Af} は，この図に示すように，応力印加時および除荷時にオーステナイト相の弾性域から偏倚し始める応力として定義される．応力誘起変態における A/M 相間の平衡応力：σ_0（もしくは臨界応力）と温度 T との関係は，以下に示す Clausius-Clapeyron の式によって与えられる[3]．

$$\frac{d\sigma_{0(Ms,Af)}}{dT} = -\frac{\Delta S}{\varepsilon \cdot V} \tag{7-1}$$

ここで，ΔS は変態エントロピー変化（J/K·mol），ε は対応する方位における変態歪量，V は合金のモル体積（m³/mol）である．平衡応力 σ_0 はオーステナイト相とマルテンサイト相の Gibbs エネルギーが等しい応力であり，σ_{Ms} および σ_{Af} の中間点，すなわち $\sigma_0 \approx (\sigma_{Ms} + \sigma_{Af})/2$ によって近似される．引張応力によるオーステナイト→マルテンサイト変態では，一般に $\Delta S < 0$，$\varepsilon > 0$ なので，式(7-1)の右辺は正となり，ΔS が温度に対し一定であれば，図 7-5 に示す臨界応力-温度線図は右上がりの直線となる．また，多くの場合，$\sigma_{Ms}(\sigma_{Af})$ を無応力（すなわち，$\sigma_{Ms(Af)} = 0$）へと外挿した温度は，$T_{Ms}(T_{Af})$ 温度におおよそ一致する．

形状記憶合金の応力-歪線図を解釈する場合，上記応力誘起変態に加え熱的に得られたマルテンサイト相におけるマルテンサイト兄弟晶の再配列のための臨界応力 σ_{tw} や高応力を印加した場合に導入されるすべり変形の臨界応力（降伏点）σ_s も考慮する必要がある．すなわち，T_{Ms} 以下で応力-歪線図を描かせると，冷却によりバラバラな方位に出現したマルテンサイト相が双晶界面の移動により単一方向の状態へと変化するモードとなるため，図 7-5（a）に示すように見掛け上の降伏応力 σ_{tw} は，双晶界面の移動を引き起こすために必要な臨界応力を意味する．また，σ_{Ms} がすべり変形の臨界応力 σ_s より高くなると，図 7-5（d）に示すように応力誘起マルテンサイト変態が生じる前に転位が導入されてしまうので，応力を除荷しても完全な超弾性効果は得られない．以上は，完全な超弾性効果を得るためには，注意すべき上限応力や温度が存在することを意味する．このように，形状記憶合金はマルテンサイト変態温度によってその特性が大きく変化するため，使用目的に応じてマルテンサイト変態温度を適切に制御しなければならない．通常，マルテンサイト変態温度は，合金組成以外に熱処理条件や結晶粒径などにも依存する．

7.3 メタ磁性形状記憶効果

ここまでは温度や応力といった外場を利用した形状記憶合金について述べてきた．この節では，近年発見された磁場印加によって形状記憶効果が発現する

7.3 メタ磁性形状記憶効果 159

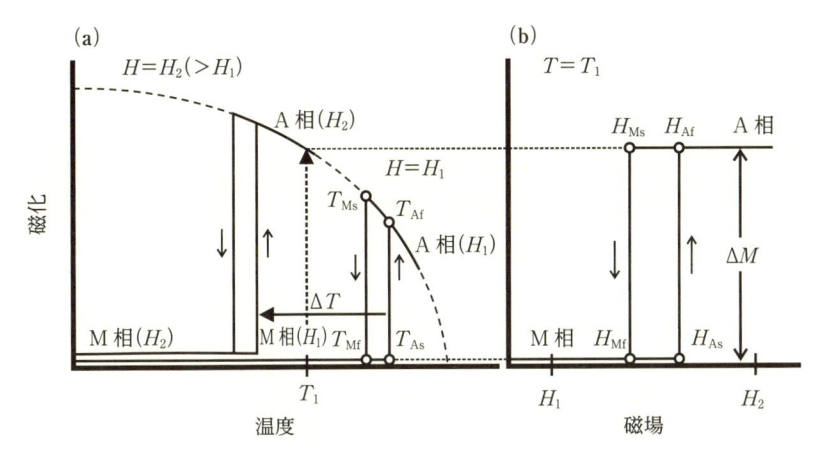

図7-6 磁場誘起逆マルテンサイト変態発現時に予測される磁化挙動の模式図.

"メタ磁性形状記憶合金"について解説する.

前項までに述べてきたように，形状記憶効果が発現するのは変形させたマルテンサイト相がオーステナイト相に逆変態するときである．すなわち，磁場による形状記憶効果を得るためには，磁場誘起"逆"マルテンサイト変態を発現させなければならない．1980年代，Kakeshitaらがいくつかの Fe 基合金で磁場誘起変態を報告したものの[5,6]，これらは典型的な非熱弾性型である上に実用レベルとはかけ離れた十数テスラ（数十 kOe）以上の強磁場が必要であり，さらに発現するのが磁場誘起"正"変態であったため，磁場を利用した形状記憶合金とはなり得なかった.

ここで，磁場誘起逆マルテンサイト変態を発現するためにはどのような条件が必要かを説明する．**図7-6**に磁場誘起逆マルテンサイト変態が生じるときに予想される磁化挙動の模式図を示す．（a）で示すように，オーステナイト相の磁化がマルテンサイト相よりも十分に大きい場合，磁場を印加した際に生じるゼーマンエネルギーによってオーステナイト相が安定化し，マルテンサイト変態温度は低温側へシフトするであろう．（a）のようなマルテンサイト変態温度の低下が生じる場合，温度 T_1 一定下で H_2 まで磁場を印加すると，（b）

のようにマルテンサイト相からオーステナイト相への磁場誘起逆マルテンサイト変態が生じることが予想される．ここで，H_1〜H_2の磁場変化（ΔH）により磁場誘起逆マルテンサイト変態させることのできる温度範囲は，与えられたΔHでいかに変態温度を下げることができるか（図7-6（a）のΔT）に依存することは明白である．磁場と温度に関するClausius-Clapeyronの式は以下によって与えられる．

$$\frac{dH}{dT} = -\frac{\Delta S}{\Delta M}$$

$$\Delta T \approx -\left(\frac{\Delta M}{\Delta S}\right)\Delta H \tag{7-2}$$

ここで，ΔMはA/M変態による磁化の変化である．式(7-2)より，与えられた磁場ΔHに対してマルテンサイト変態温度を大きく変化させるには，マルテンサイト変態によるΔMを大きくし，変態エントロピー変化ΔSを小さくすればよいことがわかる．

以上のような磁場誘起変態に必要な条件やメカニズムは昔から知られていたものの，実際にオーステナイト相の磁化がマルテンサイト相の磁化に比べて十分に大きい合金系の報告がなかったため，最近まで磁場誘起逆マルテンサイト変態を利用した形状記憶合金は存在しなかった．メタ磁性形状記憶合金が注目されるきっかけになったのは，2004年にSutouらが$Ni_{50}Mn_{50-y}Z_y$（Z＝In, Sn, Sb）系の非化学量論合金において初めてマルテンサイト変態を報告したことに始まる[7]．化学量論組成のNi_2MnIn，Ni_2MnSn，Ni_2MnSbホイスラー合金が強磁性を示すことは古くから知られていたが，マルテンサイト変態の報告はなかった．Sutouらは，NiMn 2元合金のマルテンサイト変態温度が非常に高いことに着目し，Ni濃度を50 at.%に固定しつつ，Mnに対してそれぞれIn, Sn, Sbを置換していく中でこのような特徴を持つ合金系を見いだした．**図7-7（a）**に$Ni_{50}Mn_{34}In_{16}$合金の500 Oeおよび30 kOeの磁場における熱磁化曲線を示す[8]．500 Oeの熱磁化曲線において，300 K近傍でオーステナイト相の磁気変態が見られ，200 K近傍ではマルテンサイト変態に伴う磁化の変化が見られる．このような弱磁場下の熱磁化曲線において，マルテンサイト相の初

7.3 メタ磁性形状記憶効果　161

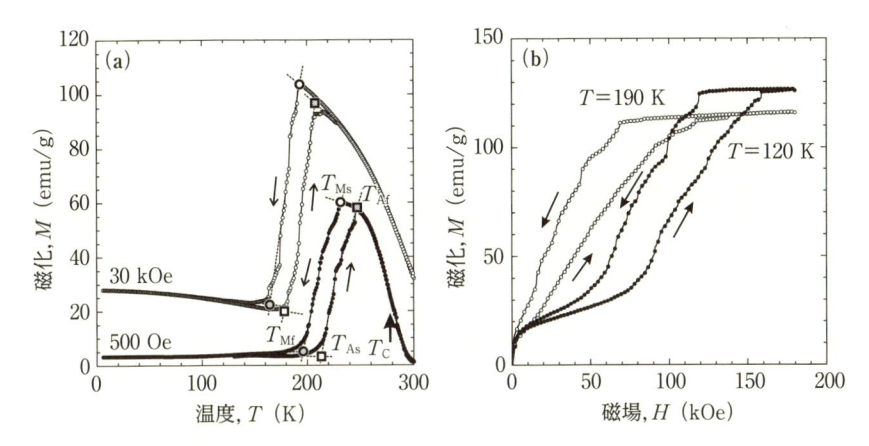

図 7-7 Ni$_{50}$Mn$_{34}$In$_{16}$合金の（a）熱磁化曲線および（b）磁化曲線[8].

期磁化率が小さい場合は，見かけ上マルテンサイト相よりもオーステナイト相の磁化が大きく見えることは珍しいことではない．しかし，この合金は 30 kOe という比較的大きい磁場を印加した場合でも，マルテンサイト相の磁化はオーステナイト相に比べて非常に小さく，図 7-6 で定義された ΔM が大きいことがわかる．また，30 kOe の磁場印加で T_{Ms}, T_{Mf}, T_{As}, T_{Af} の各変態温度が 30〜40 K 程度低下していることがわかる．図 7-7（b）に 190 K および 120 K の磁化曲線を示す[8]．十数テスラ（数百 kOe）の磁場こそ必要であるものの，図 7-6 で示した模式図と類似のメタ磁性転移を伴った磁場誘起逆変態が確認された．このように，磁場誘起逆マルテンサイト変態が生じる合金系が見つかったが，磁気変態が室温程度と低いため，室温で磁気駆動する形状記憶合金として利用するには磁気変態温度を上げる必要がある．このような条件に合う合金は，Ni を一部 Co で置換した NiCoMnIn 合金で実現した．図 7-8 に示すように 5% の Co をドープしても，Ni-Mn-In 3 元合金と同様の熱磁化曲線および磁化曲線を得られている．T_{Ms} を室温以上に制御した合金に室温で 3% の歪を加えた後，磁場を印加すると，図 7-9 に示すようなほぼ完全な形状回復を確認できた[9]．この現象は，メタ磁性転移（磁場誘起逆変態）に起因する形状記憶効果であるため，「メタ磁性形状記憶効果」と呼ばれている．これま

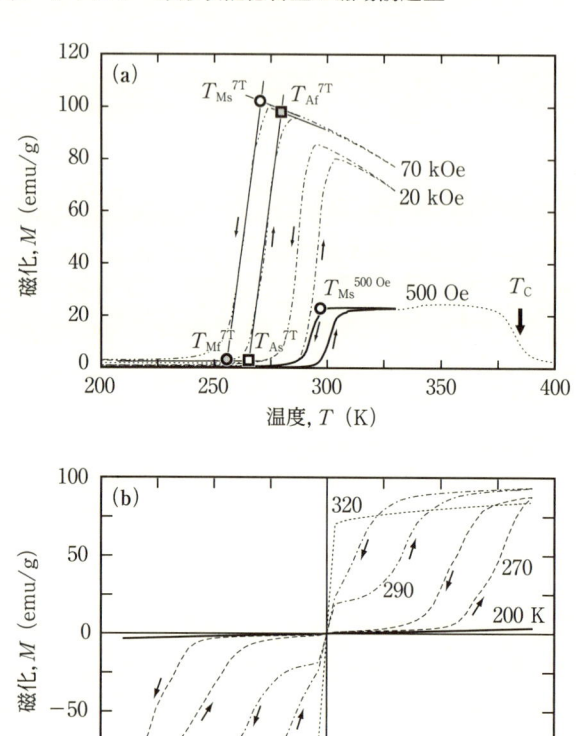

図 7-8 Ni$_{45}$Co$_5$Mn$_{36.6}$In$_{13.4}$ 合金の（a）熱磁化曲線および（b）磁化曲線[9].

でに，磁化の大きさ以外に磁場中その場 XRD 回折実験[10, 11]によって，実際にマルテンサイト相からオーステナイト相へ逆変態していることが証明されている．また，**図 7-10** に示すように超弾性効果を発現する合金においては，磁場を印加することで応力誘起変態応力が上昇する現象（磁気応力効果）が報告されている[12]．このとき，磁場の変化により期待される臨界応力上昇は，式(7-1)および(7-2)の組み合わせにより，

7.3 メタ磁性形状記憶効果　　163

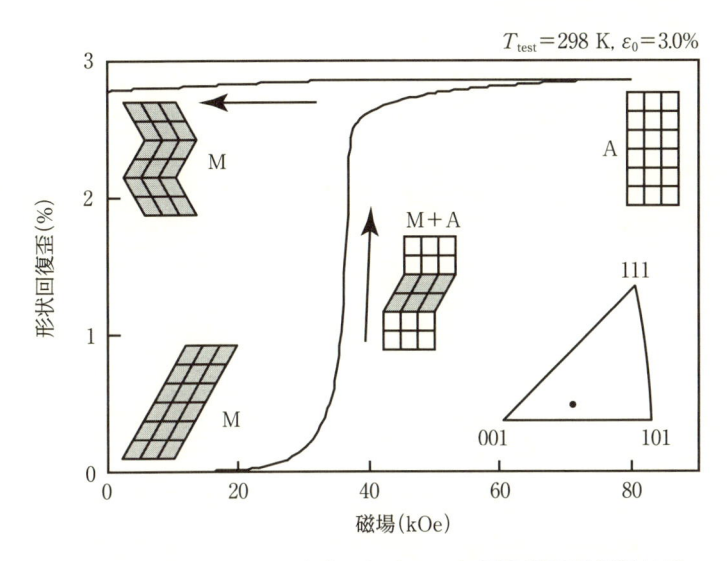

図 7-9　$Ni_{45}Co_5Mn_{36.7}In_{13.3}$ 合金におけるメタ磁性形状記憶効果[9].

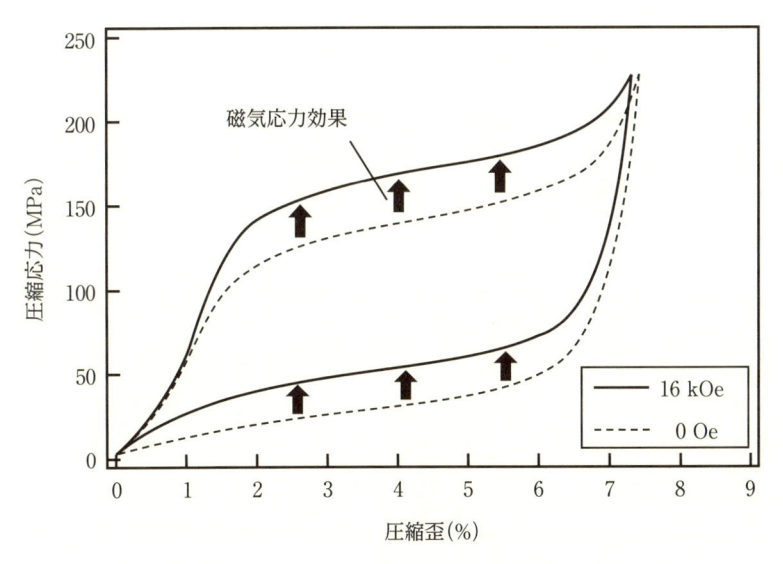

図 7-10　$Ni_{45}Co_5Mn_{36.7}In_{13.3}$ 合金における磁気応力効果[12].

164　第7章　ホイスラー系形状記憶合金と磁場誘起歪

表7-1　メタ磁性形状記憶効果を示し得る合金系.

	$Ni_{50}Mn_{50-y}In_y$ [7, 13, 14]	$Ni_{50}Mn_{50-y}Sn_y$ [7, 16]	$Ni_{45}Co_5Mn_{50-y}In_y$ [9, 13]	$Ni_{43}Co_7Mn_{39}Sn_{11}$ [21]	$Ni_{41}Co_9Mn_{39}Sb_{11}$ [22]	$Ni_{40}Co_{10}Mn_{33}Al_{17}$ [23]	$Ni_{50-x}Co_xMn_{50-y}Ga_y$ [25, 26]
マルテンサイト変態温度, T_{Ms} (K)	<293	<293	<380	303	258	351	<355
キュリー温度, T_C (K)	<310	<320	373~423	402	360	430	349~480
マルテンサイト相の磁性	常磁性[15]	常磁性[17]	常磁性？	常磁性？	常磁性？	常磁性？	常磁性？
母相の磁性	強磁性	強磁性	強磁性	強磁性	強磁性	強磁性	強磁性
マルテンサイト相の結晶構造	2M, 14M, 10M	2M, 14M 6M, 10M, 4O [18]	10M+14M	10M+6M	14M	2M	2M
超弾性歪量 (%)	3.6	？	4.9 [9]	？	？	2.5 [24]	？
母相とM相の磁化の差, ΔM (emu/g)	~80	~30	~100	80	~80	~130	~71
エントロピー変化, ΔS (J/K·kg)	6.6~	9.2~	13.5~	22.2	24.5	15.3~	4.5~
磁場印加による変態温度変化量, ΔT (K/T)	−12	−1.9 [19]	−3.9	−3.5	−3.5	−3.6	−14
メタ磁性形状記憶効果 (%)	未確認	未確認	2.8 (単結晶) [9, 20]	0.87 (多結晶)	未確認	未確認	未確認
外部出力応力 (MPa)	？	？	13 (100方位) 130 (111方位) [12]	？	？	？	？
コスト	×	◎	×	○	○	○	×
延性	×	×××	△	△	×	○	△

$$\frac{d\sigma_{0(\text{Ms,Af})}}{dH} = \frac{\Delta M}{\varepsilon \cdot V}$$

$$\Delta \sigma_{0(\text{Ms,Af})} \approx \left(\frac{\Delta M}{\varepsilon V}\right) \Delta H \tag{7-3}$$

によって与えられる．ここで，マルテンサイト変態歪 ε は，結晶方位依存性が強いことから，小さい磁場で大きな応力変化を求めたい場合には，ε の小さい ＜111＞ 方向の応力変化を利用すればよい．実際，Ni-Co-Mn-In 系では，ε の大きい ＜100＞ 方位においても 16 kOe の磁場による 30 MPa 以上の高出力応力を実現している[12]．

メタ磁性形状記憶効果を示し得る合金としては，今のところ表 7-1 に示す系が報告されている．ただし，この中で実際にメタ磁性形状記憶効果を確認しているのは NiCoMnIn[9] および NiCoMnSn 系[21] のみである．これらの合金では式(7-3)で示すような理論通りの挙動を示すことが証明されているが，実用化への多くの問題を抱えている．すなわち，ホイスラー相を含む金属間化合物は一般に脆く，ホイスラー系形状記憶合金は加工性の改善が常に懸念されている．大抵の場合，脆さの原因は結晶粒界であるため，結晶粒界が存在しない単結晶材料を利用するか，結晶粒界に第 2 相を析出させて粒界の強化をするような組織制御が行われる．最近では，粉末冶金法による加工性改善も報告されている[27, 28]．

7.4 双晶磁歪

7.4.1 双晶磁歪現象とは

2004 年の Ni-Mn-In，Ni-Mn-Sn 系メタ磁性形状記憶合金の発見以前において，ホイスラー合金であるなしに関わらず全ての磁性形状記憶合金は，基本的に強磁性（もしくは常磁性）オーステナイト相から強磁性マルテンサイト相への変態を示すものに限定されていた．したがって，磁場誘起逆変態を起こさせることは困難であり，変態を直接利用した磁場駆動素子を得ることはできなかった．しかし，1996 年 MIT の Ullakko らは，図 7-11 に示すように，Ni-

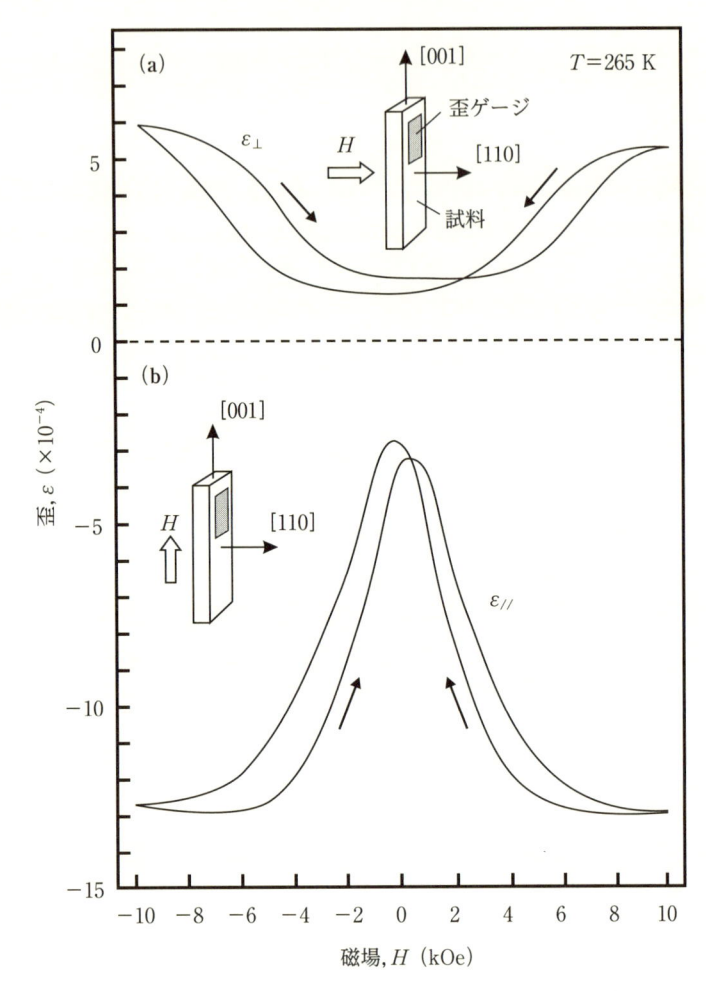

166 第7章 ホイスラー系形状記憶合金と磁場誘起歪

図7-11 265 K における Ni$_2$MnGa 合金の磁場誘起歪.（a）磁場に垂直，（b）磁場に平行[29].

Mn-Ga ホイスラー合金をマルテンサイト状態（T_{Mf} 温度以下）にした上で磁場を加えることにより，0.1% もの超磁歪材料に匹敵する大きな磁場誘起歪を報告した[29]．これが，双晶磁歪である．ただし，Ni-Mn-Ga 合金自体が強磁性形状記憶合金として知られるようになったのは，1984年に Webster らによ

7.4 双晶磁歪

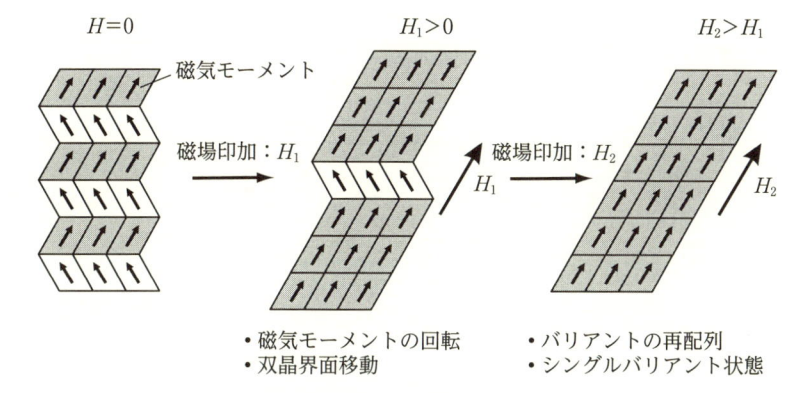

図 7-12 強磁性形状記憶合金におけるバリアント再配列と双晶磁歪発生模式図.

りホイスラー構造のオーステナイト相から正方晶への熱弾性型マルテンサイト変態する合金であると報告されたことに始まる[30]. 双晶磁歪の報告以後, マルテンサイト相が正方晶であるため大きな結晶磁気異方性を有し, 磁化しやすい方位を得るために双晶界面が移動することが確認され[31], 一般にこの現象が「双晶磁歪」と呼ばれるようになった. その後, 精力的な研究が世界中で行われ, 2001年にはおよそ5kOeの磁場で6%の双晶磁歪が[32], 2002年には9%もの巨大双晶磁歪が報告されるに至っている[33]. 双晶磁歪について注意すべきは, 先にも述べたようにこの現象にはマルテンサイト変態が直接関与しておらず, 図 7-3 に示した形状記憶効果のプロセスにおいて通常は応力でなされる双晶変形を**図 7-12** に示すように外部磁場で起こしているにすぎない点である. とはいえ, 約10%にもおよぶ磁場誘起歪は, 従来全く想像できないレベルであり, この性質を利用した合金の実用化が待たれる.

同様の双晶磁歪は, Fe-Pd 合金[34], Fe-Pt 合金[35]においても報告されている. 近年, Ni-Mn-Al 合金[36,37], Ni-Fe-Ga 合金[38,39]など, 他の Ni 系ホイスラー合金系でも, 強磁性/強磁性タイプのマルテンサイト変態が見いだされているが, %オーダーの大きな双晶磁歪は報告されていない. 現在までに報告されている代表的な双晶磁歪型強磁性形状記憶材料の一覧を**表 7-2** に示す.

表7-2 代表的な双晶磁歪型強磁性形状記憶材料.

合金系	Ni-Mn-Ga系			Ni-Mn-Al系	Ni-Fe-Ga系	
代表組成	Ni$_{52.1}$Mn$_{27.3}$Ga$_{20.6}$[40]	Ni$_{49.2}$Mn$_{29.6}$Ga$_{21.2}$[40]	Ni$_{48.8}$Mn$_{29.7}$Ga$_{21.5}$[40]	Ni$_{53}$Mn$_{25}$Al$_{22}$[37]	Ni$_{54}$Fe$_{19}$Ga$_{27}$[38, 41]	Ni$_{52}$Co$_3$Fe$_{18}$Ga$_{27}$[39]
マルテンサイト変態温度, T_{Ms} (K)	440	305	337	228	320	331
キュリー温度, T_C (K)	378	376	368	310	310	337
マルテンサイト相の磁性	強磁性	強磁性	強磁性	強磁性	強磁性	強磁性
マルテンサイト相の結晶構造	2M	10M	14M	10M	10M, 14M	14M
結晶磁気異方性エネルギー $|K|$ (J/m^3) (4.2 K)	―	―	―	?	1.8×10^5	0.3×10^5
結晶磁気異方性エネルギー $|K|$ (J/m^3) (300 K)	2.03×10^5	1.45×10^5	1.6×10^5	?	0	0.5×10^5
双晶変形の臨界応力 (MPa)	12~20	1.0~2.1	1.1~1.9	?	3~8	2~3
双晶磁歪量 (%)	<0.02 (300 K)	5.8 (300 K)	9.4 (300 K)	0.17 (253 K)	0.02 (50 K)	0.7 (300 K)
コスト	×	×	×	○	×	×
延性	×	×	×	△	○	○

7.4.2 双晶磁歪のメカニズム

　高い結晶学的対称性（立方晶）を示すホイスラー相から低い対称性（正方晶）を示すマルテンサイト相へ変態する際，マルテンサイト相はいくつかの異なる結晶方位を持つドメイン（兄弟晶）で構成され，マルテンサイト相が強磁性である場合は兄弟晶の他に磁区構造が存在する．図 7-12 に 2 種類のバリアントから構成されたときの模式図を示す．白で示したのがバリアント A で灰色がバリアント B とし，内部の矢印は磁気モーメントの向きを示す．このとき，この材料の結晶磁気異方性が大きく，磁気モーメントは磁化容易軸を向いているとする．ここに外部磁場 H を印加すると，磁気モーメントはそれぞれのバリアントの磁化容易軸から磁場方向へ向きを変えようとする．結晶磁気異方性エネルギーが小さければ単純に磁気モーメントが回転し磁場方向に揃うだけだが，十分に大きければ回転前に双晶界面の移動により兄弟晶の向き自体を変えることで磁化方向を揃えることが可能となる（図7-12 中央）．これが双晶磁歪のメカニズムである．したがって，双晶磁歪を与える条件は，式(7-4)により与えられる．

$$\frac{|K_\mathrm{u}|}{s} = \tau_\mathrm{mag} > \tau_\mathrm{req} = 0.5\sigma_\mathrm{tw} \tag{7-4}$$

ここで，$|K_\mathrm{u}|$：結晶磁気異方性エネルギー，τ_mag：磁気せん断応力，τ_req：機械的せん断応力，σ_tw：双晶変形の臨界応力，s：双晶シアー量であり，正方晶マルテンサイト（格子定数 a, c）における双晶シアー量は $s=\{1-(c/a)^2\}/(c/a)$ によって与えられる．このように，各バリアント間に磁気的なエネルギー差が生じるとき，もし双晶界面の移動に必要な応力よりも磁気的に誘起されるせん断応力が大きくなれば，磁場誘起の双晶変形（バリアントの再配列）が起き，それに伴い双晶磁歪が現れる．ここから，大きな双晶磁歪を得るためには高い双晶界面移動度と大きな結晶磁気異方性エネルギーが必要であることが示唆される．ここで双晶界面移動度を上げる上で，マルテンサイト相の結晶構造が長周期構造であることが重要であると考えられている．実際，Ni-Mn-Ga の場合，10M や 14M といった長周期構造の場合の双晶磁歪は 5〜10% であるのに

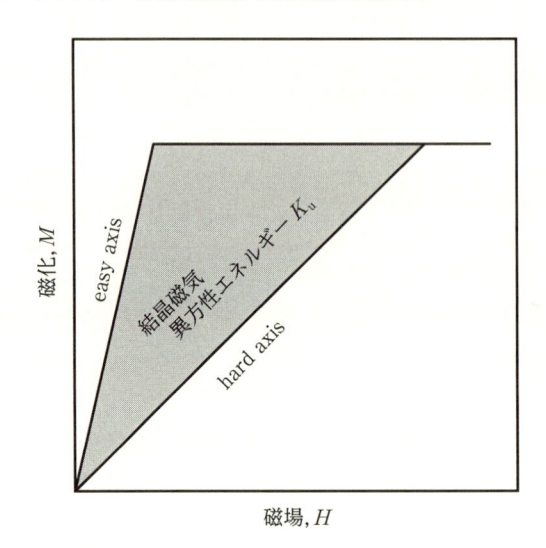

図7-13 磁化容易軸方向および磁化困難軸方向の磁化曲線の例.

対し，2M正方晶構造のマルテンサイト相ではわずか0.02%しか双晶磁歪が得られていない[40].

　以上のように，ここ10年足らずで急速な研究・開発が進んでいるNi-Mn-Ga系合金であるが，問題点も多く存在する．まずは，（1）Gaという高価な元素を多量に含んでいること，（2）オーステナイト相であるホイスラー構造は非常に脆く，単結晶試料でさえ強度が低いこと，（3）外部出力できる応力が数MPaと非常に小さいことなどが挙げられる．外部出力が小さい最も大きな理由は，バリアント再配列を起こさせるために必要とされる駆動力が図7-13に網かけで示した結晶磁気異方性エネルギーであることに起因する．すなわち，メタ磁性形状記憶効果の場合には，駆動力（$\Delta G \approx \Delta M \cdot \Delta H$）は近似的に磁場に比例するため磁場にほぼ比例する機械的エネルギー出力が期待されるが，双晶磁歪では結晶磁気異方性エネルギー（$|K_u|$：定数）を越えた機械的エネルギー出力を得ることができない．

7.5 ホイスラー系形状記憶合金

7.5.1 Ni-Mn 基系

(1) $Ni_{50}Mn_{50-y}Z_y$ 合金の縦断面状態図

図 7-14〜7-17 に $Ni_{50}Mn_{50-y}Z_y$ 合金（Z＝In, Sn, Ga, Al；y＝10〜25）の縦断面状態図を示す[16,42〜48]．いずれの合金系も，おおよそ類似した形状を有し，特にオーステナイト相のキュリー温度は 300〜400 K で大きな組成依存性がない．合金系により異なる部分として興味深いのが，マルテンサイト変態温度の組成依存性である．図 7-14〜7-17 の左側に位置する低 y 組成域，すなわち常磁性のオーステナイト相からマルテンサイト変態する領域では，マルテンサイト変態温度は y 濃度の増加に伴って直線的に低下する．しかし，オーステナイト相のキュリー温度と交差し強磁性オーステナイト相からマルテンサイト変態する領域では，その組成依存性が合金系により異なって現れる．すなわち，In, Sn 系では，オーステナイト相キュリー温度と交差後，急激に変態点が低下するのに対し，Al 系ではほとんど変化せず，Ga 系ではむしろ傾きが小さくなる．これらはオーステナイト相やマルテンサイト相の磁気変態に起因する熱力学的安定性の変化によると考えられる．Ni-Mn-Ga 系合金においては，他の合金系では確認されていない中間相（I 相）が化学量論組成近傍で見られ，そのためにマルテンサイト変態温度が急低下する．中間相はオーステナイト相からマルテンサイト相へ変態する前に生じる一種のマルテンサイト相であると考えられているが詳細は明らかになっていない．

これらの合金系の融点は約 1250〜1400 K 程度であり，50 Ni 縦断面組成域ではいずれも y 濃度に対する組成依存性が非常に小さい．しかし，B2/L2$_1$ 規則-不規則変態温度 $T_t^{B2/L2_1}$ が，合金系により大きく異なる点に注意が必要である．すなわち，In, Ga, Al 系の $T_t^{B2/L2_1}$ が Ni-Mn-Sn 系に比べて極端に低いという点である．Ni-Mn-Sn 系は規則-不規則変態温度が高いため，高温での溶体化熱処理のみでも簡単に規則度の高い L2$_1$ 相を得ることができ，マルテンサイト変態や磁気変態は，熱処理履歴にあまり影響を受けない．一方，Al 系

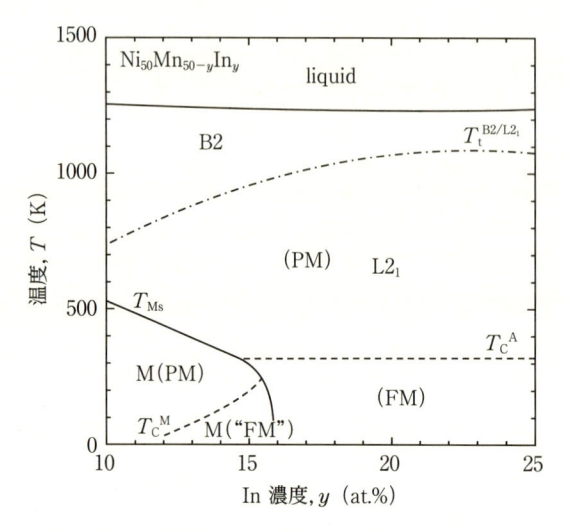

図 7-14 NiMnIn 合金における 50 Ni 一定縦断面状態図[42〜44].

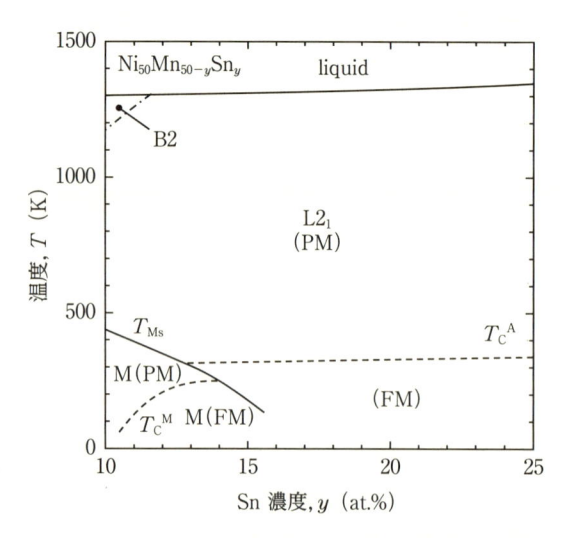

図 7-15 NiMnSn 合金における 50 Ni 一定縦断面状態図[16, 45].

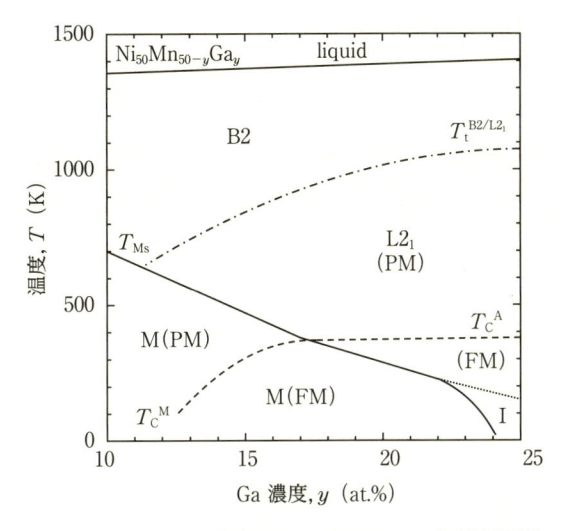

7.5 ホイスラー系形状記憶合金　173

図 7-16 NiMnGa 合金における 50 Ni 一定縦断面状態図[46, 47].

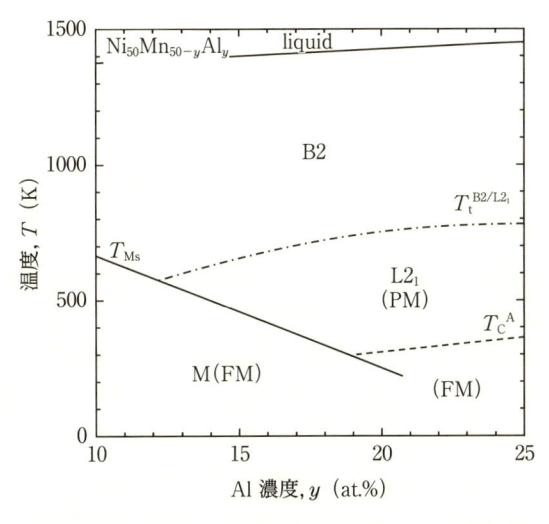

図 7-17 NiMnAl 合金における 50 Ni 一定縦断面状態図[48].

はB2/L2₁規則-不規則変態温度が非常に低いため急冷により容易にB2相が凍結され，時効によって初めてL2₁相が得られる[48]．SnとAlの中間程度の$T_t^{B2/L2_1}$を有するInやGa系では，B2領域から急冷しても冷却中にL2₁相に規則化するが，その規則度はあまり高くないため，高い規則度を得るためにL2₁安定域である623～723 Kでの熱処理が必要になる[42,43]．

Al系においては，B2相は反強磁性を示すのに対し，L2₁相に規則化させることで強磁性に変化することが知られている[48]．この例からもわかるように，ホイスラー合金系では，規則状態(度)によりマルテンサイト変態や磁気特性が大きく変化するため，Sn系以外では熱処理温度や焼入速度に気を遣う必要がある．ところで，GaやMnを多く含有する合金は，試料作製時にそれらの酸化や蒸発などにより濃度変化が生じやすい．単結晶試料の作製時など，長時間の熱処理にあたっては目的の組成になっているか十分注意する必要がある．つまり，試料作製時の組成変化や熱処理条件によってもたらされる規則度の違いによって，同じ仕込み組成であっても得られた変態温度が大きく食い違う場合がある．なお，ここで示したマルテンサイト変態およびキュリー温度は，低温で時効を行い，十分に高い規則度を持つと考えられる試料の結果を採用して示した．

(2) マルテンサイト相の結晶構造

図7-18にNi-Mn基ホイスラー合金においてマルテンサイト相として報告されている結晶構造の模式図を示す．ホイスラー系形状記憶合金のマルテンサイト相には，非長周期構造である2M(2)をはじめ10M($3\bar{2}$)₂や14M($5\bar{2}$)₂と呼称される長周期構造など，多くの種類がある．ここで，2M構造は，オーステナイト相のL2₁ホイスラー構造をc軸方向に約12%膨張，a軸方向（c面内）に約6%圧縮して得られる正方晶（D0₂₂構造）であるが，L2₁相の220面を基底面として，図に示すような原子面のシェアーによって得られる単斜晶として表示できる．長周期構造は，原則的に2M構造を最小のユニットとして，ある一定周期で原子面をシェアーもしくはシャッフルして構成される単斜晶や斜方晶である．ここで10Mや14Mの右に添えられた($3\bar{2}$)₂や($5\bar{2}$)₂は，Zhda-

7.5 ホイスラー系形状記憶合金　175

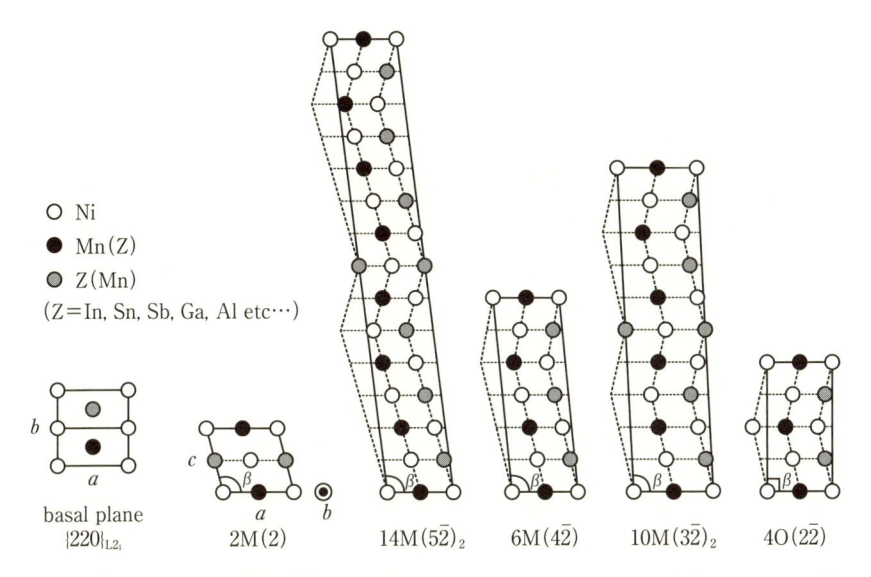

図 7-18 磁性形状記憶合金の典型的なマルテンサイト相として報告されている結晶構造の原子配列模式図.

nov の記号と呼ばれ，220 面の積層順序を示している．例えば $(m\bar{n})_k$ は，左側へのシアーが m 原子面，その後右側へが n 原子面，それを k 回繰り返すことで得られる構造を意味する．一方，10M や 14M などは，Ramsdell の記号に修正を加えて提案された Otsuka の記号であり[49]，結晶構造（Monoclinic や Orthorhombic）の頭文字と周期数を標記したものである．10M や 14M をそれぞれ 5M や 7M と記載している論文も散見されるが，オーステナイト相の規則構造から奇数倍周期は 10M や 14M のように倍にする必要がある．M は，Martensite や Modulated structure の頭文字 "M" ではない点にも注意が必要である．今までに報告されている主な Ni-Mn 基ホイスラー合金におけるオーステナイト相やマルテンサイト相の結晶構造と格子定数を**表 7-3** に示す．2M 構造と長周期構造の格子対応や格子定数についての詳細は，関連論文[15]を参照いただきたい．

図 7-19 に $Ni_{50}Mn_{50-y}Z_y$ 合金（Z＝In, Sn, Ga, Al；y＝0～25 at.%）の室温にお

表7-3 $Ni_{50}Mn_{50-y}Z_y$ 合金のA相およびM相における結晶構造と格子定数．

Z元素	A相 結晶構造	A相 格子定数[nm] ($y=25$)	M相 結晶構造	M相 格子定数 [nm]
In	$L2_1$ (B2)	0.6071[14, 44]	2M, 14M, 10M	14M($y=10$): $a=0.4284$, $b=0.5811$, $c=3.0109$, $\beta=93.67°$[14] 10M($y=15$): $a=0.4391$, $b=0.5882$, $c=2.1184$, $\beta=88.93°$[14]
Sn	$L2_1$	0.6046[16, 45]	2M, 14M, 6M, 10M, 4O	14M($y=10$): $a=0.4333$, $b=0.5570$, $c=2.9971$, $\beta=93.84°$[16] 10M($y=13$): $a=0.4317$, $b=0.5621$, $c=2.1808$, $\beta=90°$[16] 4O($y=14$): $a=0.85837$, $b=0.56021$, $c=0.43621$, $\beta=90°$[18]
Sb	$L2_1$	0.6027[50]	2M, 4O	4O($y=13$): $a=0.8553$, $b=0.5590$, $c=0.4342$, $\beta=90°$[51]
Ga	$L2_1$ (B2)	0.5823[52]	2M, 14M, 10M	14M($y=25$): $a=0.42152$, $b=2.9302$, $c=0.55570$, $\beta=90°$[52] 10M($y=23.7$): $a=0.42$, $b=0.55$, $c=2.10$, $\beta=90°$[53] 14M($Ni_{53.1}Mn_{26.6}Ga_{20.3}$): $a=0.426$, $b=0.543$, $c=2.954$, $\beta=94.3°$[53]
Al	B2 ($L2_1$)	0.291 (B2)[36]	2M, 14M, 6M, 10M	14M($y=16$): $a=0.431$, $b=0.271$, $c=2.96$, $\beta=94.5$[36]

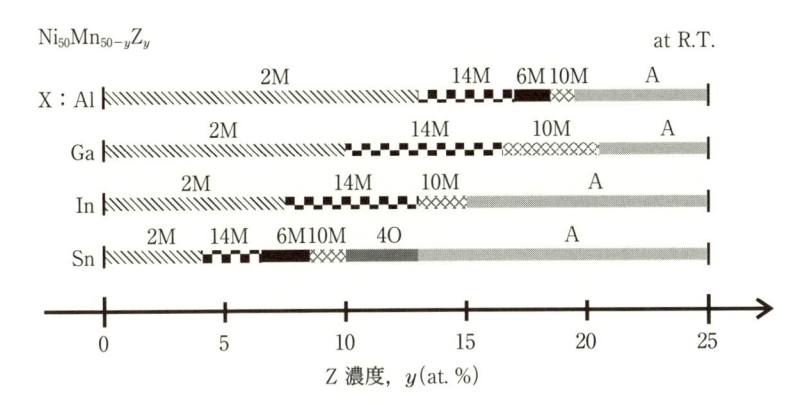

7.5 ホイスラー系形状記憶合金　177

図 7-19　Ni$_{50}$Mn$_{50-y}$Z$_y$ 合金（Z＝In, Sn, Ga, Al）で確認されるマルテンサイト結晶構造の組成依存性．

ける結晶構造の組成分布図を示す．いずれの合金系も，y 濃度が 5% 程度のときには 2M 構造を示すが，y 濃度の増加に伴って長周期構造になる．さらに y 濃度が増加し 25% に近づいてくると変態温度が低下するため，どの合金系でもオーステナイト相になる．合金系によって出現するマルテンサイト相構造の組成依存性が微妙に異なるものの，14M($5\bar{2}$)$_2$→6M($4\bar{2}$)→10M($3\bar{2}$)$_2$→4O($2\bar{2}$) というように，y 濃度の増加に伴い積層周期が短くなり，β の角度（$(m-n)/(m+n)$→0 で β→90°）も徐々に 90° に近づいていく傾向がわかる．しかし，これら長周期構造を一つの安定な相であるとする説[53〜55]と変態途中に導入されるナノスケールの欠陥が，D0$_{22}$ 型の正方晶マルテンサイト（2M）相中に周期的に配列したに過ぎないとする説[53,56]があり，未だ未決着である．しかし，実際に実験的に得られる変態歪や兄弟晶界面の移動度は，これらの周期性に強く依存する点に注意を要する．また，これらの長周期構造はマルテンサイト相の磁気特性へも影響を与えると考えられるが，詳しいことは未だ明らかとなっていない．

(3) Ni-Mn-In, Ni-Mn-Sn 合金の磁気特性と Co 添加の影響

図 7-20 に 10 kOe の磁場下における NiMnIn および NiMnSn の熱磁化曲線

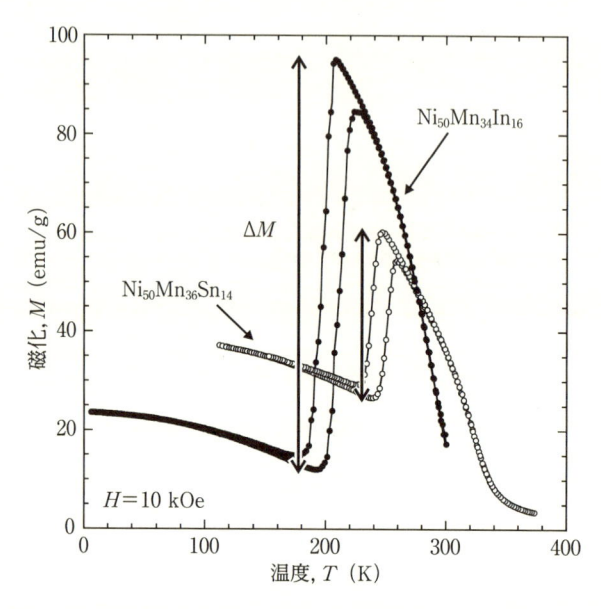

図 7-20 熱磁化曲線から求めた NiMnIn および NiMnSn の ΔM の比較.

を示す．Sn 合金は，In 合金より高いキュリー温度を有しているにも関わらず，マルテンサイト変態前のオーステナイト相の磁化は小さく，マルテンサイト相の磁化はより大きくなっている．そのため Sn 合金におけるマルテンサイト相とオーステナイト相の磁化の差 ΔM は，In 合金に比べ約半分にとどまっている．先にも述べたように優れたメタ磁性形状記憶効果の発現には ΔM が大きいことが重要であり，その点で Sn 系は In 系合金より不利である．最近，オーステナイト相の磁化に関して In 系と Sn 系とで全く異なる組成依存性を示すことが明らかとなった．**図 7-21** に $Ni_{50}Mn_{50-y}Z_y$ (Z=In, Sn ; $y=10 \sim 25$) 合金におけるオーステナイト相およびマルテンサイト相の磁化の強さを示す[57]．In 系では，In 濃度が化学量論組成である $y=25$ から低下するにつれて磁化は直線的に上昇するのに対し，Sn 系では $y=20$ 程度までいったん低下した後に上昇に転じている．$Ni_{50}Mn_{50-y}Z_y$ 合金の化学量論組成（$y=25$）を起点とした y の低下は，In や Sn サイトへ過剰な Mn が置換されることを意味している

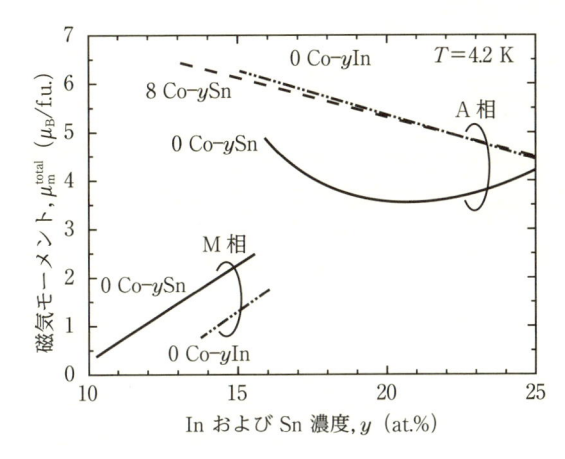

図 7-21 Ni$_{50}$Mn$_{50-y}$Z$_y$ (Z＝In, Sn；y＝10～25) 合金におけるオーステナイト相およびマルテンサイト相の磁気モーメントの組成依存性[57].

が，図 7-21 の In 系の挙動は，In サイトを占有する Mn 原子のスピンが，Mn サイトのそれと強磁性的なカップリングを起こしていることを示している．一方，Sn 系では，y＝20～25 付近では，Sn サイトを占有する Mn 原子のスピンが，Mn サイトのそれと反強磁性的なカップリングを示すものの，y＝20 以下の組成範囲ではカップリングが急激に強磁性的なものに変化してゆくことを意味している．Sn 系においてこのような複雑な挙動が生じる理由は不明であるが，Mn-Mn 原子間だけでなく Ni-Mn 原子間の磁気カップリングをも含めた理論的検討が求められる．図 7-21 には，低 y 組成域に現れるマルテンサイト相の磁化の大きさも示した．マルテンサイト相中では，In 系より Sn 系の方が全体として磁化が大きく，両合金系とも y の低下と共に磁化も低下する．以上のように，Ni-Mn-Sn 3 元系合金は In 系に比して磁気特性的にメタ磁性形状記憶効果を得るには不向きであるが，次に述べるように Co 添加により状況を大きく改善できる．

図 7-22 に Ni$_{50-x}$Co$_x$Mn$_{50-y}$In$_y$ 合金の縦断面状態図を示す[13]．先にも触れたように，Ni-Mn-In 3 元系ではオーステナイト相のキュリー温度が室温に近い

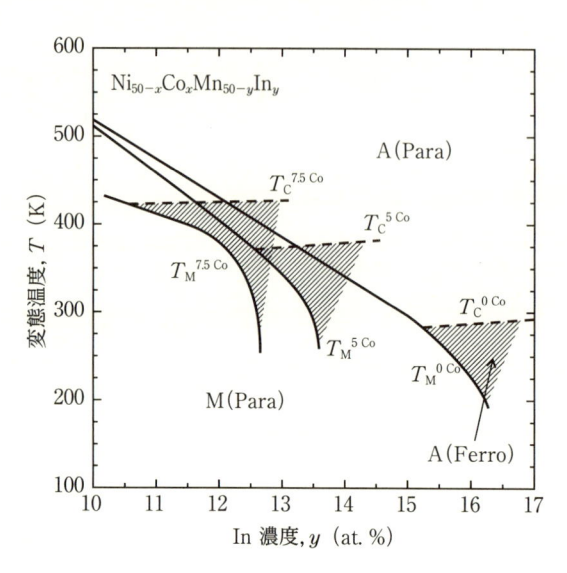

図 7-22 Ni$_{50-x}$Co$_x$Mn$_{50-y}$In$_y$ 合金におけるマルテンサイト変態温度およびキュリー温度の In 濃度依存性[13].

ために，室温でメタ磁性形状記憶効果を得ることは困難であるが，Co 置換によってキュリー温度を大きく上昇させることができる．ハッチングで示している部分が，オーステナイト相が強磁性を示す組成域であり，メタ磁性形状記憶効果を得ることのできる領域である．Co 添加の影響は，オーステナイト相のキュリー温度を上昇させることだけに留まらない．**図 7-23** は，Ni サイトへの Co 置換による熱磁化曲線の変化を示している．明らかに，Co 添加量が増すにつれて，オーステナイト相の磁化上昇とマルテンサイト相の磁化低下が同時に起こり，結果的に ΔM が 2 倍以上に大きくなっていくことがわかる．図 7-21 には，$x=8$ の Co を置換した合金におけるオーステナイト相の磁化の強さに関する Sn 濃度依存性も示している[57]．興味深いことに 8 Co-Sn 系合金のオーステナイト相の磁化は，0 Co-Sn 系より全体的に大きくなり，In 系とほぼ一致した挙動になっている．これは，ドープされた Co 原子の影響により先の Mn-Mn 原子間の交換相互作用が強磁性的なものに変えられたことを意味

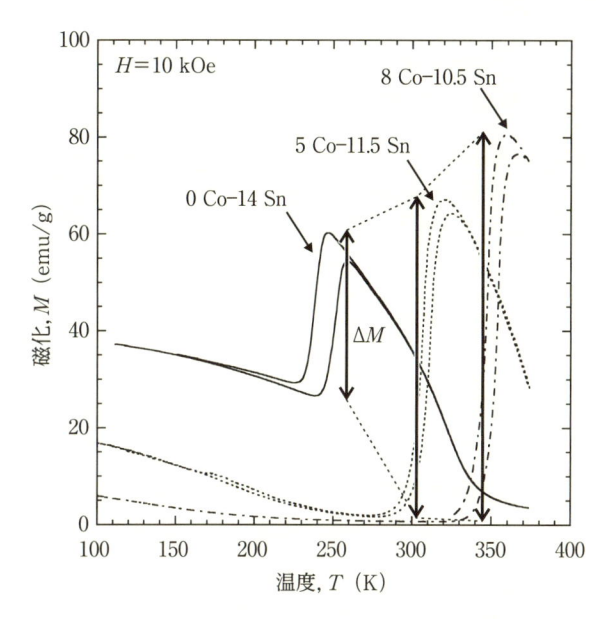

図 7-23 NiCoMnSn 合金における ΔM の Co 濃度依存性.

する.一方,マルテンサイト相内では 8Co-Sn 系合金はほとんど磁化を示さなくなる.以上のように強力な強磁性元素である Co が,オーステナイト相とマルテンサイト相内で全く正反対の効果をもたらすことは極めて興味深いが,その理由は今のところ不明である.いずれにしても,Co 置換はメタ磁性形状記憶効果を得るために極めて有用である.実際,**図 7-24** に示すように集合組織を有する $Ni_{43}Co_7Mn_{39}Sn_{11}$ 多結晶材料を用い,室温で約 1% のメタ磁性形状記憶効果が確認されている[21].Ni-Co-Mn-Sn 系は,In のような高価な元素を含まず実用的に魅力があり,脆性を克服するため粉末冶金などを利用した材料開発もなされている[27,28].しかし,図 7-24 からもわかるように変態を誘起させるために数テスラ(数十 kOe)以上の大きな磁場が必要であり,この点が実用を阻んでいる.実用化のためには,磁場誘起変態における変態ヒステリシスや変態磁場幅を少なくとも 1 テスラ(10 kOe)以下にすることが必須であると考えられるが,そのような材料の開発には至っていない.

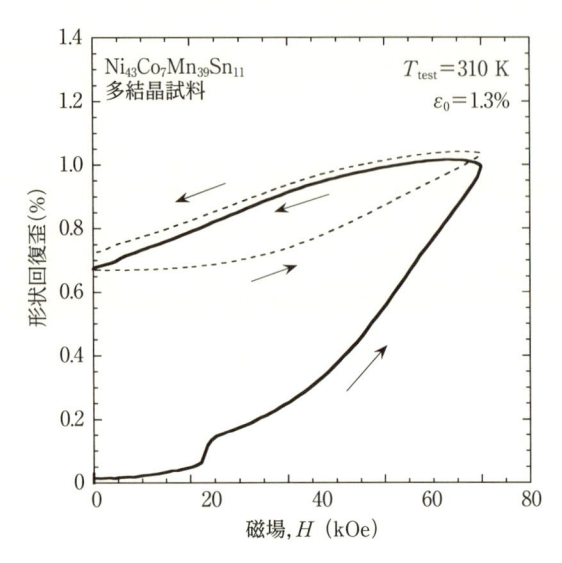

図 7-24　$Ni_{43}Co_7Mn_{39}Sn_{11}$ 多結晶合金におけるメタ磁性形状記憶効果[21].

(4) Ni-Mn-Ga 合金の双晶磁歪

図 7-25 に, Ni-Mn-Ga 合金の熱磁化曲線を示す[30]. 1 kOe という弱磁場における結果からはマルテンサイト相の磁化がオーステナイト相よりも小さいことがわかる. しかし, 印加磁場を大きくするのに伴ってマルテンサイト相の磁化がオーステナイト相よりもむしろ大きくなっており, 明らかに図 7-20 で示した In や Sn 系とは異なっている. 磁場の影響で磁化が大きく変化することから, Ga 系では結晶磁気異方性が大きいことが示唆される. 先にも述べた双晶磁歪の発現には, このように結晶磁気異方性が大きいことが必要とされるが, これには結晶構造が大きく関与している. **図 7-26** に, Ni-Mn-Ga 合金の結晶磁気異方性エネルギーの温度依存性を示す[58]. ここでは, 2M 構造を示す $Ni_{53.5}Mn_{23.0}Ga_{23.5}$ 合金と, 10M 構造を示す $Ni_{50}Mn_{25}Ga_{25}$ 合金を代表例として示す. 結晶磁気異方性エネルギーは 10M よりも 2M が数割程度大きいことがわかる. しかし, 双晶せん断量 s はオーステナイト相とマルテンサイト相と

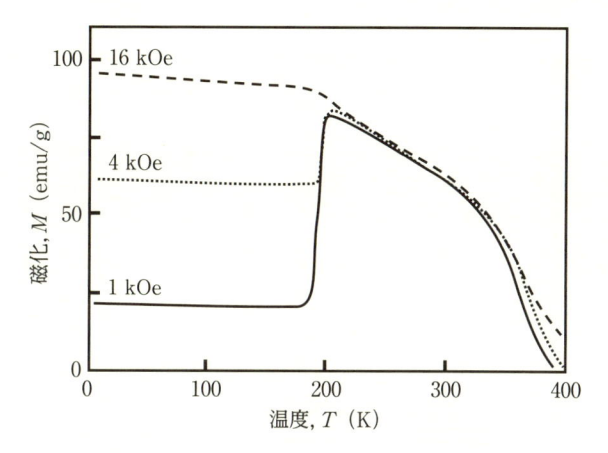

7.5 ホイスラー系形状記憶合金　183

図 7-25　Ni$_2$MnGa 合金における熱磁化曲線[30].

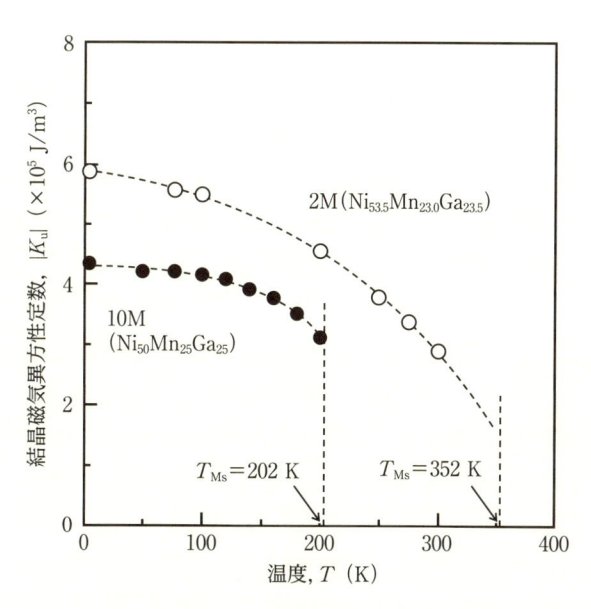

図 7-26　2M 構造と 10M 構造の Ni-Mn-Ga 合金における結晶磁気異方性定数の温度依存性[58].

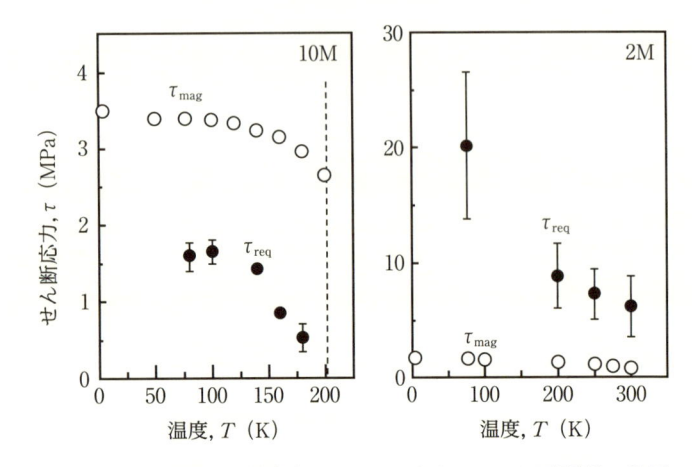

図 7-27 磁気的せん断応力 τ_{mag} およびバリアント再配列に必要な応力 τ_{req} の温度依存性[58].

の変態歪量に依存するため，変態歪の大きい 2M は約 0.35，小さい 10M は約 0.12 である．式(7-4)より結晶磁気異方性エネルギーと双晶せん断量より磁気的せん断応力 τ_{mag} を見積もると，2M は 10M より大きな結晶磁気異方性エネルギーを有するのにも関わらず，**図 7-27** に示すように[58]磁気的せん断応力 τ_{mag} が半分程度になってしまう．さらに，バリアント再配列に必要なせん断応力 τ_{req} は，2M の方がけた違いに大きいため，結果として 10M 構造のマルテンサイト相では，マルテンサイト変態温度以下のいずれの温度においても双晶磁歪が発現する $\tau_{\text{mag}} > \tau_{\text{req}}$ の関係が成り立つが，2M 構造ではいずれの温度においても $\tau_{\text{mag}} < \tau_{\text{req}}$ の関係になっており，2M マルテンサイト相では双晶磁歪が生じないと結論できる．このように，非長周期構造である 2M のせん断応力 τ_{req} が，長周期構造の場合より大きい（すなわち，兄弟晶界面が移動しにくい）理由として，兄弟晶界面付近における原子配列の乱れが関与していると考えられている．いずれにしても，優れた双晶磁歪を得るためには，大きい結晶磁気異方性エネルギーと長周期積層構造を有するマルテンサイト相を探すことが重要である．

Ni-Mn-Ga 合金を磁歪材料として利用する場合，良質の単結晶が必要であ

る．また，脆性であり 5 MPa 程度までの出力しか得られないため実用化が容易に進まないのが現状である．唯一，フィンランドの AdaptaMat 社で強磁性形状記憶合金を用いたアクチュエータが販売されている．

7.5.2　Ni-Fe-Ga 系

Ni-Mn 系以外の Ni 基ホイスラー系磁性形状記憶合金としては Ni-Fe-Ga 系合金があげられる．これは 2002 年に Oikawa らによって報告された合金系であり[38]．Ni-Mn-Ga 系合金同様にホイスラー構造のオーステナイト相から 10M もしくは 14M の長周期構造のマルテンサイト相へ変態することから，高い双晶界面移動度と高い結晶磁気異方性エネルギーを示すことが期待され，新しい強磁性形状記憶合金として注目された．しかし，Ni-Fe-Ga 3 元合金では，キュリー温度が室温付近であるため，高い結晶磁気異方性エネルギーを示すのは低温域に限られていた．その後，Co をドープさせることで高い結晶磁気異方性エネルギーを損なわずにキュリー温度を室温以上に上昇させ，Ni-Mn-Ga の最大磁歪量には及ばないものの室温（300 K）で最大 0.7% の双晶磁歪を得た[39]．しかし，Co を置換しすぎると，マルテンサイト相の結晶構造が双晶せん断応力の高い 2M 構造に変化し，磁歪量も結晶磁気異方性エネルギーも低下する[59]．一方で，Ni-Fe-Ga 系合金は，結晶粒界が脆弱なために多結晶では脆いものの単結晶としては非常に延性がある．そこで，微量 γ 相（A1-fcc 固溶体）をホイスラー $L2_1$ 相の結晶粒界上に析出させることで延性に優れた多結晶形状記憶合金が得られる[60]．このように上手に合金組成や熱処理条件を制御することで延性に優れた $\gamma+\beta$ 2 相合金が得られるが，熱処理条件によっては十分な効果が得られない場合があるため，注意が必要である[60]．

7.5.3　Fe-Mn-Ga 系

2009 年，Omori らにより Fe-Mn-Ga 合金において磁場誘起マルテンサイト正変態に起因した新しい磁場誘起歪が報告された[61]．これまで，Fe-Ni 系合金[6]や Fe-Mn-C 合金[62]，さらには組成制御により常磁性オーステナイト相から強磁性マルテンサイト相へ変態する Ni-Mn-Ga 合金において[63]，磁場誘

起マルテンサイト正変態の報告はあったが，磁場誘起歪は確認されていなかった．しかし，この Fe-Mn-Ga 合金は磁場印加によって常磁性オーステナイト相（ホイスラー構造）から強磁性マルテンサイト相（2M 構造）へ磁場誘起マルテンサイト変態し，それに伴い約 0.6% の磁場誘起歪が報告された．これは，磁場誘起変態に起因するものの，誘起されるのがマルテンサイト相側であるため，双晶磁歪型やメタ磁性型とも異なる磁場誘起歪であり，世界的な注目を集めている．

7.5.4　Cu-Mn-Al 系

　最後に紹介するのは，Cu-Mn-Al 系ホイスラー合金の形状記憶合金である．Cu-Mn-Al 系は，ドイツ人 Heusler が初めて報告したホイスラー構造のプロトタイプに位置付けられる合金系である（第 1 章参照）．Cu-Mn-Al 系形状記憶合金は組成が大きく化学量論から外れるため，オーステナイト相およびマルテンサイト相ともに常磁性を有し，磁性形状記憶合金ではない．しかし，オーステナイト相の規則度を制御することによって優れた加工性と超弾性特性を併せ持つ合金を得ることができ，さらには実用化にも成功した数少ないホイスラー合金であるためここで少し取り上げたい．

　形状記憶合金の代名詞ともいえる Ni-Ti 合金は，すでに生体用ステントや歯列矯正ワイヤーなどとして広く実用化されている．しかし，最大冷間加工率 20～30% 程度と実用材としては加工性に乏しいため，成形できる形状に制約があり，製造コストも高くなるため工業的には線材のみでしか利用できないという重大な問題がある．したがって，以前から高加工性を有し複雑形状の作製に対応できる形状記憶合金の開発が切望されていた．第 2 章（図 2-9）でも示したように，Cu-Mn-Al 系は β 単相領域を Mn の添加によって低 Al 濃度側に大きく拡大できる．図 2-9 に示したように Cu-Mn-Al 系の $L2_1$ ホイスラー相の規則度は Al 濃度に大きく依存しており，Al 濃度を低下させればホイスラー相の規則度も低くできることがわかる．15 at.% Al ほどまで Al 濃度を低下させると，もはやオーステナイト相は不規則構造である A2 相になってしまうため，ホイスラー構造を維持できるのは 16 at.% Al 以上である．**図 7-28** に Cu-

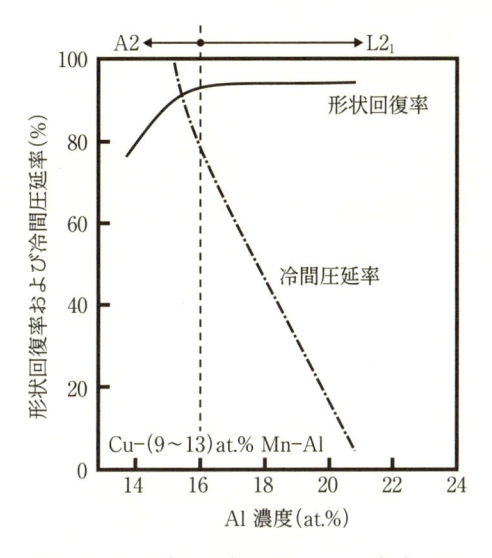

7.5 ホイスラー系形状記憶合金　　187

図7-28 Cu-(9~13)at.% Mn-Al 合金における形状回復率と冷間加工性の関係[64].

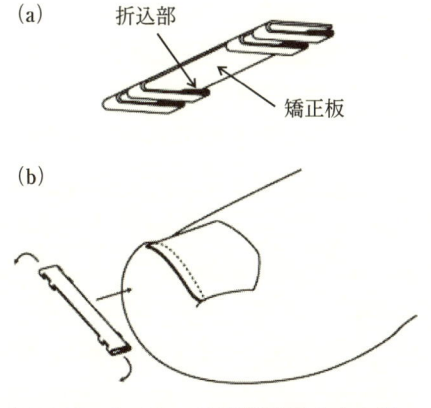

図7-29 Cu-Mn-Al 形状記憶合金を用いたクリップタイプの巻き爪・陥入爪矯正器具の模式図[65].

(9～13)at.% Mn-Al 合金の形状回復率と冷間加工性を示す[64]．実際に，Al 濃度を低下させてホイスラー相の規則度を下げると，それに伴って冷間圧延率が飛躍的に向上している．一方，形状回復率はオーステナイト相の構造が不規則構造になった途端に低下し始めている．以上の結果を通して，形状回復率がほとんど低下せずに良好な加工性が得られる Cu-10 at.%Mn-(17～18) at.%Al 合金が，新しい高加工性 Cu 基形状記憶合金として開発された．その後の組織制御により，Cu-Mn-Al 合金は Ni-Ti 合金に匹敵する良好な形状記憶特性を具備しうることが判明した[64]．

近年，板や複雑形状への加工が可能な Cu-Mn-Al 系形状記憶合金の特徴を生かし，**図 7-29** に示すクリップタイプの巻き爪・陥入爪矯正器具が開発された[65]．巻き爪・陥入爪は，先端の狭小な靴による圧迫や深爪などにより引き起こされる身近な疾患であるが，本クリップを爪先に 1～3 週間程度装着することで顕著な矯正効果があることが実証された[66]．巻き爪矯正クリップは，すでに医療機関に向けた販売が始められている．

7.6 おわりに

ホイスラー合金系は，形状記憶合金の分野においては Ni-Mn-Ga や Ni-Mn-In に代表される磁性形状記憶合金系として非常に重要な位置づけにある．その磁気特性は非常に複雑であり不明な部分も多く残されている．また，形状記憶効果の主役であるマルテンサイト変態は，磁気変態に強く影響を受けることから，マルテンサイト変態挙動にも多くの多様性が出現する．そのような意味で，多方面にわたる研究者にとって，研究対象として非常に魅力的な合金系であると言える．一方，実用的には変態のヒステリシスや金属間化合物特有の脆性などといった今後克服すべき課題が多く残されている．その中で最後に触れた Cu-Mn-Al 系は，脆い金属間化合物を規則度や組成の制御により高加工性材料に変化させ，実用化までたどり着いた数少ない成功例の一つである．今後，磁性形状記憶材料においても多くの欠点が克服され，磁気駆動素子などへの応用に利用される日がくることを期待したい．

文章を執筆するに当たり，東北大学大学院工学研究科・石田清仁名誉教授，東北学院大学工学部・鹿又武名誉教授，鹿児島大学大学院理工学研究科・小山佳一教授，東北大学大学院工学研究科・須藤祐司准教授，東北大学大学院工学研究科・及川勝成准教授，東北大学金属材料研究所・梅津理恵助教，東北大学大学院工学研究科・大森俊洋助教，東北大学多元物質科学研究所・森戸春彦助教，東北大学大学院工学研究科・長迫実博士，東北大学大学院工学研究科・石田研究室および貝沼研究室の大学院生の皆様方に多大なる御協力をいただきました．ここに深く感謝の意を表します．

参 考 文 献

[1] 舟久保熙康編：形状記憶合金,産業図書（1984）.
[2] L. C. Chang and T. A. Read：J. Mat., Trans. AIME **47**（1951）189.
[3] M. R. Ibarra and P. A. Algarabel：Phys. Rev. B **50**（1994）4196.
[4] K. Otsuka and C. M. Wayman：Shape Memory Materials, ed. K. Ohtsuka and C. M. Wayman, Cambridge University Press, Lodon（1998）.
[5] T. Kakeshita, K. Shimizu, T. Sakakibara, S. Funada and M. Date：Scr. Metall. **17**（1983）897.
[6] T. Kakeshita, K. Shimizu, S. Funada and M. Date：Acta Metall. **33**（1985）1381.
[7] Y. Sutou, Y. Imano, N. Koeda, T. Omori, R. Kainuma, K. Ishida and K. Oikawa：Appl. Phys. Lett. **85**（2004）4358.
[8] R. Y. Umetsu, W. Ito, K. Ito, K. Koyama, A. Fujita, K. Oikawa, T. Kanomata, R. Kainuma and K. Ishida：Scr. Mater. **60**（2009）25.
[9] R. Kainuma, Y. Imano, W. Ito, Y. Sutou, H. Morito, S. Okamoto, O. Kitakami, K. Oikawa, A. Fujita, T. Kanomata and K. Ishida：Nature **439**（2006）957.
[10] Y. D. Wang, Y. Ren, E. W. Huang, Z. H. Nie, G. Wang, Y. D. Liu, J. N. Deng, L. Zuo, H. Choo, P. K. Liaw and D. E. Brown：Appl. Phys. Lett. **90**（2007）101917.
[11] K. Koyama, K. Watanabe, T. Kanomata, R. Kainuma, K. Oikawa and K. Ishida：Appl. Phys. Lett. **88**（2006）132505.
[12] H. E. Karaca, I. Karaman, B. Basaran, Y. Ren, Y. I. Chumlyakov and H. J. Maier：Adv. Funct. Mater. **19**（2009）983.

[13] W. Ito, Y. Imano, R. Kainuma, Y. Sutou, K. Oikawa and K. Ishida : Metall. Mater. Trans. A **38** (2007) 759.

[14] T. Krenke, M. Aset, E. F. Wassermann, X. Moya, L. Manosa and A. Planes : Phys. Rev. B **73** (2006) 174413.

[15] V. V. Khovaylo, T. Kanomata, T. Tanaka, M. Nakashima, Y. Amako, R. Kainuma, R. Y. Umetsu, H. Morito and H. Miki : Phys. Rev. B **80** (2009) 144409.

[16] T. Krenke, M. Aset, E. F. Wassermann, X. Moya, L. Manosa and A. Planes : Phys. Rev. B **72** (2005) 014412.

[17] R. Y. Umetsu, R. Kainuma, Y. Amako, Y. Taniguchi, T. Kanomata, K. Fukushima, A. Fujita, K. Oikawa and K. Ishida : Appl. Phys. Lett. **93** (2008) 042509.

[18] P. J. Brown, A. P. Gandy, K. Ishida, R. Kainuma, T. Kanomata, K.-U. Neumann, K. Oikawa, B. Ouladdiaf and K. R. A. Ziebeck : J. Phys. : Condens. Matter **18** (2006) 2249.

[19] K. Koyama, H. Okada, K. Watanabe, T. Kanomata, R. Kainuma, W. Ito, K. Oikawa and K. Ishida : Appl. Phys. Lett. **89** (2006) 182510.

[20] T. Sakon, S. Yamazaki, Y. Kodama, M. Motokawa, T. Kanomata, K. Oikawa, R. Kainuma and K. Ishida : Jpn. J. Appl. Phys. **46** (2007) 995.

[21] R. Kainuma, Y. Imano, W. Ito, H. Morito, Y. Sutou, K. Oikawa, A. Fujita, K. Ishida, S. Okamoto, O. Kitakami and T. Kanomata : Appl. Phys. Lett. **88** (2006) 192513.

[22] S. Y. Yu, L. Ma, G. D. Liu, Z. H. Liu, J. L. Chen, Z. X. Cao and G. H. Wu : Appl. Phys. Lett. **90** (2007) 242501.

[23] R. Kainuma, W. Ito, R. Y. Umetsu, K. Oikawa and K. Ishida : Appl. Phys. Lett. **93** (2008) 091906.

[24] W. Ito, B. Basaran, R. Y. Umetsu, I. Karaman, R. Kainuma and K. Ishida : Mater. Trans. **51** (2010) 525.

[25] S. Y. Yu, Z. X. Cao, L. Ma, G. D. Liu, J. L. Chen, G. H. Wu, B. Zhang and X. X. Zhang : Appl. Phys. Lett. **91** (2007) 102507.

[26] V. Sánchez-Alarcos, J. I. Pérez-Landazábal, V. Recarte, C. Gómez-Polo and J. A. Rodríguez-Velamazán : Acta Mater. **56** (2008) 5370.

[27] K. Ito, W. Ito, M. Nagasako, R. Y. Umetsu, S. Tajima, H. Kawaura, R. Kainuma

and K. Ishida : Scr. Mater. **61**（2009）504.

[28] K. Ito, W. Ito, R. Y. Umetsu, I. Karaman, K. Ishida and R. Kainuma : Scr. Mater. **63**（2010）1236.
[29] K. Ullakko, J. K. Huang, C. Kanter, V. V. Kokorin and R. C. O'Handley : Appl. Phys. Lett. **69**（1996）1966.
[30] P. J. Webster, K. R. A. Ziebeck, S. L. Town and M. S. Peak : Philos. Mag. B **49**（1984）295.
[31] A. N. Vasil' ev, S. A. Klestov, R. Z. Levitin, V. V. Snegirev, V. V. Kokorin and V. A. Chernenko : JETP **82**（1996）524.
[32] S. J. Murray, M. Marioni, P. G. Tello, S. M. Allen and R. C. O'Handley : J. Magn. Magn. Mater. **226**（2001）945.
[33] A. Sozinov, A. A. Likhachev, N. Lanska and K. Ullakko : Appl. Phys. Lett. **80**（2002）1746.
[34] R. D. James and M. Wuttig : Philos. Mag. A **77**（1998）1273.
[35] T. Kakeshita, T. Takeuchi, T. Fukuda, T. Saburi, R. Oshima, S. Muto and K. Kishin, Mater. Trans. **41**（2000）882.
[36] R. Kainuma, H. Nakano and K. Ishida : Metall. Mater. Trans. A **27**（1996）4153.
[37] A. Fujita, K. Fukamichi, F. Gejima, R. Kainuma and K. Ishida : Appl. Phys. Lett. **77**（2000）3054.
[38] K. Oikawa, T. Ota, T. Ohmori, Y. Tanaka, H. Morito, A. Fujita, R. Kainuma, K. Fukamichi and K. Ishida : Appl. Phys. Lett. **81**（2002）5201.
[39] H. Morito, K. Oikawa, A. Fujita, K. Fukamichi, R. Kainuma and K. Ishida : Scr. Mater. **53**（2005）1237.
[40] A. Sozinov, A. A. Likhachev and K. Ullakko : IEEE Trans. Magn. **38**（2002）2814.
[41] H. Morito, A. Fujita, K. Fukamichi, R. Kainuma, K. Ishida and K. Oikawa : Appl. Phys. Lett. **83**（2003）4993.
[42] W. Ito, M. Kataoka, R. Y. Umetsu, T. Kanomata, K. Ishida and R. Kainuma : to be submitted.
[43] T. Miyamoto, W. Ito, R. Y. Umetsu, R. Kainuma, T. Kanomata and K. Ishida : Scr. Mater. **62**（2010）151.
[44] T. Kanomata, T. Yasuda, S. Sasaki, H. Nishihara, R. Kainuma, W. Ito, K. Oikawa, K. Ishida, K.-U. Neumann and K. R. A. Ziebeck : J. Magn. Magn. Mater. **321**

(2009) 773.

[45] T. Kanomata, K. Fukushima, H. Nishihara, R. Kainuma, W. Itoh, K. Oikawa, K. Ishida, K.-U. Neumann and K. R. A. Ziebeck : Mater. Sci. Forum **583** (2008) 119.

[46] R. W. Overholser, M. Wuttig and D. A. Neumann : Scr. Mater. **40** (1999) 1095.

[47] X. Xu, M. Nagasako, W. Ito, R. Y. Umetsu and R. Kainuma : unpublished work.

[48] R. Kainuma, F. Gejima, Y. Sutou, I. Ohnuma and K. Ishida : Mater. Trans., **41** (2000) 943.

[49] K. Otsuka, T. Ohba, M. Tokonami and C. M. Wayman : Scr. Metall. Mater. **29** (1993) 1359.

[50] M. Khan, I. Dubenko, S. Stadler and N. Ali : J. Phys. : Condens. Matter **20** (2008) 235204.

[51] P. J. Brown, A. P. Gandy, K. Ishida, W. Ito, R. Kainuma, T. Kanomata, K.-U. Neumann, K. Oikawa, B. Ouladdiaf, A. Sheikh and K. R. A. Ziebeck : J. Phys. : Condens. Matter **22** (2010) 096002.

[52] P. J. Brown, J. Crangle, T. Kanomata, M. Matsumoto, K.-U. Neumann, B. Ouladdiaf and K. R. A. Ziebeck : J. Phys. : Condens. Matter **14** (2002) 10159.

[53] J. Pons, V. A. Chernenko, R. Santamarta and E. Cesari : Acta Mater. **48** (2000) 3027.

[54] V. V. Martynov and V. V. Kokorin : J. Phys. III France **2** (1992) 739.

[55] V. V. Martynov : J. de Physique IV **5** (1995) C8-91.

[56] A. G. Khachaturyan, S. M. Shapiro and S. Semenovskaya : Phys. Rev. B **43** (1991) 10832.

[57] W. Ito, X. Xu, R. Y. Umetsu, T. Kanomata, K. Ishida and R. Kainuma : Appl. Phys. Lett. **97** (2010) 242512.

[58] 福田　隆, 掛下知行 : まぐね **2** (2007) 226.

[59] H. Morito, A. Fujita, K. Oikawa, K. Fukamichi, R. Kainuma, T. Kanomata and K. Ishida : J. Phys. : Condens. Matter **21** (2009) 076001.

[60] T. Omori, N. Kamiya, Y. Sutou, K. Oikawa, R. Kainuma and K. Ishida : Mat. Sci. Eng. A **378** (2004) 403.

[61] T. Omori, K. Watanabe, R. Y. Umetsu, R. Kainuma and K. Ishida : Appl. Phys. Lett. **95** (2009) 082508.

[62] T. Kakeshita, K. Shimizu, S. Kijima, Z. Yu and M. Date : Trans. JIM **26** (1985)

630.
- [63] H. E. Karaca, I. Karaman, B. Basaran, D. C. Lagoudas, Y. I. Chumlyakov and H. J. Maier : Acta Mater. **55**（2007）4253.
- [64] 須藤祐司, 大森俊洋, 貝沼亮介, 石田清仁, 山内　清：まてりあ **42**（2003）813.
- [65] 大森俊洋, 須藤祐司, 貝沼亮介, 石田清仁：靴の医学 **24**（2010）147.
- [66] 田畑伸子, 石橋昌也, 末武茂樹, 大森俊洋, 須藤祐司, 貝沼亮介, 山内　清, 石田清仁：皮膚科の臨床 **50**（2008）491.

機能材料としてのホイスラー合金

第8章

ホイスラー合金の磁気冷凍特性

　ホイスラー合金の種々の物性や特性は基礎的にも実用的にも注目されて盛んに研究されている．磁気冷凍への応用も検討され，合金設計において構成元素の多様性により非常に多くの合金で研究されている．本章では，初めに磁気冷凍の基本となる熱力学を議論し，次に種々のホイスラー合金のデータを示し，最後に，従来提案されている磁気冷凍用材料との特性の比較検討を行うとともに問題点を指摘する．なお，マルテンサイト変態およびオーステナイト変態は開始，終了などがあるが，磁気冷凍サイクル作動温度が把握できれば十分なので，ホイスラー合金に関する数枚の表では厳密に統一しないで文献値に従った．

8.1　磁気冷凍が注目される理由

　気体冷凍技術は広く社会に浸透しており，冷蔵庫やクーラーなどは日常生活に必要不可欠である．気体冷凍では，冷媒（冷凍作業物質）の蒸発熱により吸熱し，蒸発後の気体をコンプレッサーで液化する際に生じる液化熱を室外に放出して冷凍を行う．しかしながら，気体冷凍ではオゾンホールの形成や代替フロンによる温暖化が加速されて，環境破壊につながる深刻な問題となっている．最近，これらの問題を克服するために磁気冷凍が注目されるようになってきた．磁気冷凍では冷媒として固体の磁性体を用いる．この冷凍方式は気体冷凍のような問題を引き起こさないので開発・研究が期待されている．

8.2 気体冷凍と磁気冷凍の熱力学相関

気体系では Gibbs の自由エネルギー G, Helmholtz の自由エネルギー F, 内部エネルギー U およびエンタルピー E の全微分は次式で与えられる.

$$dG = -SdT + VdP \tag{8-1a}$$

$$dF = -SdT - PdV \tag{8-1b}$$

$$dU = TdS - PdV \tag{8-1c}$$

$$dE = TdS + VdP \tag{8-1d}$$

ここで, S はエントロピー, T は温度, V は体積, および P は圧力である. これらの関係は**図 8-1** の左に示すようにまとめられる. すなわち, 各熱力学関数は両隣が独立変数であり, そこから矢印で結ばれたのが従属変数である. 矢印の方向が独立変数から従属変数に向かう場合は符号が正で, 逆の場合は負とする. 磁気系では気体系における P と V をそれぞれ H と $-M$ に置き換えることができる[1]. そのため, 磁気系において各熱力学関数は図 8-1 の右図のように関係付けられ, 式(8-1)は次のように書き換えられる.

$$dG = -SdT - MdH \tag{8-2a}$$

$$dF = -SdT + HdM \tag{8-2b}$$

$$dU = TdS + HdM \tag{8-2c}$$

$$dE = TdS - MdH \tag{8-2d}$$

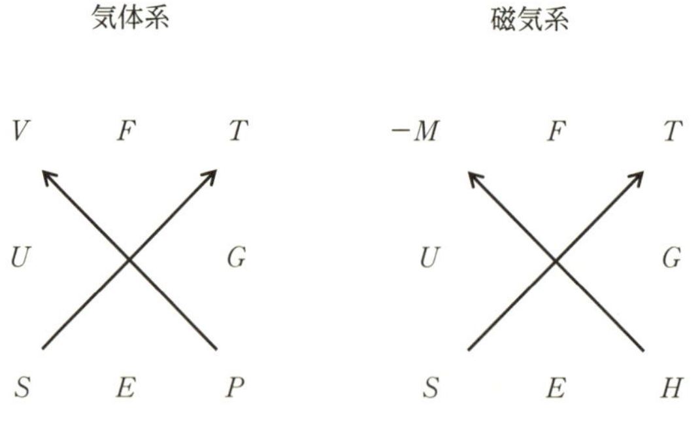

図 8-1 気体系と磁気系における熱力学的関係.

8.2 気体冷凍と磁気冷凍の熱力学相関

このように磁気系における熱力学的関係は気体系と全く等価であるので，従来の気体冷凍と同様の熱力学的原理に基づいて磁気系でも冷凍を行うことができる．また，式(8-2)より以下の諸式が得られる．

$$\left(\frac{\partial F}{\partial T}\right)_M = -S \tag{8-3a}$$

$$\left(\frac{\partial F}{\partial M}\right)_T = H \tag{8-3b}$$

$$\left(\frac{\partial G}{\partial T}\right)_H = -S \tag{8-3c}$$

$$\left(\frac{\partial G}{\partial H}\right)_T = -M \tag{8-3d}$$

ここで，例えばGibbsの自由エネルギーに注目し，GをTとHで微分すると式(8-3c)と(8-3d)の関係より

$$\frac{\partial G}{\partial T \cdot \partial H} = -\left(\frac{\partial S}{\partial H}\right)_T = -\left(\frac{\partial M}{\partial T}\right)_H \tag{8-4a}$$

が成立する．さらに，Helmholtzの自由エネルギーおよび内部エネルギーに対して以下の関係が成立する．

$$\left(\frac{\partial S}{\partial M}\right)_T = -\left(\frac{\partial H}{\partial T}\right)_M$$

$$\left(\frac{\partial T}{\partial M}\right)_S = \left(\frac{\partial H}{\partial S}\right)_M \tag{8-4b}$$

$$\left(\frac{\partial T}{\partial H}\right)_S = -\left(\frac{\partial M}{\partial S}\right)_H$$

これらの関係は，Maxwellの関係式と呼ばれる．式(8-4a)を用いると，等温過程での磁場印加によるエントロピー変化 ΔS_m が以下のように計算される．

$$\Delta S_m = \int_0^{H_{max}} \left(\frac{\partial M}{\partial T}\right)_H dH \tag{8-5}$$

また，エントロピーは経路に依存しない状態量であり，全微分可能なことより，

$$dS = \left(\frac{\partial S}{\partial T}\right)_H dT + \left(\frac{\partial S}{\partial H}\right)_T dH \tag{8-6}$$

と表される．ここで，右辺1項目は定磁場中比熱 C_H を用いて

$$\left(\frac{\partial S}{\partial T}\right)_H dT = \frac{C_H}{T} dT \tag{8-7}$$

に置き換えることができる．また，第2項の偏微分項は式(8-4a)により変換できる．したがって，式(8-6)で断熱条件 $dS=0$ とすると

$$dT = -\frac{T}{C_H}\left(\frac{\partial M}{\partial T}\right)_H dH \tag{8-8}$$

の関係が得られる．つまり，断熱条件下では外部磁場変化により，試料の温度が変化し，その変化量である断熱温度変化 ΔT_{ad} は下記の式で与えられる．

$$\Delta T_{ad} = \int_0^{H_{max}} \frac{T}{C_H}\left(\frac{\partial M}{\partial T}\right)_H dH \tag{8-9}$$

この関係は極低温物理実験などにおいて，断熱消磁冷却として従来用いられるのと同一原理である．また，旧来は，磁気熱量効果とは式(8-9)の断熱温度変化を指していたが，室温近傍での磁気冷凍開発が進む現在では，熱変化を伴う式(8-5)の等温磁気エントロピー変化も併せて磁気熱量効果と呼ばれる．なお，式(8-9)を用いると，ΔT_{ad} の評価には磁化と比熱のデータ両方が必要であるが，磁場中比熱の温度変化がわかれば，S-T 曲線を算出できるので，これをエントロピーの関数としての温度 $T(S)$ と見なして次式で評価できる．

$$\Delta T_{ad} = T(S)|_{H=H_{max}} - T(S)|_{H=0} \tag{8-10}$$

ΔS_m は式(8-5)より，磁化測定データより簡便に算出できるため評価が盛んである．しかし，式(8-9)と比較して明らかなように，ΔS_m が大きくても ΔT_{ad} も大きいとは限らない．当然のことながら，室温磁気冷凍には ΔT_{ad} の大きさも必要になるので，ΔS_m と ΔT_{ad} の両方の評価が必要である．

　ここまでの熱力学的関係の説明には，磁気的状態のみの熱力学関数を用いて議論したが，系全体のエントロピー変化は次式で与えられる．

$$\Delta S = \Delta S_m + \Delta S_l + \Delta S_e \tag{8-11}$$

ここで，ΔS_l は格子振動項で格子エントロピー変化である．ΔS_e は電子項であるが，非常に小さいので冷凍の議論では無視される．室温磁気冷凍では格子振動の寄与が大きいので上式の ΔS_l 項が重要になる．この項は格子比熱 C_p とす

ると，温度 T と関連して C_p/T から算出される．C_p の温度変化は Debye モデルから与えられる次式にほぼ従う．

$$C_\mathrm{p}=9N_\mathrm{a}k_\mathrm{B}\left(\frac{T}{\theta_\mathrm{D}}\right)^3\int_0^{\theta_\mathrm{D}/T}\frac{x^4e^x}{(e^x-1)^2}dx \tag{8-12}$$

ここで，k_B および θ_D は，Boltzmann 定数および Debye 温度であり，質量当たりの比熱に対しては N_a は質量当たりの分子数に相当する．通常 3d 遷移金属系金属間化合物の場合，Debye 温度が 300～400 K 程度になることが多いので，室温付近では Dulong-Petit 則として知られる一定値への漸近を示す．この値はモル当たりで気体定数 R の 3 倍程度である．このように磁気熱量効果に対して大きな格子比熱はマイナスに寄与するために格子負荷と呼ばれている．従来の 2 次変態による磁気熱量効果の程度ではこの負荷に打ち勝って外部を冷却することはできない．そこで，室温磁気冷凍には，1 次変態に付随する巨大磁気熱量効果が注目されている[1,2]．しかし，室温近傍で磁気 1 次変態を示す物質は極めて少ない．

室温近傍で巨大磁気熱量効果が複数報告されている低温の強磁性相と高温の常磁性相間の 1 次変態を例として，1 次変態に伴う巨大磁気熱量効果の発生原理を**図 8-2** の模式図を用いて示す．強磁性相と常磁性相の自由エネルギー G をそれぞれ G_F および G_P とした場合，図 8-2（a）に示したように変態点以下では G_F の方が G_P よりも低い値を示し，変態点以上では逆転して，熱磁気曲線は図 8-2（b）のように振る舞う．ここで注目すべき点は，図 8-2（c）に示すように，G の微分に相当するエントロピー S が変態点から離れた温度域では連続的に増加するが，変態点で不連続変化を示すことである．この変化分に変態温度を乗じると熱の次元になり，従来の磁気熱量効果の研究において主な対象であった 2 次変態の強磁性体では生じない潜熱による熱変化が観測されることを意味する．また，外部磁場を印加すると，磁化の大きい強磁性相がゼーマンエネルギーの寄与を受けるため，図 8-2（a）について灰色線から黒線のように G_F が低下し，G_P と G_F の交差が高温で生じて変態温度および S の不連続変化は高温側に移動する．そのため，1 次変態温度直上において磁場を印加すると，磁気熱量効果は潜熱の影響を受けるために大きな負の ΔS_m およ

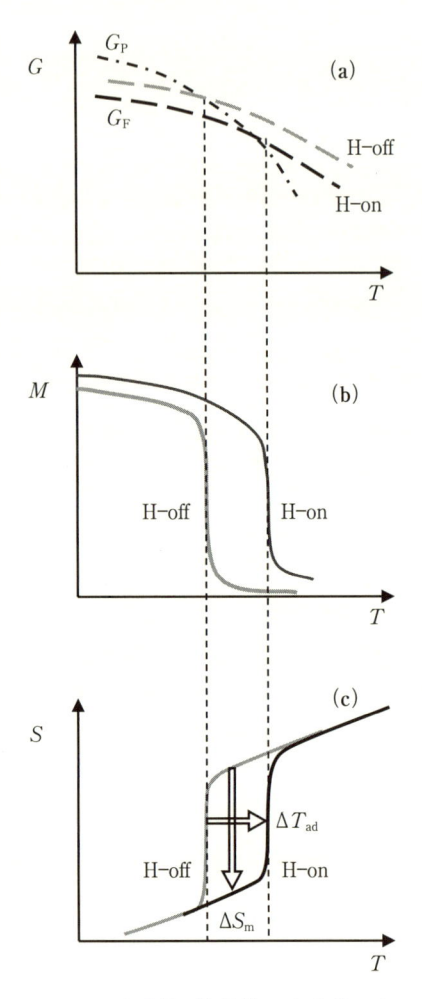

図 8-2 強磁性-常磁性1次変態における自由エネルギー G, 熱磁気曲線 (M-T) およびエントロピー S の温度依存性の模式図.

び正の ΔT_{ad} が生じる．しかしながら，磁気系のエントロピー変化は室温での格子負荷よりも小さく，熱サイクルを工夫しないと冷凍を実現することはできない．このため，磁気冷凍用作業物質としての適合性は，ΔS_m や ΔT_{ad} の評価値だけで決まらず，冷凍サイクルに伴う特性変化も視野に入れて検討しなければならない．なお，熱力学的理想極限では，1次転移の場合には磁化が不連続に変化するので，式(8-5)中の微分項が発散する．しかし，現実の相転移では有限時間内での磁場スイープにより，小さな核として生成した強磁性領域が常磁性領域と共存する．そのような場合，核成長により各領域の体積分率が連続的に変化して最終的に全域で強磁性状態になるので，バルク全体で観測する場合には不連続性は生じない．したがって，臨界現象などの基礎物性の議論の対象でない限り，式(8-5)の適用は材料特性の議論には支障はなく，応用面では信頼に足りる冷凍に関するデータが得られる．次節において，実用上，磁気冷凍材料に要求される特性についてまとめる．

8.3 磁気冷凍に要求される材料特性

前節で述べたように，室温磁気冷凍の最大の問題は格子負荷の存在である．最近，この格子負荷を蓄冷効果に利用した Active Magnetic Regenerator (AMR) 方式が，最も実用的な冷凍手段として注目を集めている．図8-3にAMR方式の磁気冷凍機の模式図を示す[3,4]．AMR方式においては，磁性体は蓄熱材の役割も果たし，ディスプレイサーにより熱交換流体を高温端と低温端の間で交互に移動させる際に，格子負荷を熱溜めとして利用する．このため，ベッドと呼ばれる磁性体設置部内では高温端から低温端までの温度勾配が生じ，位置に応じて磁性体の温度は異なる．通常の蓄冷体の場合は熱交換以外の熱変化は生じない．一方，AMR方式の場合は蓄冷体である磁性材料自体が磁気熱量効果により温度変化を能動的に示すため，熱交換流体と磁気熱量効果のタイミングを勘案してサイクルを繰り返すと，高温端と低温端の間に熱分離が生じて冷凍が実現される．理想的には，磁気熱量効果が小さくてもサイクルさえ繰り返せば原理的には熱分離できるはずである．しかし，現実の冷凍サイ

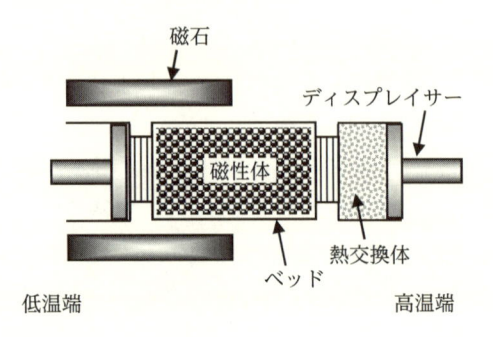

図 8-3 Active Magnetic Regenerator (AMR) 方式磁気冷凍機の模式図[3,4].

クルでは，流体-磁性体の界面での摩擦や，磁性体あるいは流体の熱伝導による熱逆流など，種々の損失が発生する．このため，ΔS_m と ΔT_{ad} の両方がある程度大きくなければ，冷凍システムに適合しない．ちなみに，冷凍効率の一つの簡便な指標として，磁性体が 1 回の冷凍サイクルで磁気熱量効果により吸放出できる熱量は下式で定義する Relative Cooling Power (*RCP*) で与えられる[5]．

$$RCP = |\Delta S_m| \times \delta T \tag{8-13}$$

ここで，δT は ΔS_m の最大値の半値幅である．一方，冷凍システムにおける熱量の種々の原因に起因するロスを勘案すると，印加磁場 1 T 当たり 2 K 以上が必要とされている．さらに，AMR 方式による冷凍では，これら二つの磁気熱量効果以外に要求される磁気冷凍用材料として備えるべき要件は以下のとおりである．

1) 磁場サイクルに対する安定性，耐久性，
2) 低い変態履歴損失，
3) 高い熱伝導特性

最近の多くの AMR デモンストレーションにおいては磁場 on-off のサイクルは 1～10 Hz 程度に設定されている[4,6,7]．冷凍機器における休止・稼動率が半分としても，年間当たりのサイクル回数は 10^7 の桁に達する．磁気系だけの

変化を示す変態の場合には，このような回数を繰り返しても問題は生じにくいが，1次磁気変態が結晶構造変態を伴う場合は原子変位による歪など格子欠陥の蓄積が予想されるので，サイクル運転中の材料の安定性，耐久性を慎重に吟味しなければならない．また，1次変態の場合，潜熱が利用できる利点があるが，熱力学的に本質的な変態履歴現象が付随する．すなわち，磁場サイクルに対して，昇磁過程と減磁過程が異なる状態を経由して，外部仕事に対する磁気系の不可逆性を伴う．この現象は熱損失につながる．したがって，冷凍効率の低下を避けるためには，1次変態に付随する履歴をできるだけ低減する必要がある．

AMR方式では，磁性体はベッド中に設置され，熱交換流体が低温端から高温端への熱移動を担う．このためには，まず磁性体内部において磁気系の熱変化が格子系に伝達し，さらに磁性体表面において，流体との間で熱交換がすみやかに行われないと，サイクルの速度を小さくしなければならないので効率が著しく低下する．つまり，熱伝導率が小さい場合は磁気熱量効果が大きくても，冷凍サイクルでは不利になる．例えば，Mn系酸化物では磁気1次変態が観測されるが，電気伝導率が低く絶縁体に近い場合は，熱伝導率の主要因である電子項とフォノン項の中で，前者の寄与が抑制されるため，金属系材料に比べて熱伝導率が格段に小さくなる[8]．このような場合は，室温磁気冷凍の材料として期待できない．

工業的な観点からは，材料経済性，安全性や環境負荷の面からの考慮も必要である．式(8-5)から，磁化変化が大きいときにはΔS_mが大きくなるため，原子当たりの磁気モーメントの大きさからは，磁性希土類元素が有益に思われるが，元素価格の面からは極めて不利である．磁気1次変態の観点からは，3d遷移金属を中心とする金属間化合物でも，大きな磁化変化を得ることが可能であり，この場合には材料コスト的に有利である．ただし，ニクタイド系では，AsやSbなどの有害構成元素を含むために，生体・環境などへの影響を配慮する必要がある．以上，さまざまな観点からの材料の吟味が必要である．次節ではホイスラー合金の磁気熱量効果を紹介し，8.5節では他の候補材料の具体的なデータと比較する．

8.4 ホイスラー合金の磁気熱量効果

ホイスラー合金は a, b, c の結晶3軸に bcc 単位胞を2個ずつ（計8個）並べて構成され, $L2_1$ と Cl_b の2種類に分類される. X, Y および Z を構成元素の基本とすると, $L2_1$ では bcc 単位胞のコーナー位置を X 元素が, 体心位置を Y と Z 元素が交互に占めて元素比は 2:1:1 となるので X_2YZ と表される. この合金はフルホイスラーと呼ばれる. この構造において Z=X としたときの X_3Y は DO_3 構造となる. したがって, DO_3 型合金もホイスラー合金のカテゴリーに入れて議論される場合がある. また, $L2_1$ 型において, コーナー位置が X 元素と空孔が交互に占める 1:1:1 の元素比の構造が Cl_b 型で XYZ と表記される. この合金はセミホイスラーあるいはハーフホイスラーと呼ばれる（第2章, 第3章参照）.

8.4.1 $Ni_{50}Mn_{25}Ga_{25}$ 系フルホイスラー合金およびその元素部分置換合金

ホイスラー合金の磁気冷凍材料への応用に向けて, 当初は $Ni_{50}Mn_{25}Ga_{25}$ 系合金が大きな注目を集めた. $Ni_{50}Mn_{25}Ga_{25}$ はキュリー温度が 370 K 程度の強磁性体であり, 温度低下に伴い 200 K 近傍で立方晶 $L2_1$ 構造の母相から正方晶のマルテンサイト相への1次変態を有する[9,10]. 図 8-4 に $Ni_{50}Mn_{25}Ga_{25}$ 多結晶の熱磁気曲線を示す[9]. 1.6 T の印加磁場で測定した熱磁気曲線では, 温度上昇に伴い磁化がマルテンサイト変態温度近傍でわずかに減少した後, 緩やかに減少する. 一方, 0.1 T の印加磁場で測定した熱磁気曲線において, 1.6 T の場合と比較してマルテンサイト変態温度以上における磁化は同程度の値であるが, マルテンサイト変態温度以下における磁化ははるかに小さい. マルテンサイト相と母相における磁化曲線の典型的な例として, 図 8-5 にマルテンサイト変態温度が 209 K である $Ni_{53}Mn_{22}Ga_{25}$ 単結晶の [100] 方向に磁場を印加して測定された結果を示す[11]. 200 および 245 K における磁化曲線は共に飽和するのでマルテンサイト相および母相は共に強磁性である. そのため, 図 8-2 に

8.4 ホイスラー合金の磁気熱量効果

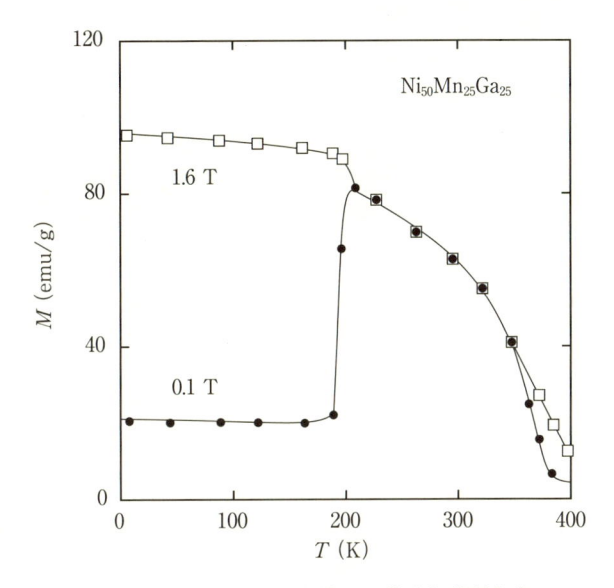

図 8-4 Ni$_{50}$Mn$_{25}$Ga$_{25}$ 多結晶の熱磁気曲線[9].

おいて Gibbs の自由エネルギーを用いて説明したような磁場印加によるゼーマンエネルギーに起因した変態温度の顕著な変化および潜熱の磁気熱量効果への大きな寄与は期待できない.しかし,母相の磁化曲線の飽和磁場は,マルテンサイト相の磁化曲線の飽和磁場よりも小さくて半分以下である.このことは,マルテンサイト相は母相よりも大きな磁気異方性を有することを意味する[10,11].つまり,図 8-4 において 0.1 T 程度の異方性磁界以下の比較的弱い印加磁場中では,マルテンサイト変態に伴う磁気異方性の変化に起因して 200 K 直前で大きな磁化の温度変化が生じる.

　磁気熱量効果の大きさを表す一つの指標である等温磁気エントロピー変化 ΔS_m は,Maxwell の関係より式(8-5)で表される.つまり,一定磁場中での磁化の温度変化 $\partial M/\partial T$ が大きいと大きな ΔS_m が期待でき,図 8-4 から明らかなように,Ni$_{50}$Mn$_{25}$Ga$_{25}$ はマルテンサイト変態温度近傍でこの条件を満たす.このような観点から Ni$_{51.5}$Mn$_{22.7}$Ga$_{25.8}$ 多結晶の ΔS_m が研究された[12].その結果,マルテンサイト変態温度近傍において 0.9 T の比較的弱い磁場印加により ΔS_m

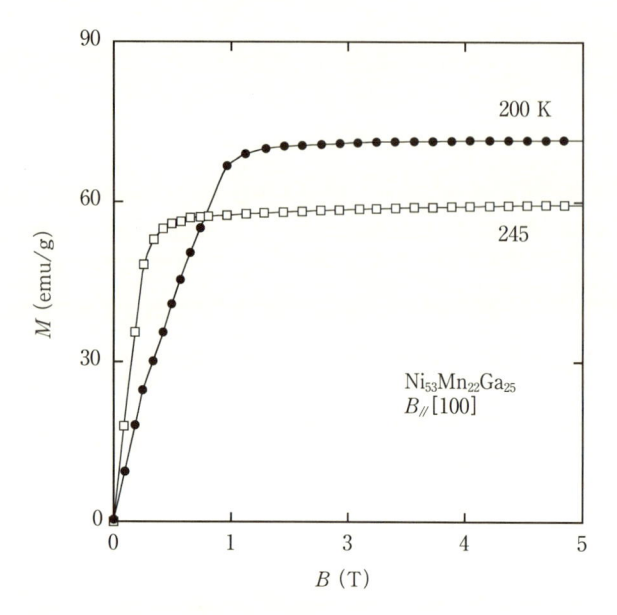

図 8-5 Ni$_{53}$Mn$_{22}$Ga$_{25}$ 単結晶の[100]方向への磁場印加による磁化曲線[11].

はピークを示し，その値は 8 J/kg K であることが報告された[12]．図 8-4 で示したように，高温における 2 次変態のキュリー温度近傍では温度上昇に伴い磁化が減少（$\partial M/\partial T$ が負）するが，比較的低磁場印加でマルテンサイト変態温度近傍では磁気異方性の変化に関連して，温度上昇に伴い磁化が増加（$\partial M/\partial T$ が正）する．そのため，前者における ΔS_m の最大値は負の値を示すが，後者は正の値を示す[11]．

マルテンサイト変態温度近傍における ΔS_m の最大値の磁場依存性において，特徴的な振る舞いが報告されている[13,14]．その例として，図 8-6 に Ni$_{49.5}$Mn$_{25.4}$Ga$_{25.1}$ 単結晶のマルテンサイト変態に伴う磁化の変化量 ΔM と ΔS_m の最大値の磁場依存性を示す[13]．比較的低磁場では磁気異方性に関連してマルテンサイト相の磁化は母相の値よりも小さいので ΔM は負の値を示すが，磁場印加に伴い ΔM は負の最大値を示した後，緩やかに増加して正の値とな

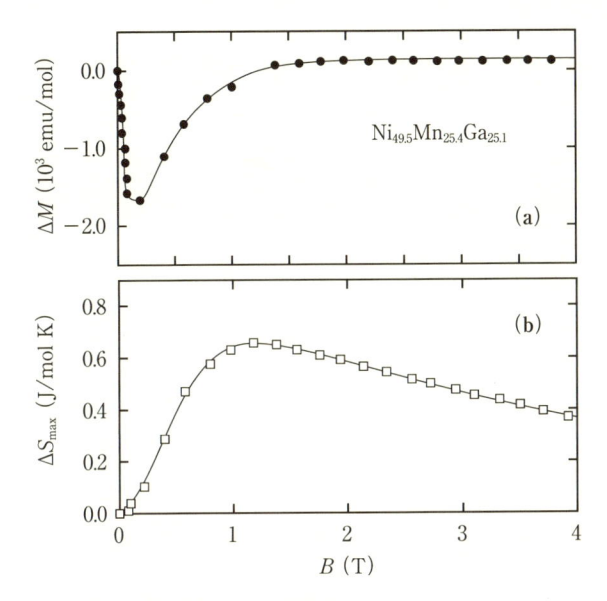

図 8-6 Ni$_{49.5}$Mn$_{25.4}$Ga$_{25.1}$ 単結晶の（a）マルテンサイト変態に伴う磁化の変化量 ΔM と（b）等温磁気エントロピー変化 ΔS_m の最大値の磁場依存性[13].

る．図 8-5 に見るように，マルテンサイト相における飽和磁化は母相の値よりも大きい．そのため，異方性磁界以上の比較的強い磁場を印加した場合，図 8-4 に示したように，変態温度近傍で温度上昇により，磁化は減少して ΔM の値は正に転ずる．$\partial M/\partial T$ は ΔM と負号が逆の関係になるので，式(8-5)から予測されるように，磁場印加の増大に伴い ΔS_m の最大値は ΔM が負から正の値に変化する磁場近傍で極大を示し，その後は緩やかに減少する．このように，$\partial M/\partial T$ の符合が正から負に変化することに関連して，Ni$_{50.1}$Mn$_{20.7}$Ga$_{29.6}$ では印加磁場の増加に伴い ΔS_m の最大値が正から負の値に転ずる[14]．また，**図 8-7** に示す Ni$_{52.6}$Mn$_{23.1}$Ga$_{24.3}$ 単結晶では，比較的低磁場で $\partial M/\partial T$ の符合が変化して，2 および 5 T の印加磁場で ΔS_m の最大値は，それぞれ -6 および -18 J/kg K である[15]．詳細は 8.5 節で述べるが，これらの値は室温磁気冷凍材料の候補として報告されている Gd の値よりも大きい．しかし，図 8-4 に

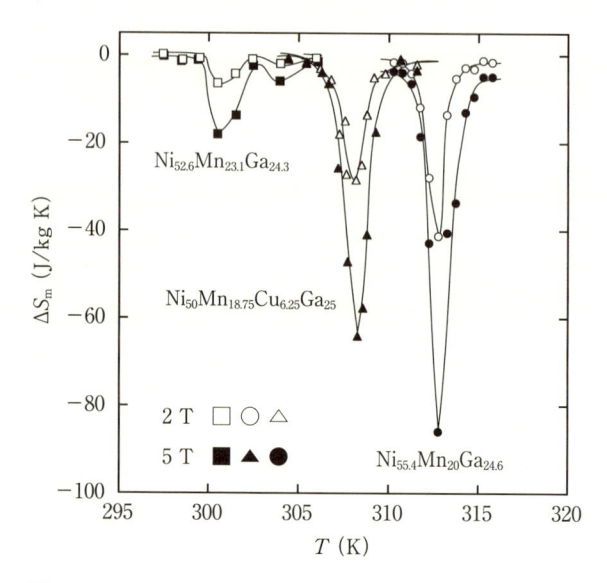

208　第8章　ホイスラー合金の磁気冷凍特性

図8-7　Ni$_{52.6}$Mn$_{23.1}$Ga$_{24.3}$ 単結晶[15]，Ni$_{55.4}$Mn$_{20}$Ga$_{24.6}$ 単結晶[21] および Ni$_{50}$Mn$_{18.75}$Cu$_{6.25}$Ga$_{25}$ 多結晶[22] の2T および5T の印加磁場における等温磁気エントロピー変化 ΔS_m の温度依存性．

示すように磁気異方性の急峻な変化はマルテンサイト変態点近傍の狭い温度範囲で生じるため，5T の磁場印加における ΔS_m のピークの半値幅 δT は非常に狭くて2K である．したがって，式(8-13)で与えられる値は小さい．

Ni$_{50}$Mn$_{25}$Ga$_{25}$ において，Mn の Ni 部分置換によりマルテンサイト変態温度は上昇してキュリー温度は低下する[16,17]．また，Ga の Mn 部分置換においても前者と同様のマルテンサイト変態温度およびキュリー温度の変化が生じる[18]．これらのことを勘案して合金設計を行うと，室温近傍にマルテンサイト変態温度を制御することができる．このような状況で，報告により程度は異なるが，マルテンサイト変態温度とキュリー温度の差が小さくなると，負の ΔS_m の最大値が大きくなる傾向が見いだされた[19,20]．さらに，キュリー温度とマルテンサイト変態温度がほぼ同程度の場合には，図8-2において Gibbs

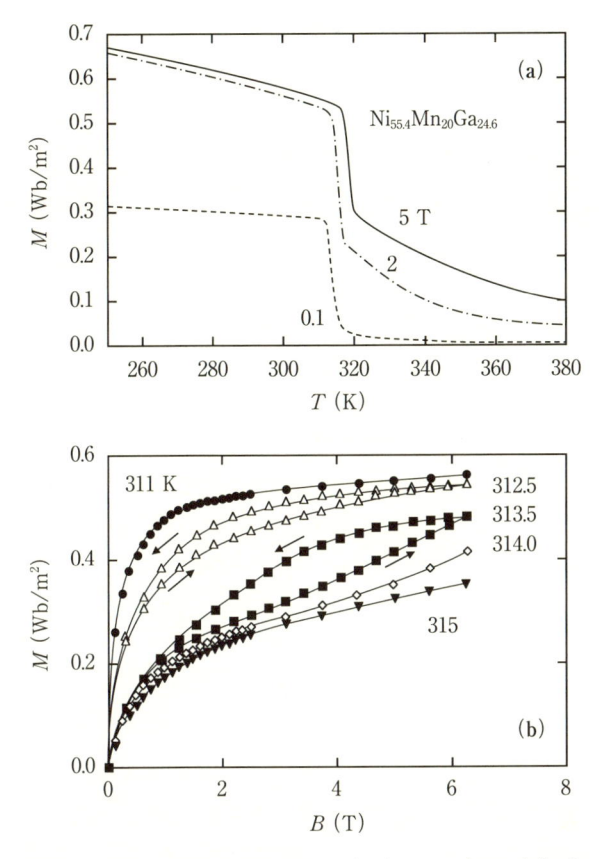

図 8-8 Ni$_{55.4}$Mn$_{20}$Ga$_{24.6}$ 単結晶の（a）さまざまな印加磁場での熱磁気曲線と（b）マルテンサイト変態前後における磁化曲線[21].

の自由エネルギーを用いて説明したように，低温の強磁性マルテンサイト相から高温の常磁性母相の1次変態が発生して，ΔS_m は極めて大きな負の最大値を示すことが明らかになった[21]．その例として，Ni$_{55.4}$Mn$_{20}$Ga$_{24.6}$ 単結晶において，さまざまな印加磁場で測定した熱磁気曲線とマルテンサイト変態温度前後での磁化曲線を**図 8-8**（a）および（b）に示す．（a）の 0.1 T の印加磁場で測定した熱磁気曲線において，温度上昇による強磁性のマルテンサイト相から

常磁性の母相へ1次変態に伴い磁化は急激に減少する．さらに，（b）に示す常磁性の母相における磁化曲線は，昇磁および減磁過程の振る舞いが異なりヒステリシスを示す．すなわち，常磁性の母相から強磁性のマルテンサイト相への磁場誘起1次変態が生じる．このように，磁場印加によりマルテンサイト相が安定になるので，マルテンサイト変態温度は上昇する．マルテンサイト変態に伴う磁化の温度変化は印加磁場が増加しても大きく，広い印加磁場領域で大きな負の $\partial M/\partial T$ が生じる．その結果，図8-7に示すように，$Ni_{55.4}Mn_{20}Ga_{24.6}$ 単結晶は室温近傍で2Tおよび5Tの磁場印加により，きわめて大きな ΔS_m の最大値 -41 および $-86\,J/kg\,K$ を示す[21]．これらの値は，図8-7に示した $Ni_{52.6}Mn_{23.1}Ga_{24.3}$ 単結晶のキュリー温度以下でのマルテンサイト変態に伴う磁気異方性の変化を起源とする ΔS_m の値よりもはるかに大きい．しかし，$Ni_{55.4}Mn_{20}Ga_{24.6}$ 単結晶において，1Tの印加磁場で1K程度しか変態温度は上昇せず，負の大きな $\partial M/\partial T$ の生じる温度範囲は狭い．その結果 ΔS_m のピークの半値幅 δT は $Ni_{52.6}Mn_{23.1}Ga_{24.3}$ 単結晶と同程度になる[21]．$Ni_{50}Mn_{25}Ga_{25}$ 系合金の磁気熱量特性について，上述した他に報告されているデータを**表8-1**にまとめて示す．

　キュリー温度およびマルテンサイト変態温度は，組成変化だけでなく，元素添加でも制御することができる．**表8-2**に元素部分置換を施した $Ni_{50}Mn_{25}Ga_{25}$ 系合金の磁気熱量特性をまとめて示す．例えば，MnのCu部分置換によりキュリー温度は低下してマルテンサイト変態温度は上昇する[22,23]．MnをCuで25%部分置換した合金 $Ni_{50}Mn_{18.75}Cu_{6.25}Ga_{25}$ にすると，キュリー温度とマルテンサイト変態温度がほぼ同程度となり，強磁性のマルテンサイト相から常磁性の母相への1次変態が室温近傍で生じ，常磁性の母相に磁場を印加すると強磁性のマルテンサイト相へ磁場誘起1次変態が生じる．図8-7に示すように，この場合も $Ni_{52.6}Mn_{23.1}Ga_{24.3}$ 単結晶と比較して，はるかに大きな ΔS_m の最大値を示す[22]．また，Cu部分置換量を25%以上に増やすと1次変態を保持した状態でキュリー温度は310Kまで上昇する[22]．さらに，Mnの代わりにFe，あるいはGaの代わりにGeの部分置換でも1次変態のキュリー温度を制御することが可能であり，300〜320Kの温度領域で大きな負の最大値の ΔS_m が得

表 8-1 $Ni_{50}Mn_{25}Ga_{25}$ 系ホイスラー合金の変態温度，等温磁気エントロピー変化 (ΔS_m) の最大値および断熱温度変化 (ΔT_{ad}) の最大値（P：多結晶，S：単結晶）．

合金	変態温度 (K)	印加磁場 (T)	ΔS_m (J/kg K)	ΔT_{ad} (K)
$Ni_{51.5}Mn_{22.7}Ga_{25.8}$ [P] [1]	197^I	0.9	4.1	—
$Ni_{49.5}Mn_{25.4}Ga_{25.1}$ [S] [2]	177^I	1	2.5	—
		4	1.6	—
$Ni_{53}Mn_{22}Ga_{25}$ [S] [3]	220^I	2	-1.6	—
$Ni_{52.6}Mn_{23.1}Ga_{24.3}$ [S] [4]	297^I	2	-6	—
		5	-18	—
$Ni_{51}Mn_{27.9}Ga_{21.1}$ [S] [5]	314^I	2	-5	—
		5	-18	—
$Ni_{54.75}Mn_{20.25}Ga_{25}$ [P] [6]	～340	2.6	—	1
$Ni_{54.75}Mn_{20.25}Ga_{25}$ [P] [7]	～350^{II}	1.8	-15	—
$Ni_{55.2}Mn_{18.6}Ga_{26.2}$ [P] [8]	320^{II}	5	-20	—
$Ni_{54.5}Mn_{20.5}Ga_{25}$ [P] [9]	333^{II}	1.8	-21	—
$Ni_{55.2}Mn_{18.6}Ga_{26.2}$ [P] [10]	315^{II}	5	-20	—
$Ni_{55.5}Mn_{20}Ga_{24.5}$ [P] [11]	316^{II}	2	-15	—
$Ni_{55.4}Mn_{20}Ga_{24.6}$ [S] [12]	313^{II}	2	-41	1.6
		7	-86	3
$Ni_{50}Mn_{30}Ga_{20}$ [P] [13]	～360^{II}	5	-9.6	—
$Ni_{50}Mn_{29}Ga_{21}$ [P] [14]	340^{II}	2	-1.5	—
		8	-9.6	—
$Ni_{54.8}Mn_{20.3}Ga_{24.9}$ [P] [15]	338^{II}	1.2	-7.0	—

I：マルテンサイト変態
II：磁気変態を伴うマルテンサイト変態

[1] F. X. Hu et al.：Appl. Phys. Lett. **76** (2000) 3460.　[2] J. Marcos et al.：Phys. Rev. B **66** (2002) 224413.　[3] O. Tegus et al.：Physica B **319** (2002) 174.　[4] F. X. Hu et al.：Phys. Rev. B **64** (2001) 132412.　[5] M. Pasquale et al.：J Appl. Phys. **95** (2004) 6918.　[6] A. Aliev et al.：J. Magn. Magn. Mater. **272-276** (2004) 2040.　[7] F. Albertini et al.：J. Magn. Magn. Mater. **272-276** (2004) 2111.　[8] X. Zhou et al.：J. Phys.：Cond. Matter **16** (2004) L39.　[9] A. A. Cherechukin et al.：Phys. Lett. A **326** (2004) 146.　[10] X. Zhou et al.：J. Appl. Phys. **97** (2005) 10M515.　[11] Y. Long et al.：J. Appl. Phys. **98** (2005) 046102.　[12] M. Pasquale et al.：Phys. Rev. B **72** (2005) 094435.　[13] F. Albertini et al.：J. Appl. Phys. **100** (2006) 023908.　[14] X. Zhou et al.：J. Magn. Magn. Mater. **305** (2006) 372.　[15] B. Ingale et al.：J. Appl. Phys. **102** (2007) 013906.

表 8-2 元素部分置換を施した $Ni_{50}Mn_{25}Ga_{25}$ 系ホイスラー合金の変態温度，等温磁気エントロピー変化（ΔS_m）の最大値および断熱温度変化（ΔT_{ad}）の最大値．

合金	変態温度* (K)	印加磁場 (T)	ΔS_m (J/kg K)	ΔT_{ad} (K)
$Ni_{50}Mn_{18.75}Cu_{6.25}Ga_{25}$ [1]	315	2	-18	—
$Ni_{50}Mn_{25-x}Cu_xGa_{25}$ [2]				
$x=6.25$	308	2	-29	—
		5	-65	—
$x=6.125$	~299	2	-28	—
		5	-44	—
$Ni_{50}Mn_{17.75}Cu_{6.75}Fe_{0.5}Ga_{25}$ [3]	~297	2	-32	—
		5	-58	—
$Ni_{50}Mn_{17.5}Cu_{7.5}Ga_{23.75}Ge_{1.25}$ [3]	~317	2	-23	—
		5	-57	—

* マルテンサイト変態を伴う1次変態のキュリー温度
[1] A. M. Gomes et al.: J. Appl. Phys. **99**（2006）08Q106. [2] S. Stadler et al.: Appl. Phys. Lett. **88**（2006）192511. [3] M. Khan et al.: J. Appl. Phys. **101**（2007）09C515.

られる[24]．しかし，磁気状態が強磁性から常磁性に変化するマルテンサイト変態温度に及ぼす磁場の影響は元素部分置換後も小さく，上述の大きな負の ΔS_m のピークの半値幅 δT も 2 K 以下である[22, 24]．

前節で述べたように，磁気冷凍材料は大きな ΔS_m を示すだけでは不十分で，式(8-9)で議論したように大きな断熱温度変化 ΔT_{ad} を示すことも必要である．**図 8-9** に，温度計による直接法で評価した $Ni_{54.75}Mn_{20.25}Ga_{25}$ 多結晶の磁場印加 1.85 T における ΔT_{ad} を示す[25]．温度上昇に伴い強磁性のマルテンサイト相から常磁性の母相への1次変態が生じる 340 K 近傍において正の ΔT_{ad} はピークを示し，その最大値は 0.8 K になる．この値は，Gd における 1 T での ΔT_{ad} の値である 2.6 K よりもかなり小さい．式(8-9)の熱力学的関係より，組成制御や元素の部分置換によりキュリー温度とマルテンサイト変態温度を同程度に制御した場合は，大きな $\partial M/\partial T$ が生じるので ΔT_{ad} も大きくなることが期待される．しかし，1次変態の ΔT_{ad} は，式(8-10)および図 8-2（c）から明らかなように，比較的低磁場印加の場合は変態温度の磁場依存性の影響を受け

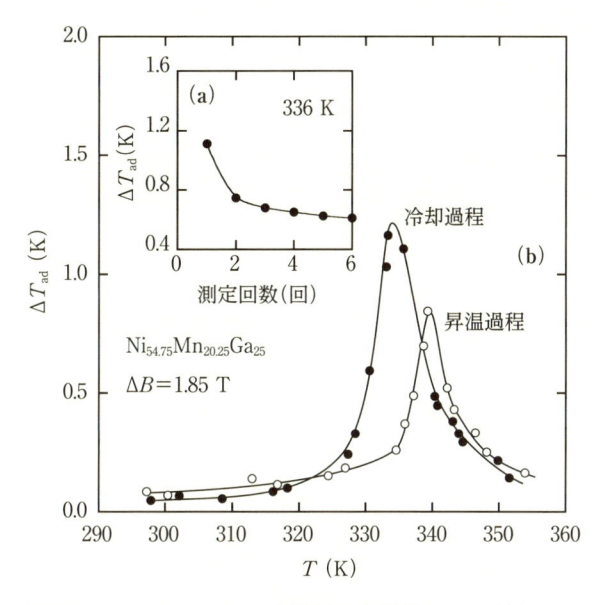

図 8-9 Ni₅₄.₇₅Mn₂₀.₂₅Ga₂₅ 多結晶の直接法により評価した 1.85 T の磁場印加による断熱温度変化 ΔT_{ad}. （b）昇温および冷却過程における温度依存性. （a）高温から 336 K に冷却後の繰り返し測定による変化[25].

る．つまり，Ni₅₄.₇₅Mn₂₀.₂₅Ga₂₅ 多結晶における ΔT_{ad} の小さな値はマルテンサイト変態温度が 1 T の印加磁場で 0.8 K 程度しか上昇しないことに起因する[25]．印加磁場を 2.6 T と大きくしても，ΔT_{ad} は 1.4 K までしか増加しない[26]．また，Ni₅₅.₆Mn₂₃.₁Ga₂₄.₃ 単結晶でも，7 T の磁場印加により 3 K の ΔT_{ad} しか得られない[21]．

図 8-9 において冷却過程の ΔT_{ad} は昇温過程と異なる温度依存性を示して熱履歴が現れる．この熱履歴が生じる温度範囲では，興味ある現象が報告されている．高温から冷却して測定温度を 336 K とした場合の，繰り返し測定に伴う ΔT_{ad} の変化を図（a）に示す．2 回目の測定における ΔT_{ad} の値は，1 回目の値よりもはるかに小さくなる．高温から冷却すると，336 K では常磁性の母相であり，磁場を印加すると強磁性のマルテンサイト相へ1次変態を示す．し

かし，336 K はヒステリシスを示す温度範囲内であるため，磁場誘起の強磁性のマルテンサイト相は無磁場中でも安定になる．つまり，ΔT_{ad} の値は磁場誘起の1次変態が不可逆的であるために減少する．その後，熱サイクルに伴う欠陥の導入，断熱不完全状態での計測などの影響を受けて，繰り返し測定により ΔT_{ad} の値は徐々に減少する．

8.4.2 $Ni_{50}Mn_{25}In_{25}$, $Ni_{50}Mn_{25}Sn_{25}$ および $Ni_{50}Mn_{25}Sb_{25}$ 系フルホイスラー合金およびそれらの元素部分置換合金

最近，強磁性の L2$_1$ 構造のフルホイスラー $Ni_{50}Mn_{25}In_{25}$, $Ni_{50}Mn_{25}Sn_{25}$ および $Ni_{50}Mn_{25}Sb_{25}$ 系合金において[27]，In, Sn および Sb を Mn で部分置換することにより，キュリー温度以下でマルテンサイト変態が生じることが見いだされた[28]．例として，図 8-10（a）および（b）に，$Ni_{46}Mn_{41}In_{13}$ の熱磁気曲線とマルテンサイト変態温度近傍における磁化曲線を示す[29]．0.05 T の印加磁場で測定した熱磁気曲線において，温度上昇に伴い磁化はマルテンサイト変態温度近傍で上昇した後，キュリー温度で低下する．このような振る舞いは図 8-4 に示した $Ni_{50}Mn_{25}Ga_{25}$ における比較的低磁場での熱磁気曲線と類似する．しかし，$Ni_{46}Mn_{41}In_{13}$ の磁化曲線において，7 T の磁場印加におけるマルテンサイト相の 100 K における磁化は，母相でキュリー温度直下の 273 K の磁化と比較して小さい．そのため，$Ni_{50}Mn_{25}Ga_{25}$ の場合と異なり，熱磁気曲線において印加磁場が増加してもマルテンサイト変態に伴う磁化の温度変化は大きい．また，マルテンサイト変態温度直下の 200 および 180 K における磁化曲線は S 字形でヒステリシスを示し，磁化の小さなマルテンサイト相から強磁性の母相への磁場誘起 1 次変態を示す．この 1 次変態は図 8-2 に示した低温の強磁性相と高温の常磁性相の 1 次変態や，典型的な強磁性の 2 次変態と異なり，磁場印加により正の ΔS_m と負の ΔT_{ad} を伴い，図 8-2 の場合と全く逆の"逆"磁気熱量効果を引き起こす．

逆磁気熱量効果の発生原理を，低温の反強磁性相と高温の強磁性相間の 1 次変態の場合を例に，図 8-11 に示した Gibbs の自由エネルギー G，磁化 M およびエントロピー S の温度依存性の模式図を用いて説明する．低温の反強磁性

8.4 ホイスラー合金の磁気熱量効果　215

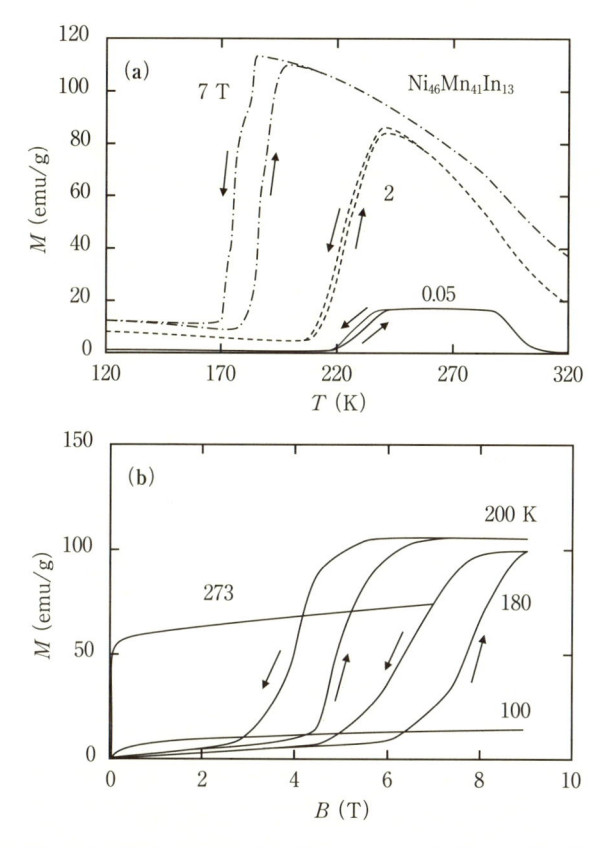

図 8-10 Ni$_{46}$Mn$_{41}$In$_{13}$ 多結晶の（a）さまざまな印加磁場での熱磁気曲線と，（b）マルテンサイト変態温度近傍での磁化曲線[29].

相と高温の強磁性相の G を，それぞれ G_{AF} および G_F とすると，磁場印加によるゼーマンエネルギーの寄与により，G_F が減少して変態温度は低下する．その結果，1次変態に伴う S の不連続変化は低温側に移動するので，変態温度直下で，磁場印加により正の ΔS_m および負の ΔT_{ad} が生じる（図 8-2 および図 8-11 の図面（c）における矢印の方向に注意）．**図 8-12** に Ni$_{50}$Mn$_{36.5}$In$_{13.5}$，Ni$_{50}$Mn$_{37}$Sn$_{13}$ および Ni$_{50}$Mn$_{37}$Sb$_{13}$ 系合金の ΔS_m の温度依存性を示す[30〜32]．ま

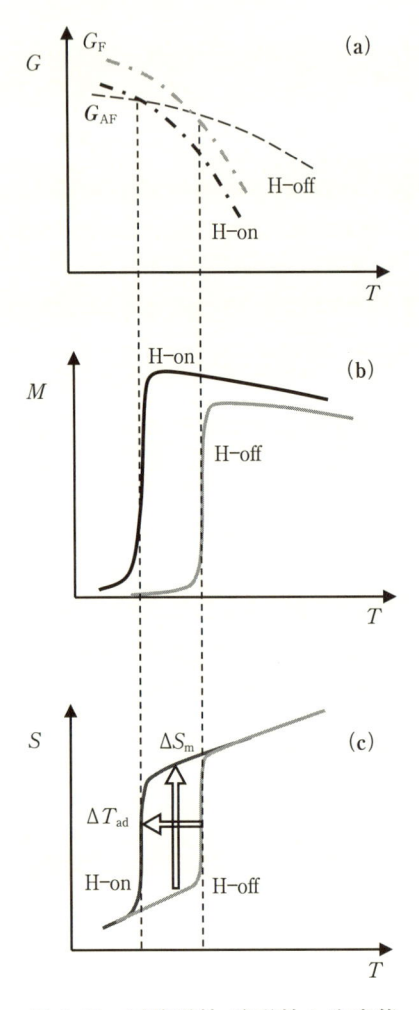

図 8-11 反強磁性-強磁性1次変態における自由エネルギー G, 熱磁気曲線 (M-T) およびエントロピー S の温度依存性の模式図.

8.4　ホイスラー合金の磁気熱量効果　217

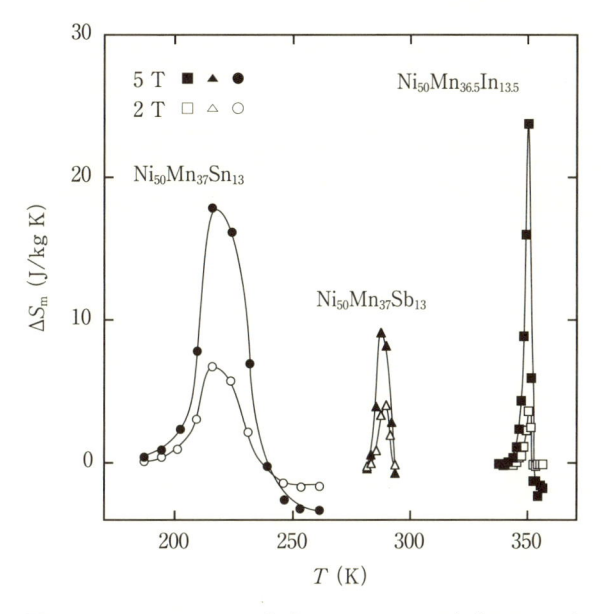

図 8-12　$Ni_{50}Mn_{36.5}In_{13.5}$[31], $Ni_{50}Mn_{37}Sn_{13}$[30], および $Ni_{50}Mn_{37}Sb_{13}$[32] の 2 T および 5 T の印加磁場における等温磁気エントロピー変化 ΔS_m の温度依存性.

た表 8-3 には 3 種類の合金系の変態温度, ΔS_m, ΔT_{ad} をまとめて示す. 室温近傍のマルテンサイト変態温度以下での 5 T の磁場印加により, $Ni_{50}Mn_{37}Sn_{13}$ の ΔS_m は 18 J/kg K の最大値および 20 K の半値幅 δT を示す[30]. また, $Ni_{50}Mn_{36.5}In_{13.5}$ の ΔS_m は 24 J/kg K の最大値および 3 K の半値幅 δT を示す[31]. さらに, $Ni_{50}Mn_{27}Sb_{13}$ の正の ΔS_m は 9 J/kg K の最大値および 5 K の半値幅 δT を示す[32]. つまり, $Ni_{50}Mn_{25}In_{25}$, $Ni_{50}Mn_{25}Sn_{25}$ および $Ni_{50}Mn_{25}Sb_{25}$ 系合金の ΔS_m はマルテンサイト変態温度以下において, $Ni_{50}Mn_{25}Ga_{25}$ 系合金およびその元素部分置換合金と比較して大きな正の最大値と比較的大きな半値幅 δT を示す. 一方, 比熱および磁化測定データを用いた評価から, $Ni_{50}Mn_{34}Sn_{16}$ および $Ni_{50}Mn_{34}In_{16}$ の断熱温度変化 ΔT_{ad} は 8 T の磁場印加により, それぞれ -1 および -9 K の負の値を示す[33].

表 8-3 $Ni_{50}Mn_{25}In_{25}$, $Ni_{50}Mn_{25}Sn_{25}$ および $Ni_{50}Mn_{25}Sb_{25}$ 系ホイスラー合金の変態温度, 等温磁気エントロピー変化 (ΔS_m) の最大値および断熱温度変化 (ΔT_{ad}) の最大値.

合金	変態温度 (K)	印加磁場 (T)	ΔS_m (J/kg K)	ΔT_{ad} (K)
$Ni_{50}Mn_{37}Sn_{13}$ [1]	307	2	7	—
		5	18	—
$Ni_{45.4}Mn_{41.5}In_{13.1}$ [2]	250	1	8	—
$Ni_{43}Mn_{46}Sn_{11}$ [3]	200	1	10	—
$Ni_{50}Mn_{35}In_{15}$ [4]	302	1-5	25	—
$Ni_{50}Mn_{34}In_{16}$ [5]	~240	8	19	−9
$Ni_{50}Mn_{34}Sn_{16}$ [5]	~220	8	2	−1
$Ni_{50}Mn_{37}Sb_{13}$ [6]	290	2	4	—
		5	9.1	—
$Ni_{50}Mn_{35}In_{15}$ [7]	311	5	36	—
$Ni_{50}Mn_{38}Sb_{12}$ [8]	300	2	8.9	—
		5	19	—
$Ni_{50}Mn_{36.5}In_{13.5}$ [9]	347	2	4	—
		5	24	—
$Ni_{47}Mn_{40}In_{13}$ [10]	310	2	24	—

* 磁気変態を伴うマルテンサイト変態

[1] T. Krenke et al.: Nature Mater. **4** (2005) 450.　[2] Z. D. Han et al.: Appl. Phys. Lett. **89** (2006) 182507.　[3] Z. D. Han et al.: Appl. Phys. Lett. **90** (2007) 042507.　[4] P. A. Bhobe et al.: Appl. Phys. Lett. **91** (2007) 242503.　[5] V. K. Sharma et al.: J. Phys.: Condens. Matter **19** (2007) 496207.　[6] J. Du et al.: J. Phys. D: Appl. Phys. **40** (2007) 5523.　[7] A. K. Pathak et al.: Appl. Phys. Lett. **90** (2007) 262504.　[8] M. Khan et al.: J. Appl. Phys. **101** (2007) 053919.　[9] A. K. Pathak et al.: Appl. Phys. Lett. **96** (2010) 172503.　[10] N. V. R. Rama Rao et al.: Appl. Phys. A **99** (2010) 265.

Co, Si, Fe, Ge および Al などの置換元素による特性制御も盛んに試みられている. **表 8-4** に元素部分置換を施した $Ni_{50}Mn_{25}In_{25}$, $Ni_{50}Mn_{25}Sn_{25}$ および $Ni_{50}Mn_{25}Sb_{25}$ 系合金の磁気熱量特性をまとめて示す. $Ni_{50}Mn_{25}Sb_{25}$ 系合金において Ni を Co で部分置換してもキュリー温度はほとんど変化しないが, マルテンサイト変態温度は低下する[34~36]. その結果, 一定磁場中におけるマルテンサイト変態温度での磁化の温度変化は大きくなり, Co 部分置換により ΔS_m

表8-4 元素部分置換を施した $Ni_{50}Mn_{25}In_{25}$, $Ni_{50}Mn_{25}Sn_{25}$ および $Ni_{50}Mn_{25}Sb_{25}$ 系ホイスラー合金の変態温度，等温磁気エントロピー変化（ΔS_m）の最大値および断熱温度変化（ΔT_{ad}）の最大値．

合金	変態温度* (K)	印加磁場 (T)	ΔS_m (J/kg K)	ΔT_{ad} (K)
$Ni_{45}Co_5Mn_{38}Sb_{12}$ [1]	～270	2	15	—
		5	34	—
$Ni_{45}Co_5Mn_{37.5}In_{12.5}$ [2]	355	2	7	—
		7	30	—
$Ni_{45}Co_5Mn_{38}Sb_{12}$ [3]	264	2	26	—
		5	68	—
$Ni_{41}Co_9Mn_{40}Sb_{10}$ [4]	291	2	3.4	—
		5	8.2	—
$Ni_{50}Mn_{35}In_{12}Si_3$ [5]	250	2	58	—
		5	124	—
$Ni_{50}(Mn_{0.93}Fe_{0.07})_{36}Sn_{14}$ [6]	131	2	4.6	—
		5	12	—
$Ni_{43}Mn_{46}Sn_9Ge_2$ [7]	250	1	3.8	—
$Ni_{50}Mn_{35}In_{14}Si_1$ [8]	～288	2	36	—
		5	82	—

*磁気変態を伴うマルテンサイト変態

[1] A. K. Nayak et al.：J. Phys. D：Appl. Phys. **42**（2009）035009. [2] D. Bourgault et al.：Appl. Phys. Lett. **96**（2010）132501. [3] A. K. Nayak et al.：J. Appl. Phys. **107**（2010）09A927. [4] A. K. Nayak et al.：J. Alloys Compd. **499**（2010）140. [5] A. K. Pathak et al.：J. Appl. Phys. **41**（2008）202004. [6] E. C. Passamani et al.：J. Appl. Phys. **105**（2009）033919. [7] Z. D. Han et al.：Mater. Sci. Eng. B **157**（2009）40. [8] A. K. Pathak et al.：J. Phys. D：Appl. Phys. **42**（2009）045004.

の最大値は増加する．例えば，$Ni_{45}Co_5Mn_{38}Sb_{12}$ の 260 K 近傍において 5 T の磁場印加により，ΔS_m は 34 J/kg K の最大値を示す．しかし，半値幅 δT は 4 K である[34]．また，$Ni_{45}Co_5Mn_{37.5}In_{12.5}$ は 355 K 近傍において 7 T の磁場印加により ΔS_m は 30 J/kg K の最大値を示し，半値幅 δT は 15 K になる．なお，$Ni_{50}Mn_{25}In_{25}$ 系合金でも Co 部分置換により ΔS_m の最大値は増加する[37]．さらに，$Ni_{50}Mn_{35}In_{15}$ 系合金では，In の Si 部分置換においても ΔS_m の最大値は増加する[38]．例えば，$Ni_{50}Mn_{35}In_{12}Si_3$ の場合，270 K 近傍において 5 T の磁場

印加により，ΔS_m は，124 J/kg K の最大値を示す．しかし，半値幅 δT は 2 K 以下である[38]．一方，$\mathrm{Ni_{50}Mn_{25}Sn_{25}}$ 系合金における Sn の Ge 部分置換では，キュリー温度の低下およびマルテンサイト変態温度の上昇により，変態に伴う磁化の変化が小さくなるために，ΔS_m の最大値も小さくなる[39]．また，$\mathrm{Ni_{50}Mn_{25}In_{25}}$ 系合金における In の Ge 部分置換や Al 部分置換でも ΔS_m の最大値は減少する[40]．$\mathrm{Ni_{50}Mn_{25}Sn_{25}}$ 系合金では，Mn を Fe で部分置換しても ΔS_m の最大値および半値幅 δT は，Fe 部分置換前とほぼ同程度の値を示す[41]．Fe 部分置換量の増加に伴いマルテンサイト変態温度が低下するために，$\mathrm{Ni_{50}(Mn_{1-x}Fe_x)_{36}Sn_{14}}$ では 12 J/kg K 程度の ΔS_m の最大値が 300 K から 150 K 近傍の広い温度で制御できる．

上記のように，$\mathrm{Ni_{50}Mn_{25}In_{25}}$，$\mathrm{Ni_{50}Mn_{25}Sn_{25}}$ および $\mathrm{Ni_{50}Mn_{25}Sb_{25}}$ 系合金およ

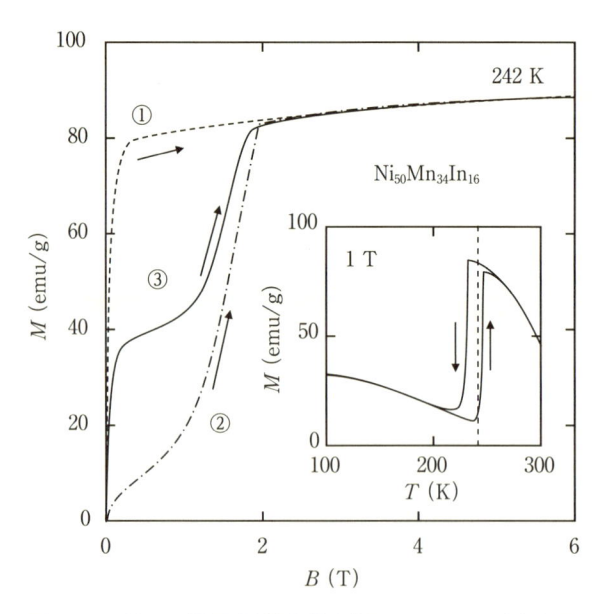

図 8-13 種々の温度調整過程を経て 242 K で測定された $\mathrm{Ni_{50}Mn_{34}In_{16}}$ の磁化曲線．内挿図は 1 T の印加磁場における熱磁気曲線[42]．

8.4 ホイスラー合金の磁気熱量効果　221

びその部分置換合金では大きな ΔS_m が得られる．しかし，マルテンサイト変態温度近傍での熱履歴に関連した悪影響が指摘されている[42,43]．**図 8-13** に種々の過程を経て 242 K に調整した $Ni_{50}Mn_{34}In_{16}$ の磁化曲線を示す[42]．①は磁場中で室温近傍から 242 K に冷却した後測定された磁化曲線である．このような過程で，内挿図の 1 T の磁場印加による熱磁気曲線から明らかなように，点線で示す温度を 242 K にすると母相が安定になる．そのため，磁化は強磁性の振る舞いを示し，磁場を印加しても 1 次変態は発生しない．一方，30 K まで冷却した後，242 K に昇温して測定された磁化曲線である②では，磁場印加により 1.8 T 近傍で磁場誘起 1 次変態が生じて，磁化は急激に増加する．さらに，無磁場中で室温近傍から 150 K まで一度冷却した後，242 K に昇温して測定された磁化曲線である③では，磁場印加により最初は磁化が急激に増加するが，磁化が 40 emu/g 程度に達すると増加が緩やかになり，1.8 T 近傍で

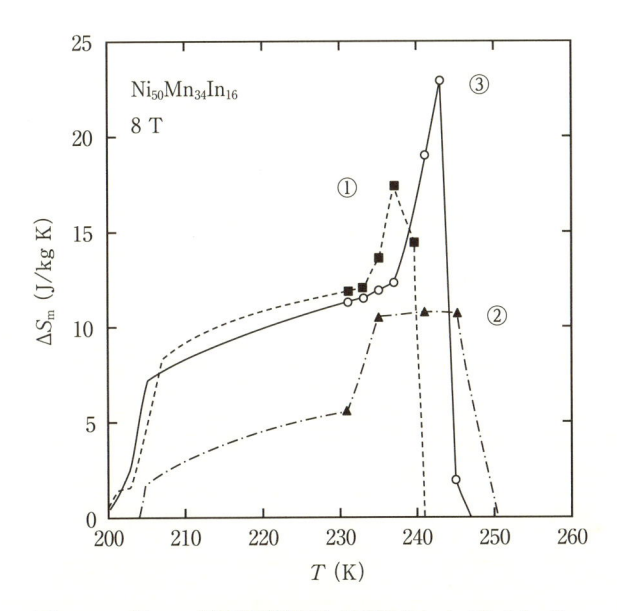

図 8-14　種々の温度調整過程で評価された $Ni_{50}Mn_{34}In_{16}$ の等温磁気エントロピー変化 ΔS_m の温度依存性[42]．

再び磁化は急激に増加する.このような振る舞いは熱履歴が生じる温度範囲ではマルテンサイト相と母相の割合が温度調整過程の相違に依存するためと推察される.その結果,図 8-14 に示したように,ΔS_m の最大値および半値幅 δT は温度調整過程により異なる[42].

熱履歴に起因した悪影響は断熱温度変化においても生じる.図 8-15(a)に $Ni_{50}Mn_{36}Co_1Sn_{13}$ における熱磁気曲線を示す[43].また,図 8-16(a),お

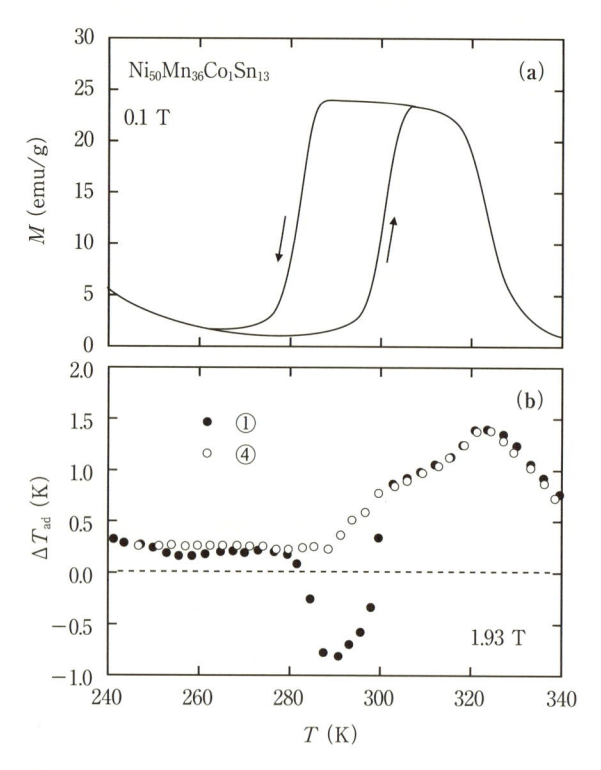

図 8-15 $Ni_{50}Mn_{36}Co_1Sn_{13}$ の(a)熱磁気曲線と(b)直接測定で求めた断熱温度変化 ΔT_{ad} の温度依存性[43].①および④は,図 8-16 に示す 0 から +1.93 T の昇磁過程および -1.93 から 0 T の減磁過程にそれぞれ対応する.

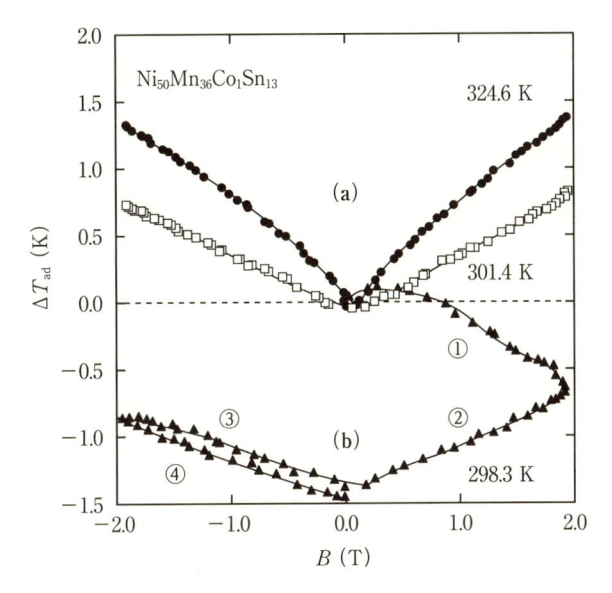

図 8-16 種々の温度で直接測定により評価された $Ni_{50}Mn_{36}Co_1Sn_{13}$ の断熱温度変化 ΔT_{ad} の磁場依存性[43]．図中の数字（①，②，③，④）は測定順序を表す．

よび（b）には同じ合金の各温度における ΔT_{ad} の磁場依存性を示す[43]．磁場依存性は，①最初に +1.85 T の昇磁および②減磁過程で測定した後，③磁場方向を反転して −1.85 T の昇磁および④減磁過程が測定された．測定順序は，298.3 K の測定結果を例に図中に数字で示されている．また，図 8-15（b）には，図 8-16 で示した① 0 から +1.93 T の昇磁過程および④ −1.93 から 0 T の減磁過程における ΔT_{ad} の温度依存性を示す．図 8-16（a）に示すように，強磁性の母相である 301.4 および 324.6 K で ΔT_{ad} は正の値を示す．また，顕著なヒステリシスもなく，磁場方向を変化させても同様の振る舞いを示す．一方，マルテンサイト変態温度直下の 284.8 K では，図 8-11 において説明した逆磁気熱量効果により ΔT_{ad} は①の昇磁過程において負の値を示す．ここで注目すべき点は，②の減磁過程でも負の ΔT_{ad} は増加して，不可逆的な挙動を示すこ

とである．さらに，その後，③の磁場方向を変化させた昇磁過程では ΔT_{ad} は増加し，④の減磁過程ではほぼ可逆的に振る舞う．各温度における，①の0から1.85 T の昇磁過程おける ΔT_{ad} と④の -1.85 T から0Tまでの減磁過程における $-\Delta T_{ad}$ の温度依存性をまとめて示した図8-16（b）から明らかなように，熱履歴と ΔT_{ad} の不可逆的な振る舞いが生じる温度領域がほぼ同程度である．その原因は，熱履歴の影響でマルテンサイト変態直下では磁場印加によりマルテンサイト相から母相に変態すると，無磁場中でも母相が安定になることと関連する[43]．

8.4.3　$Ni_{50}Fe_{25}Ga_{25}$ および $Fe_{50}Mn_{25}Si_{25}$ 系フルホイスラー合金およびそれらの元素部分置換合金

$Ni_{50}Fe_{25}Ga_{25}$ 系合金は，$Ni_{50}Mn_{25}Ga_{25}$ 系合金と同様に強磁性状態において磁気異方性の小さい母相から磁気異方性の大きいマルテンサイト相への1次変態を示す[44]．また，FeのNi部分置換によりキュリー温度は低下するが，マルテンサイト変態温度は室温近傍まで上昇する．$Ni_{54}Fe_{19}Ga_{27}$ の280 K のマルテンサイト変態温度近傍において，4 T の磁場印加で ΔS_m は -5 J/kg K の最大値を示す[45]．Ni_2MnGa 系合金と比較して，$Ni_{54}Fe_{19}Ga_{27}$ における変態に伴う磁化の温度変化が小さいため負の ΔS_m の最大値も小さい．

$Fe_{50}Mn_{25}Si_{25}$ は 8.4 節の最初に説明した DO_3 構造で，250 K 近傍において2次のキュリー温度を示す強磁性である[46]．60% 程度の Si を Ge 部分置換することにより，DO_3 規則相と DO_{19} 規則相（Hex. $P6_3/mmc$）の混晶となる[46]．しかし DO_3 規則相のキュリー温度等はほとんど変化せず，$Fe_{50}Mn_{25}Si_{12.5}Ge_{12.5}$ の等温磁気エントロピー変化 ΔS_m は，5 T の印加により -1.5 J/kg K の最大値を示すが，その値は非常に小さいので実用性に乏しい[46]．

8.4.4　CoNbSb 系セミホイスラー合金

$C1_b$ 型セミホイスラーの CoMnSb における約 471 K のキュリー温度近傍では，0.9 T の比較的低磁場で ΔS_m は -2 J/kg K 程度の最大値を示す[47]．Mn を Nb 部分置換することによりキュリー温度を低下させることができるが[48]，

飽和磁化も減少する．そのため，CoMn$_{0.4}$Nb$_{0.6}$Sb における ΔS_m の最大値は -0.6 J/kg K まで低下する[48]．これらの値は，Ni$_{50}$Mn$_{25}$Ga$_{25}$，Ni$_{50}$Mn$_{25}$In$_{25}$，Ni$_{50}$Mn$_{25}$Sn$_{25}$ および Ni$_{50}$Mn$_{25}$Sb$_{25}$ 系フルホイスラー合金およびそれらの元素部分置換合金の値と比較して2桁も小さいので全く実用性はない．

8.5 ホイスラー合金と他の候補物質との特性比較

前節でホイスラー合金の磁気熱量効果について述べたが，その他に Gd[49]，Gd$_5$(Si$_x$Ge$_{1-x}$)$_4$[50,51]，MnAs[52]，MnFeAs$_x$P$_{1-x}$[53]，La(Fe$_x$Si$_{1-x}$)$_{13}$H$_y$[54,55] などで室温近傍において優れた磁気熱量特性が報告されている．そこで，これらの有望な候補材料の磁気熱量特性を**表 8-5** に示す．なお実用的観点から，同表

表 8-5 ホイスラー合金以外の候補材料の変態温度，2 T の磁場印加による等温磁気エントロピー変化の最大値（ΔS_m），半値全幅（δT），Relative Cooling Power（RCP）および断熱温度変化の最大値（ΔT_{ad}）と室温における熱伝導率（κ）．

材料	変態温度 (K)	ΔS_m (J/kg K)	δT (K)	RCP (J/kg)	ΔT_{ad} (K)	$\kappa^{(9)}$ (W/K m)
Gd[1]	294[I]	-5	39	231	5.7	9.9
Gd$_5$(Si$_2$Ge$_2$)[2,3]	272[II]	-27	6	162	7.3	5.3
MnAs[4]	318[II]	-31	5.5	171	4.7	2.0
Fe$_{49}$Rh$_{51}$[5]	313[II]	22	18.2	400	-12.9	—
MnFeAs$_{0.55}$P$_{0.45}$[6]	302[II]	-15	10	149	—	—
La(Fe$_x$Si$_{1-x}$)$_{13}$H$_y$[7,8]						
$x=0.88$, $y=1.0$	274[III]	-19	8.4	160	6.2	9.8
$x=0.90$, $y=1.1$	287[III]	-28	7.0	196	7.1	—

I：2次変態のキュリー温度
II：結晶構造変化を伴う1次変態のキュリー温度
III：結晶構造変化を伴わない1次変態のキュリー温度

(1) S. Yu. Dan'kov et al.：Phys. Rev. B **57**（1998）3478． (2) V. K. Pecharsky et al.：Phys. Rev. Lett. **78**（1997）4494． (3) A. O. Pecharsky et al.：J. Appl. Phys. **93**（2003）4722． (4) H. Wada et al.：Appl. Phys. Lett. **79**（2001）3302． (5) M. P. Annaorazov et al.：Cryogenics **32**（1992）867． (6) O. Tegus et al.：Nature **415**（2002）150． (7) S. Fujieda et al.：Appl. Phys. Lett. **81**（2002）1276． (8) A. Fujita et al.：Phys. Rev. B **67**（2003）104416． (9) S. Fujieda et al.：J. Appl. Phys. **95**（2004）2429．

にはネオマックのような強力な永久磁石で印加可能な磁場を目安にして2Tの磁場印加における等温磁気エントロピー変化および断熱温度変化を示した．表8-5 には式(8-13)で示す δT および RCP も示す．また，比較的優れた特性を示す $Ni_{50}Mn_{25}Ga_{25}$，$Ni_{50}Mn_{25}In_{25}$，$Ni_{50}Mn_{25}Sn_{25}$ および $Ni_{50}Mn_{25}Sb_{25}$ 系フルホイスラー合金およびそれらの元素部分置換合金における δT および RCP を表8-6 に示す．

Gd は 4f 電子に由来する大きな磁気モーメントを有しており，2次変態のキュリー温度近傍で負の ΔS_m は最大値を示す．また $Gd_5(Si_{0.5}Ge_{0.5})_4$，MnAs，$MnFeAs_{0.55}P_{0.45}$ および $La(Fe_xSi_{1-x})_{13}H_y$ では，キュリー温度での1次変態およびキュリー温度以上での磁場誘起1次変態に起因して，ΔS_m はさらに大きな

表8-6 $Ni_{50}Mn_{25}Ga_{25}$，$Ni_{50}Mn_{25}In_{25}$，$Ni_{50}Mn_{25}Sn_{25}$ および $Ni_{50}Mn_{25}Sb_{25}$ 合金系ホイスラー合金およびその元素部分置換合金の変態温度，2Tの磁場印加による等温磁気エントロピー変化（ΔS_m）の最大値，半値全幅（δT）および Relative Cooling Power（RCP）．

合金	変態温度 (K)	ΔS_m (J/kg K)	δT (K)	RCP (J/kg)
$Ni_{52.6}Mn_{23.1}Ga_{24.3}$ [1]	297^{I}	-6	1.8	11
$Ni_{55.4}Mn_{20}Ga_{24.6}$ [2]	313^{II}	-41	1.1	45
$Ni_{50}Mn_{18.75}Cu_{6.25}Ga_{25}$ [3]	308^{II}	-29	1.7	49
$Ni_{50}Mn_{37}Sn_{13}$ [4]	307^{II}	7	18	126
$Ni_{50}Nn_{37}Sb_{13}$ [5]	290^{II}	4	4.9	20
$Ni_{50}Mn_{36.5}In_{13.5}$ [6]	347^{II}	4	2.7	11
$Ni_{45}Co_5Mn_{38}Sb_{12}$ [7]	264^{II}	26	2.8	73
$Ni_{45}Co_5Mn_{37.5}In_{12.5}$ [8]	355^{II}	7	16	112
$Ni_{50}Mn_{35}In_{14}Si_1$ [9]	~288^{II}	36	2.6	94

I：マルテンサイト変態
II：磁気変態を伴うマルテンサイト変態

[1] F. X. Hu et al.：Phys. Rev. B **64**（2001）132412. [2] M. Pasquale et al.：Phys. Rev. B **72**（2005）094435. [3] S. Stadler et al.：Appl. Phys. Lett. **88**（2006）192511. [4] T. Krenke et al.：Nature Mater. **4**（2005）450. [5] J. Du et al.：J. Phys. D：Appl. Phys. **40**（2007）5523. [6] A. K. Pathak et al.：Appl. Phys. Lett. **96**（2010）172503. [7] A. K. Nayak et al.：J. Appl. Phys. **107**（2010）09A927. [8] D. Bourgault et al.：Appl. Phys. Lett. **96**（2010）132501. [9] A. K. Pathak et al.：J. Phys. D：Appl. Phys. **42**（2009）045004.

8.5 ホイスラー合金と他の候補物質との特性比較

最大値を示す.これらと比較して,$Ni_{55.4}Mn_{20}Ga_{24.6}$ における ΔS_m の最大値ははるかに大きい[21].また,$Ni_{50}Mn_{35}In_{14}Si$ における ΔS_m の最大値は符号が異なるが,その絶対値は表 8-5 で示した他の候補材料よりもはるかに大きい[40].しかし,表 8-6 に示すように多くのホイスラー合金における δT は,表 8-5 に示す他の候補材料の値よりも小さい.なお,$Ni_{50}Mn_{37}Sn_{13}$ や $Ni_{45}Co_5Mn_{37.5}In_{12.5}$ の半値幅 δT は比較的大きいが ΔS_m の最大値は小さい.これらの結果より,ホイスラー合金における RCP は他の候補物質に劣る.また,報告されていない物質も多いが,表 8-1 に示すように既報の ΔT_{ad} も他の候補材料に劣る.つまり,ホイスラー合金における磁気熱量効果は正または負の大きな ΔS_m の最大値の絶対値で特徴付けられるが,磁気冷凍材料への応用に向けた解決されなければならない課題は半値幅 δT の拡大と RCP および ΔT_{ad} の増大である.

8.3 節でも述べたように,磁気冷凍材料は,磁気熱量特性が優れているだけでは不十分で,良好な熱伝導率も必要である.表 8-5 において,Gd および $La(Fe_{0.88}Si_{0.12})_{13}H_{1.0}$ の熱伝導率 κ は,ほぼ同程度であり,MnAs および $Gd_5(Si_{0.5}Ge_{0.5})_4$ よりも優れている[56].ホイスラー合金では表 8-1〜8-4,8-6 に示すように,Mn を多量に含む場合がほとんどであり,熱伝導率に関する評価は必須である.また,結晶構造変化を伴う 1 次変態を示す $Fe_{49}Rh_{51}$ において,磁気熱量特性が磁場サイクルの繰り返しにより劣化することが報告されている[57].Gd の磁気転移は 2 次変態であり,また,$La(Fe_xSi_{1-x})_{13}H_y$ では 1 次変態であるが,結晶構造変化がないので,これら二つでは FeRh のような磁場サイクルの繰り返しによる磁気熱量特性の劣化の心配はない.一方,$Gd_5(Si_{0.5}Ge_{0.5})_4$,MnAs および $MnFeAs_{0.55}P_{0.45}$ では 1 次変態に伴う結晶構造の変化による特性劣化が懸念されている.また,本章で示したホイスラー合金の磁気熱量効果もマルテンサイト変態を起源としており,結晶構造変化を伴うので磁場サイクルの繰り返しによる磁気熱量特性の劣化は解決されなければならない重要な課題である.

8.6 今後の展開

　磁気冷凍技術は室温近傍における冷凍機器にとどまらず，種々の分野への応用が期待される．例えば，高温超電導体として知られているペロブスカイト型酸化物は，最高で135 K程度で超伝導転移を示す．この温度以下では，高感度アンテナ用フィルタ，エネルギー貯蔵，そして磁気浮上リニアモーターカーなどへの応用が検討されている[58]．これら新規高性能機能酸化物超伝導デバイスの安定動作のためには，信頼性の高い冷凍機として磁気冷凍技術が期待されている．さらに，天然ガス（沸点112 K），酸素（沸点90 K），窒素（沸点77 K），水素（沸点20 K）など，各種ガスの液化の分野でも磁気冷凍が注目されている．特に水素は，枯渇の恐れがある化石燃料に代わる次世代のクリーンエネルギーとして注目され，大量需要が予測されている．ホイスラー合金においても，元素置換によりマルテンサイトおよび磁性の変態温度が制御できるので，種々の分野への応用に適応できる低温用磁気冷凍用材料の開発・研究の進展が切望される．

参 考 文 献

[1]　深道和明, 藤田麻哉, 藤枝　俊：日本応用磁気学会誌　まぐね **1**（2006）460.
[2]　深道和明, 藤田麻哉, 藤枝　俊：金属 **77**（2007）617.
[3]　A. J. DeGregoria：Adv. Cryog. Eng. **37**（1992）867.
[4]　C. Zimm, A. Jastrab, A. Sternberg, V. Pecharsky, K. A. Gschneidner, Jr., M. Osborne and I. Anderson：Adv. Cryog. Eng. **43**（1998）1759.
[5]　K. A. Gschneidner, Jr. and V. K. Pecharsky：Ann. Rev. Mater. Sci. **30**（2000）387.
[6]　A. Fujita, S. Koiwai, S. Fujieda, K. Fukamichi, T. Kobayashi, H. Tsuji, S. Kaji and A. T. Saito：J. J. Appl. Phys. **46**（2007）L154.
[7]　C. Zimm, A. Boeder, J. Chell, A. Sternberg, A. Fujita, S. Fujieda and K. Fukamichi：Int. J. Refrigeration **29**（2006）1302.

[8] J. L. Cohn, J. J. Neumeier, C. P. Popoviciu, K. J. McClellan and Th. Leventouri: Phys. Rev. B **56** (1997) R8495.
[9] P. J. Webster, K. R. A. Ziebeck, S. L. Town and M. S. Peak: Phil. Mag. B **49** (1984) 295.
[10] K. Ullakko, J. K. Huang, C. Kantner, R. C. O'Handley, V. V. Kokorin: Appl. Phys. Lett. **69** (1996) 1966.
[11] O. Tegus, E. Brück, L. Zhang, Dagula, K. H. J. Buschow and F. R. de Boer: Physica B **319** (2002) 174.
[12] F. X. Hu, B. G. Shen and J. R. Sun: Appl. Phys. Lett. **76** (2000) 3460.
[13] J. Marcos, A. Planes, L. Mañosa, F. Casanova, X. Batlle, A. Labarta and B. Martínez: Phys. Rev. B **66** (2002) 224413.
[14] F. X. Hu, J. R. Sun, G. H. Wu and B. G. Shen: J. Appl. Phys. **90** (2001) 5216.
[15] F. X. Hu, B. G. Shen, J. R. Sun and G. H. Wu: Phys. Rev. B **64** (2001) 132412.
[16] F. Albertini, F. Canepa, S. Cirafici, E. A. Franceschi, M. Napoletano, A. Paoluzi, L. Pareti and M. Solzi: J. Magn. Magn. Mater. **272-276** (2004) 2111.
[17] A. A. Cherechukin, T. Takagi, M. Matsumoto and V. D. Buchel'nikov: Phys. Lett. A **326** (2004) 146.
[18] X. Zhou, H. Kunkel, G. Williamsa, S. Zhang and X. Desheng: J. Magn. Magn. Mater. **305** (2006) 372.
[19] X. Zhou, W. Li, H. P. Kunkel, G. Williams and S. Zhang: J. Phys.: Condens. Matter **16** (2004) L39.
[20] X. Zhou, W. Li, H. P. Kunkel and G. Williams: J. Appl. Phys. **97** (2005) 10M515.
[21] M. Pasquale, C. P. Sasso, L. H. Lewis, L. Giudici, T. Lograsso and D. Schlagel: Phys. Rev. B **72** (2005) 094435.
[22] S. Stadler, M. Khan, J. Mitchell, N. Ali, A. M. Gomes, I. Dubenko, A. Y. Takeuchi and A. P. Guimarães: Appl. Phys. Lett. **88** (2006) 192511.
[23] A. M. Gomes, M. Khan, S. Stadler, N. Ali, I. Dubenko, A. Y. Takeuchi and A. P. Guimarães: J. Appl. Phys. **90** (2006) 08Q106.
[24] M. Khan, S. Stadler and N. Ali: J. Appl. Phys. **101** (2007) 09C515.
[25] V. V. Khovaylo, K. P. Skokov, Yu. S. Koshkid'ko, V. V. Koledov, V. G. Shavrov, V. D. Buchelnikov, S. V. Taskaev, H. Miki, T. Takagi and A. N. Vasiliev: Phys. Rev. B **78** (2008) 060403 (R).

[26] A. Aliev, A. Batdalov, S. Bosko, V. Buchelnikov, I. Dikshtein, V. Khovailo, V. Koledov, R. Levitin, V. Shavrov and T. Takagi : J. Magn. Magn. Mater. **272-276** (2004) 2040.

[27] C. C. M. Campbell : J. Phys. F : Metal Phys. **5** (1975) 1931.

[28] Y. Sutou, Y. Imano, N. Koeda, T. Omori, R. Kainuma, K. Ishida and K. Oikawa : Appl. Phys. Lett. **85** (2004) 4358.

[29] K. Oikawa, W. Ito, Y. Imano, Y. Sutou, R. Kainuma, K. Ishida, S. Okamoto, O. Kitakami and T. Kanomata : Appl. Phys. Lett. **88** (2006) 122507.

[30] T. Krenke, E. Duman, M. Acet, E. F. Wassermann, X. Moya, L. Mañosa and A. Planes : Nature Mater. **4** (2005) 450.

[31] A. K. Pathak, I. Dubenko, C. Pueblo, S. Stadler and N. Ali : Appl. Phys. Lett. **96** (2010) 172503.

[32] J. Du, Q. Zheng, W. J. Ren, W. J. Feng, X. G. Liu and Z. D. Zhang : J. Phys. D : Appl. Phys. **40** (2007) 5523.

[33] V. K. Sharma, M. K. Chattopadhyay, R. Kumar, T. Ganguli, P. Tiwari and S. B. Roy : J. Phys. : Condens. Matter **19** (2007) 496207.

[34] A. K. Nayak, K. G. Suresh and A. K. Nigam : J. Phys. D : Appl. Phys. **42** (2009) 035009.

[35] A. K. Nayak, K. G. Suresh and A. K. Nigam : J. Appl. Phys. **107** (2010) 09A927.

[36] A. K. Nayak, N. V. R. Rao, K. G. Suresh and A. K. Nigam : J. Alloys Compd. **449** (2010) 140.

[37] D. Bourgault, J. Tillier, P. Courtois, D. Maillard and X. Chaud : Appl. Phys. Lett. **96** (2010) 132501.

[38] A. K. Pathak, I. Dubenko, S. Stadler and N. Ali : J. Phys. D : Appl. Phys. **41** (2008) 202004.

[39] Z. D. Han, D. H. Wang, C. L. Zhang, H. C. Xuan, J. R. Zhang, B. X. Gu and Y. W. Du : Mater. Sci. Eng. B **157** (2009) 40.

[40] A. K. Pathak, I. Dubenko, J. C. Mabon, S. Stadler and N. Ali : J. Phys. D : Appl. Phys. **42** (2009) 045004.

[41] E. C. Passamani, F. Xavier, E. Favre-Nicolin, C. Larica, A. Y. Takeuchi, I. L. Castro and J. R. Proveti : J. Appl. Phys. **105** (2009) 033919.

[42] M. K. Chattopadhyay, V. K. Sharma and S. B. Roy : Appl. Phys. Lett. **92** (2008) 022503.

[43] V. V. Khovaylo, K. P. Skokov, O. Gutfleisch, H. Miki, R. Kainuma and T. Kanomata : Appl. Phys. Lett. **97**（2010）052503.
[44] K. Oikawa, T. Ota, T. Ohmori, Y. Tanaka, H. Morito, A. Fujita, R. Kainuma, K. Fukamichi and K. Ishida : Appl. Phys. Lett. **81**（2002）5201.
[45] V. Recarte, J. I. Pérez-Landazábal, C. Gómez-Polo, E. Cesari and J. Dutkiewicz : Appl. Phys. Lett. **88**（2006）132503.
[46] L. Zhang, E. Brück, O. Tegus, K. H. J. Buschow and F. R. de Boer : Physica B **328**（2003）295.
[47] S. Li, M. Liu, A. Huang, F. Xu, W. Zou, F. Zhang and Y. Du : J. Appl. Phys. **99**（2006）063901.
[48] S. Li, M. Liu, Z. Yuan, L. Y. Lü, Z. Zhang, Y. Lin and Y. Du : J. Alloys Compd. **427**（2007）15.
[49] S. Yu. Dan'kov, A. M. Tishin, V. K. Pecharsky and K. A. Gschneidner, Jr. : Phys. Rev. B **57**（1998）3478.
[50] V. K. Pecharsky and K. A. Gschneidner, Jr. : Phys. Rev. Lett. **78**（1997）4494.
[51] A. O. Pecharsky, K. A. Gschneidner, Jr. and V. K. Pecharsky : J. Appl. Phys. **93**（2003）4722.
[52] H. Wada and Y. Tanabe : Appl. Phys. Lett. **79**（2001）3302.
[53] O. Tegus, E. Brüch, K. H. J. Buschow and F. R. de Boer : Nature **415**（2002）150.
[54] S. Fujieda, A. Fujita and K. Fukamichi : Appl. Phys. Lett. **81**（2002）1276.
[55] A. Fujita, S. Fujieda, Y. Hasegawa and K. Fukamichi : Phys. Rev. B **67**（2003）104416.
[56] S. Fujieda, Y. Hasegawa, A. Fujita and K. Fukamichi : J. Appl. Phys. **95**（2004）2429.
[57] M. P. Annaorazov, K. A. Asatryan, G. Myalikgulyev, S. A. Nikitin, A. M. Tishin and A. L. Tyurin : Cryoginics **32**（1992）867.
[58] 藤枝　俊, 藤田麻哉, 深道和明 : 日本金属学会誌 まてりあ **47**（2008）10.

機能材料としてのホイスラー合金

第9章 スピントロニクス材料としてのホイスラー合金

9.1 はじめに

　近年，近来の発達した薄膜作製技術や微細加工技術により，磁性体薄膜も原子レベルでの膜厚・原子配列制御やナノオーダーでのサイズ制御がなされるようになり，電子の電荷とスピンの双方に依存したさまざまな新しい物理現象が発見されている．"スピントロニクス"と呼ばれるこの分野では，従来のエレクトロニクスに"スピン"の自由度が加わることによって，これまで成し得なかった多機能性・高機能性を有する新規デバイスが考案され，基礎から応用に渡る幅広い研究がなされている．

　スピントロニクスの観点から強磁性体材料に対して重要視される要素について考えてみると，一般的な磁気的特性である磁化や保磁力，磁気異方性の大きさなどに加え，他の材料との格子整合性や固溶性など，さまざまな要素があげられる．その中でも最も重要なパラメータとしてあげられるものが，スピン偏極率と磁気緩和定数である．スピン偏極率 P はフェルミ準位における上向きスピンと下向きスピンの電子状態密度 $D_\uparrow, D_\downarrow$ を用いて

$$P = \frac{(D_\uparrow - D_\downarrow)}{(D_\uparrow + D_\downarrow)} \qquad (9\text{-}1)$$

で定義されるパラメータであり，伝導電子のスピンの偏極度を示す．高い P を有する強磁性体材料は高スピン偏極した電流や大きなスピン蓄積効果を生成するスピン偏極源として，スピン依存のさまざまな現象を顕在化することができる．また磁気緩和定数は磁化（スピン）の歳差運動が有効磁場方向への緩和する大きさを示す現象論的パラメータであり，磁化（スピン）のダイナミクス

を決定する重要な要素である．

NiMnSb に代表される C1$_b$ 型ホイスラー合金や Co$_2$MnSi などの L2$_1$ 型ホイスラー合金は，1980～90 年代においてハーフメタル性（$P=1$）を有することが第一原理計算によって予測され[1,2]，スピントロニクスにおいて注目を集めてきた．近年の研究によって，主に Co 基の L2$_1$ 型ホイスラー合金についてはそのハーフメタル性が実験的にも確認されつつあり，研究の気運は高ぶりを見せている．また Co 基ホイスラー合金の一部は磁気緩和定数が非常に小さいという側面も持っており，スピンダイナミクスの観点からの注目度も高い．本章では，近年，研究が特に盛んな Co 基ホイスラー合金系のハーフメタル材料に焦点を絞り，これらを用いた強磁性トンネル接合や巨大磁気抵抗素子の開発，並びに磁気緩和定数の研究の現状ついて述べることにより，スピントロニクス材料としてのホイスラー合金材料の有用性について紹介する．

9.2　ホイスラー合金ハーフメタルを用いた強磁性トンネル接合

9.2.1　トンネル磁気抵抗効果

外部から印加された磁場に応答し，電気抵抗が変化する現象を総じて磁気抵抗（MR：Magneto-Resistance）効果と言う．MR 効果を利用することにより，磁気的な信号・情報を電気的に読み取ることができる．このため MR 効果は読み取り用の磁気ヘッドや磁気ランダムアクセスメモリのメモリ素子などに応用されている．本節では，MR 効果の中でもその磁気抵抗比の大きさから，近年，デバイスへの応用が盛んなトンネル磁気抵抗（TMR：Tunnel Magneto-Resistance）効果を取り上げる．TMR 効果の原理について説明した後，ハーフメタル性を有するホイスラー合金を電極材料とする有用性と研究の現状，今後の課題と展望について述べる．

二つの強磁性層間に厚さ数 nm オーダーの極薄の絶縁層（トンネル障壁層）を挟んだ素子（強磁性トンネル接合，MTJ）に対し，膜面面直方向に電流を流した際，二つの強磁性層の磁化の相対角度の変化によりトンネル抵抗 R が

9.2 ホイスラー合金ハーフメタルを用いた強磁性トンネル接合

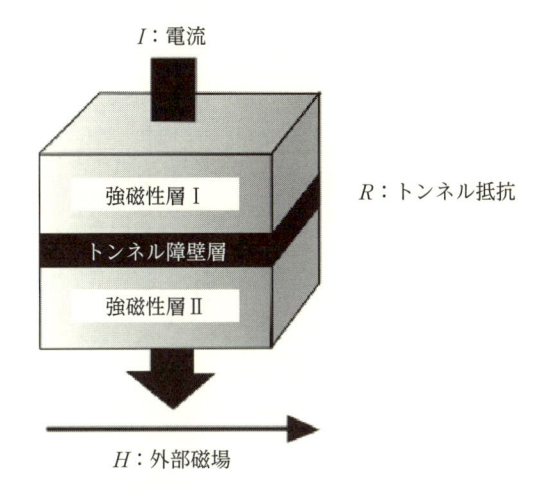

図 9-1 強磁性トンネル接合（MTJ）の模式図．外部磁場によって二つの強磁性層の磁化の相対角度が変化し，これによりトンネル抵抗が変化する現象をトンネル磁気抵抗効果（TMR効果）という．

変化する現象をトンネル磁気抵抗効果（TMR 効果）という（**図 9-1**）．強磁性層のスピン分極率の符号にも依存するが，一般的に二つの強磁性層の磁化が平行状態のときにトンネル抵抗 R は小さくなり，反平行時には大きくなる（**図 9-2**）．このときの抵抗の変化量 $\Delta R (= R_{AP} - R_P)$ を平行時の抵抗 R_P で割った値はトンネル磁気抵抗比（TMR 比）と定義され，MTJ の性能を示す最も重要なパラメータである．ある MTJ の最大の TMR 比を観測するためには二つの強磁性層磁化が反平行に配列することが必要であるが，そのための方法として，上下の強磁性層に保磁力差をつける（保磁力差型）か，IrMn などの反強磁性体を積層させることによる誘導磁気異方性を利用する（スピンバルブ型）方法がある．

　TMR 効果は，強磁性体ではフェルミ準位において上向きスピン電子と下向きスピン電子の状態密度が偏極していることによって生じる．すなわち，$D_{m(M)}^{I(II)}$ を強磁性層 I (II) のフェルミ準位における <u>m</u>inority (<u>M</u>ajority) スピン

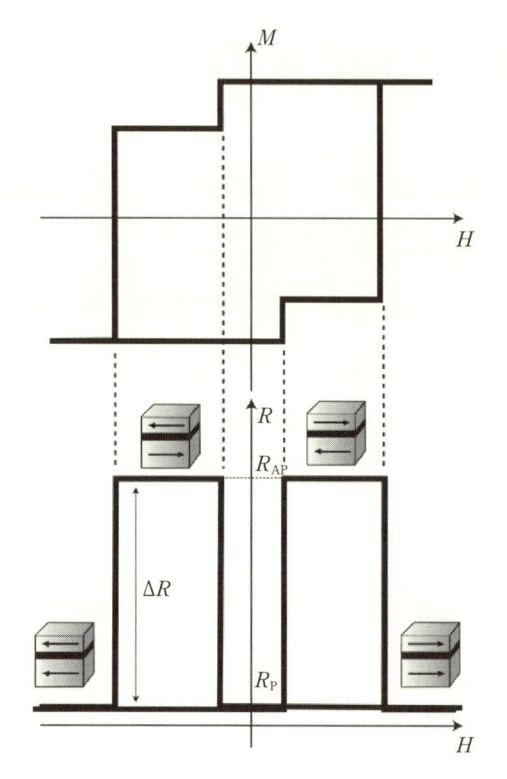

図 9-2 保磁力差型トンネル磁気抵抗素子の磁化 M（上）とトンネル抵抗 R（下）の外部磁場 H 依存性．二つの強磁性層の磁化が平行状態（P）のときに抵抗が小さく，反平行状態（AP）のときに大きくなる．TMR 比は $\Delta R/R_\mathrm{P} \times 100$（%）で定義される．

電子の状態密度とすると，トンネルの前後で電子がスピンフリップを起こさない条件下では，トンネル伝導度 $G(=1/R)$ が平行状態（P）と反平行状態（AP）でそれぞれ，

$$G_\mathrm{P} \propto D_\mathrm{m}^\mathrm{I} D_\mathrm{m}^\mathrm{II} + D_\mathrm{M}^\mathrm{I} D_\mathrm{M}^\mathrm{II}, \quad G_\mathrm{AP} \propto D_\mathrm{m}^\mathrm{I} D_\mathrm{M}^\mathrm{II} + D_\mathrm{M}^\mathrm{I} D_\mathrm{m}^\mathrm{II} \tag{9-2}$$

と異なることに起因している．ここで TMR 比は強磁性層Ⅰ（Ⅱ）の状態密度の

9.2 ホイスラー合金ハーフメタルを用いた強磁性トンネル接合

スピン偏極率を $P_{\mathrm{I(II)}} = (D_{\mathrm{M}}^{\mathrm{I(II)}} - D_{\mathrm{m}}^{\mathrm{I(II)}})/(D_{\mathrm{M}}^{\mathrm{I(II)}} + D_{\mathrm{m}}^{\mathrm{I(II)}})$ とすると，

$$\text{TMR ratio} = \frac{G_{\mathrm{P}} - G_{\mathrm{AP}}}{G_{\mathrm{AP}}} = \frac{2P_{\mathrm{I}} P_{\mathrm{II}}}{1 - P_{\mathrm{I}} P_{\mathrm{II}}} \tag{9-3}$$

と与えられる．この式は TMR 効果を低温で初めて観測した Julliere によって示されたものであり，Julliere の式と呼ばれる[3]．この式からスピン偏極率 P の高い強磁性材料を電極として用いることによって，より大きな TMR 比が期待できることがわかる．しかしながら，Julliere の式において注意すべき点が二つある．一つ目は，上述した通り，この式にはトンネル過程におけるスピンフリップが考慮されていないことである．すなわち，実際の TMR 素子において，トンネル障壁層界面における磁性不純物起因の散乱やマグノンやフォノン励起に伴うスピンフリップが存在する場合，観測される TMR 比は Julliere の式より予測される値よりも自ずと小さくなる．また二つ目の注意点は，Julliere の式に当てはめるべき P とは強磁性層/トンネル障壁層界面における界面スピン偏極率であり，強磁性層のバルク的なスピン偏極率とは異なることである．トンネル障壁層界面では，強磁性層の原子周期性が途切れ，異種原子との結合が生じるため，界面スピン偏極率はバルク領域とは必ずしも一致しないことは非常に重要である．

室温における TMR 効果は 1995 年に宮崎ら[4]と Moodera ら[5]によって初めて報告された．それぞれのグループにおける膜構成は Fe/Al-O/Fe, CoFe/Al-O/Co であり，観測された TMR 比は 18%, 11% であった．その後，素子作製技術や界面制御技術が向上し，2004 年には CoFeB/Al-O/CoFeB の構造において，室温で 70% の TMR 比が報告された[6]．しかしながら，一般的な 3d 遷移型の強磁性金属・合金が持つスピン偏極率は最大でも 0.6 前後であるために，Julliere の式から期待される TMR 比はこの時点ですでに頭打ちになりつつあった．そこで TMR 比のさらなる増大のために注目を集めたのがハーフメタル材料である．ハーフメタルはフェルミ準位において上向きスピンか下向きスピンのいずれかのバンドにのみエネルギーギャップを有する材料であり，スピン偏極率 P が 1 である．式(9-3)から導かれる通り，両電極にハーフメタルを用いた MTJ では，計算上の TMR 比は無限大となる．理論的にハー

フメタリックな電子構造を取ることが予測され，実験的にも高いスピン偏極率が確認されている材料として $La_{1-x}Sr_xMnO_3$[7]および CrO_2[8]といった酸化物系の材料がある．しかしながら，これらの材料は強磁性転移温度（T_C）が室温近傍であるため，高いスピン偏極率が得られるのは極低温に限られており，室温駆動のデバイスへ応用することは非常に難しい．一方，Co_2MnSi（CMS と略），$Co_2FeAl_{0.5}Si_{0.5}$（CFAS と略）などに代表される Co 基ホイスラー合金系のハーフメタル材料はその T_C が 600～1000 K であり，室温においても高いスピン偏極率が得られる可能性がある．（Co 基ホイスラー合金系ハーフメタルの電子構造の詳細については第 6 章を参照）．

次項からは Co 基ホイスラー合金を電極とした MTJ に関して，近年の研究成果と今後の課題について述べる．9.2.2 項では従来一般的に用いられていた Al-O トンネル障壁層を用いた系について，9.2.3 項では 2004 年以降 TMR 比の劇的な増大をもたらした MgO 結晶性トンネル障壁層と組み合わせた系について説明する．

9.2.2　Al-O 障壁層を用いた強磁性トンネル接合

Co 基ホイスラー合金系ハーフメタルを用いた MTJ に関する研究は，2000 年初頭より多結晶のホイスラー合金電極と Al-O 障壁層を組み合わせた素子から始められ，その後，エピタキシャル成長させた電極を用いた素子へと移行していった．それらの結果を表 9-1 にまとめる．表に示す通り，現在までのところ，多結晶電極の場合においてはいずれの組成のホイスラー合金においてもハーフメタル性を示唆する大きな TMR 効果は得られていない．その原因として，多結晶電極では，（1）ホイスラー合金の高いサイト規則状態が得にくい，（2）トンネル障壁層界面ラフネスが大きい，（3）ランダム配向状態では界面スピン偏極率が本質的に小さいことなどが考えられる（TMR の電極面方位依存性が調べられており，現在まで(001)配向膜でしか高いスピン偏極は確認されていない）[12]．そこで，その後はより高いサイト規則度と結晶性を持つ高品位なエピタキシャル成長膜が作られ，これらを電極とした MTJ が積極的に作製されるようになった．桜庭らは，MgO(001)単結晶基板上に成長させ

表 9-1 Co 基ホイスラー合金電極と Al-O 障壁層を用いた MTJ における TMR 比. poly-は多結晶電極, epi-はエピタキシャル電極を示す.

電極	MTJ 構造	TMR 比	文献
Co_2MnSi	poly-Co_2MnSi/Al-O/CoFe	33%@RT, 86%@10K	Kämmerer et al.(2004)[9]
	epi-(001)Co_2MnSi/Al-O/CoFe	70%@RT, 159%@2K	Sakuraba et al.(2005)[10]
	epi-(001)Co_2MnSi/Al-O/Co_2MnSi	67%@RT, 570%@2K	Sakuraba et al.(2006)[11]
	epi-(011)Co_2MnSi/Al-O/CoFe	32%@RT, 100%@2K	Hattori et al.(2008)[12]
Co_2MnAl	poly-Co_2MnAl/Al-O/CoFe	40%@RT, 60%@10K	Kubota et al.(2004)[13]
	epi-(001)Co_2MnAl/Al-O/CoFe	65%@RT, 83%@10K	Sakuraba et al.(2006)[14]
Co_2FeSi	epi-(001)Co_2FeSi/Al-O/CoFe	41%@RT, 60%@5K	Inomata et al.(2006)[15]
	epi-(001)Co_2FeSi/Al-O/CoFe	48%@RT, 80%@2K	Oogane et al.(2009)[16]
Co_2FeAl	poly-Co_2FeAl/Al-O/CoFe	47%@RT	Okamura et al.(2005)[17]
$Co_2FeAlSi$	epi-$Co_2FeAl_{0.5}Si_{0.5}$/Al-O/CoFe	76%@RT, 106%@5K	Tezuka et al.(2006)[18]
$Co_2CrFeAl$	poly-$Co_2Cr_{0.6}Fe_{0.4}Al$/Al-O/CoFe	19%@RT, 26.5%@5K	Inomata et al.(2003)[19]

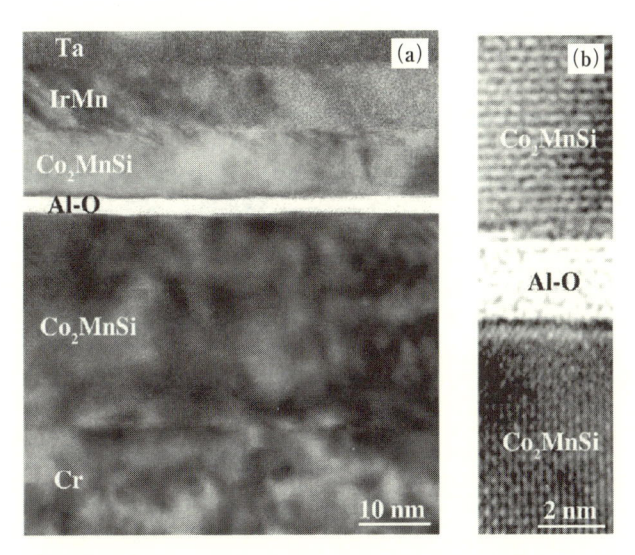

図 9-3 （a）Co_2MnSi/Al-O/Co_2MnSi 構造を有する MTJ の断面透過電子顕微鏡像[11]. （b）Al-O トンネル障壁層付近の拡大像. 非常に平坦な障壁層界面状態が得られていることがわかる.

た CMS の(001)配向エピタキシャル膜を下部電極とし，epitaxial-CMS/Al-O/texture-CMS 構造の MTJ を作製した（断面 TEM 像：図 9-3）[11]．その結果，低温 2 K において 560% という巨大な TMR 比を観測した．この TMR 比から Julliere の式より導かれる Co_2MnSi のスピン偏極率は 0.86 であり，Co 基ホイスラー合金が理論予測通り高いスピン偏極率を有することを示す最初の実験結果となった．また桜庭ら[20]は，Co_2MnSi/Al-O 界面に極薄の Mg 層を挿入することによって障壁層界面で Mn の酸化物が形成するのを抑制し，その結果，CMS/Mg/Al-O/CoFe 構造の MTJ において低温 2 K で 203% の TMR 比を観測した．CoFe の P は最大でも 0.5 程度であるので，式(9-2)より得られる Co_2MnSi の P は 1，すなわちほぼ理想的なハーフメタル性を極低温において実現した．Shan ら[21]も Mg を挿入する同様の手法によって CFAS/Mg/

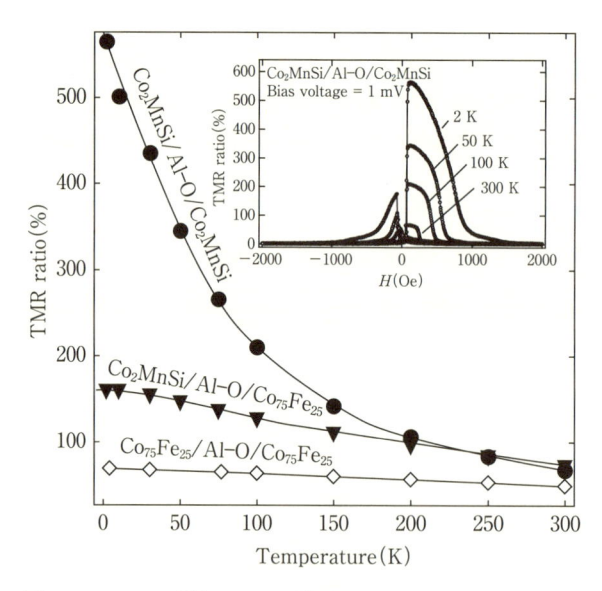

図 9-4 CMS 電極と Al-O 障壁層を用いた MTJ における TMR 比の温度依存性．低温ではハーフメタル性を示す巨大な TMR 比が観測されるが，室温においては 100% 以下にまで低下してしまう．

Al-O/CoFe 構造の MTJ を作製し，CFAS の高いスピン偏極率を実証している．以上のように，エピタキシャル成長させたホイスラー合金を電極とした MTJ においては，障壁層界面状態を最適化することによって，ハーフメタル性を示す巨大な TMR 効果が観測されている．しかしながら，大きな TMR 比が得られるのは，極低温に限られており，室温では TMR 比が著しく低下することが課題となっている．図 9-4 に CMS を用いた MTJ における TMR 比の温度依存性を示す．CMS/Al-O/CMS 構造の MTJ においては，低温で 560% もの TMR 比が得られているが，室温では 60% 程度にまで低減しているのがわかる．CMS の強磁性転移温度 T_C は 985 K と非常に高いため，バルクの T_C からこの結果を説明することはできない．では何故これほどまでに TMR 比の温度依存性が大きいのであろうか？ この起源については 9.2.4 項にて詳細を述べる．

9.2.3 MgO 障壁層を用いた強磁性トンネル接合

前節で述べた Al-O 障壁層が一般的にアモルファス構造をとるのに，MgO は結晶性のトンネル障壁層になる．2001 年，Butler ら[22]と Mathon ら[23]は (001) 配向したフルエピタキシャル構造の Fe/MgO/Fe-MTJ において 1000% を超える TMR 比が期待できることを理論的に示した．その後，2004 年に産総研の湯浅ら[24]は，MBE 法によって MgO 単結晶基板上に (001) 方位に配向したフルエピタキシャル構造の Fe/MgO/Fe-MTJ を作製し，従来の Al-O を用いた MTJ を凌駕する，室温で 180% もの TMR 比を観測することに成功した．この大きな TMR 比発現のメカニズムは，(001) 方位に結晶配向した MgO 障壁層において生じる電子のコヒーレントなトンネル過程にあるとされる．図 9-5 に示す通り，アモルファスである Al-O 障壁層を用いた場合，電子はトンネル過程で大きな散乱を受け，波数ベクトルの情報が失われる（インコヒーレントトンネル）．しかし，結晶性の MgO 障壁の場合，電子は Fe 電極における軌道対称性の情報を維持しつつ，MgO 中の evanescent state を介してコヒーレントにトンネルする．計算によるとこのときの evanescent state の減衰は Δ_1 軌道対称性を持つ電子では小さく，Δ_2 や Δ_5 対称性を持つ電子では大きい．

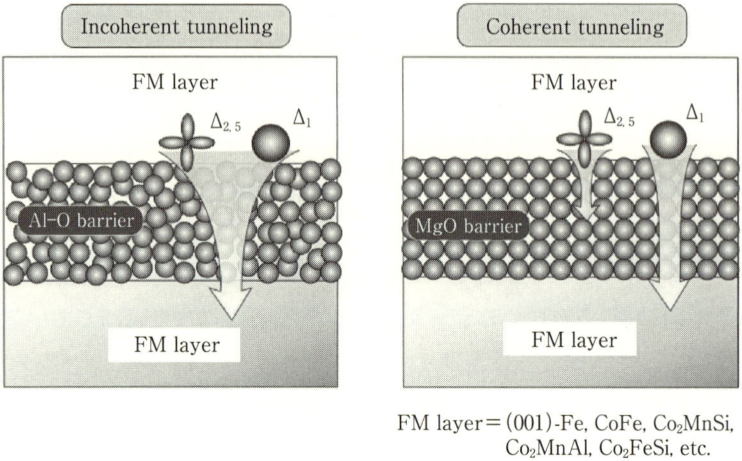
Incoherent tunneling
FM layer
$\Delta_{2,5}$
Δ_1
Al-O barrier
FM layer
Coherent tunneling
FM layer
$\Delta_{2,5}$
Δ_1
MgO barrier
FM layer
FM layer＝(001)-Fe, CoFe, Co_2MnSi, Co_2MnAl, Co_2FeSi, etc.

図 9-5　Al-O 障壁層と MgO 障壁層を用いた，MTJ におけるトンネル過程の模式図．アモルファスである Al-O 障壁層では，トンネル電子のコヒーレンシーが失われるが，結晶性である MgO 障壁層では維持される．(001)配向の MgO 障壁層においては Δ_1 対称性を持った電子の透過性が高くなる．

すなわち，MgO 障壁層はトンネル電子の軌道対称性によるフィルター効果を持つことになる．Fe の $k_{/\!/}=0$ における(001)方向のバンド分散を見ると，フェルミ準位上において Δ_1 対称性を持つ多数スピンバンドは存在するが，少数スピンバンドには存在しない．したがって，(001)配向した Fe/MgO/Fe 構造の MTJ では，MgO のスピンフィルター効果によって Fe は仮想的なハーフメタルになり大きな TMR 比が得られるのである．

それでは元来ハーフメタリックな電子構造を持つホイスラー合金と MgO 障壁を組み合わせるとどうなるだろうか？　格子の整合性の観点で見ると，CMS などの Co 基ホイスラー合金の格子定数は Fe のほぼ 2 倍であるため，Fe と同様に(001)面内方向に 45° 回転することによって MgO の(001)面とよく格子整合する．トンネル伝導の観点ではどうであろうか？　その利点をまとめると以下のようになる．

（1） MgO結晶性障壁層を用いることにより，上部のホイスラー電極層もエピタキシャル成長させることができる．またAl-OよりもMgOの方が熱処理耐性が高いために，上部ホイスラー電極も高い温度で熱処理し，高サイト規則化させることができる．

（2） Co基ホイスラー合金の少数スピンバンドを見ると，ハーフメタルギャップ端は主にΔ_2などのΔ_1以外の軌道対称性を持つバンドからなる．よって，MgO障壁のスピンフィルター効果を利用することにより，ギャップ端からのトンネル確率が著しく小さくなるため，ハーフメタルギャップの大きさが実質的に増大することが期待できる．またトンネル障壁層界面においてハーフメタルギャップ中に生じる界面準位を介したトンネル過程がMgOのスピンフィルター効果によって抑制されることが予測されている[25]．

以上，ハーフメタルホイスラーとMgO障壁を組み合わせる利点について述べたが，MgOと組み合わせることがマイナスに作用する場合もある．すなわち，多数スピンバンドの$k_\parallel=0$においてΔ_1バンドがE_Fに存在しないホイスラー合金とMgO障壁層を組み合わせてしまうと，多数スピン電子のトンネル伝導が抑制され，TMR比は逆に減少することになる．つまり，以上で述べたMgO障壁層と組み合わせる利点を活かすためには，多数スピンバンドのΔ_1バンドがE_Fを横切るホイスラー合金を電極として選択することが重要となる．Co_2YZホイスラー合金の$k_\parallel=0$における(001)方向の多数スピンバンドのバンド分散（**図9-6**）を見ると，Co_2MnSi，Co_2MnAl，Co_2FeSi，Co_2FeAlではフェルミ準位においてΔ_1対称性を持つ多数スピン電子が存在する．よって，これらの組成のホイスラー合金では，MgO障壁層とを組み合わせることによって，ハーフメタル性とコヒーレントトンネルの相乗効果によるTMR比の増大が期待される．

Co基ホイスラー合金とMgOトンネル障壁を組み合わせたMTJにおけるTMR比の報告値を**表9-2**にまとめた．いずれの材料を電極とした場合においても，Al-O障壁層を用いた場合より大きなTMR比が得られていることがわかる．手束ら[36]は分子線エピタキシー法によって高品位なCFAS/MgO/

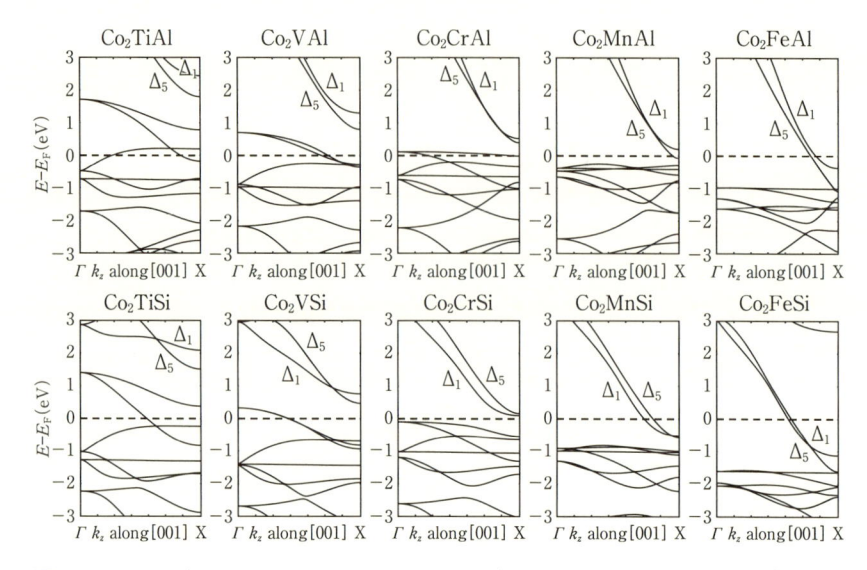

244　第9章　スピントロニクス材料としてのホイスラー合金

図 9-6 Co_2YZ (Y=Ti, V, Cr, Mn, Fe ; Z=Al, Si) の $k_∥=0$ における多数スピンバンドのバンド分散の計算結果[26]. Co_2MnZ, Co_2FeZ においてはフェルミ準位を Δ_1 バンドが横切っているため, ホイスラー電極のハーフメタル性と MgO 障壁のスピンフィルターの相乗効果による TMR 比の増大が期待される.

CFAS を作製し, 室温で 386% の TMR 比を観測している. また, 平ら[31]は組成を化学量論比 (2:1:1) より Mn-rich にした Co-Mn-Si 電極を用いることによって, 室温で 344%, 低温では 1803% もの巨大な TMR 比を実現した. これは Mn 組成を化学量論比よりも増やすことにより, ハーフメタル性を消失させる Co アンチサイト量が減少したためと考えられている. 一方で, コヒーレントトンネルの証拠であるトンネル抵抗や TMR 比の MgO 障壁層厚に対する振動現象が観測されていることから[40,41], これらの大きな TMR 比には期待された通り MgO のスピンフィルター効果が寄与していると考えるのが自然である. それではホイスラー合金のハーフメタル性と MgO のスピンフィルター効果のいずれの寄与が顕著なのであろうか？　通常の 3d 遷移金属強磁性体を用いた MTJ である CoFeB/MgO/CoFeB 系の結果 (室温 604%, 低温 1144%)[39]と比較すると, CMS/MgO/CMS における低温での 1803% もの

表 9-2 Co 基ホイスラー合金電極と MgO 障壁層を用いた MTJ における TMR 比.

電極	MTJ 構造	TMR 比	文献
Co₂MnSi	Co₂MnSi/MgO/CoFe	90%@RT, 192%@2K	Ishikawa et al.(2006) [27]
	Co₂MnSi/MgO/Co₂MnSi	179%@RT, 683%@4.2K	Ishikawa et al.(2008) [28]
	Co₂MnSi/MgO/CoFe	217%@RT, 753%@2K	Tsunegi et al.(2008) [29]
	Co-Mn-Si/MgO/Co-Mn-Si	236%@RT, 1135%@2K	Ishikawa et al.(2009) [30]
	Co-Mn-Si/MgO/Co-Mn-Si	344%RT, 1804%@2K	Taira et al.(2010) [31]
Co₂MnGe	Co₂MnGe/MgO/CoFe	160%@RT, 376%@2K	Taira et al.(2009) [32]
	Co₂MnGe/MgO/Co₂MnGe	220%@RT, 650%@10K	Yamamoto et al.(2010) [33]
Co₂FeAl	Co₂FeAl/MgO/CoFe	330%@RT, 700%@10K	Wang et al.(2009) [34]
Co₂FeAlSi	Co₂FeAl₀.₅Si₀.₅/MgO/ Co₂FeAl₀.₅Si₀.₅	220%@RT, 390%@5K	Tezuka et al.(2007) [35]
	Co₂FeAl₀.₅Si₀.₅/MgO/ Co₂FeAl₀.₅Si₀.₅	386%@RT, 832%@9K	Tezuka et al.(2009) [36]
Co₂CrFeAl	Co₂Cr₀.₆Fe₀.₄Al/MgO/CoFe	109%@RT, 317%@4.2K	Marukame et al.(2007) [37]
	Co₂Cr₀.₆Fe₀.₄Al/MgO/ Co₂Cr₀.₆Fe₀.₄Al	60%@RT, 238%@4.2K	Marukame et al.(2007) [38]
cf. CoFeB	CoFeB/MgO/CoFeB	604%@RT, 1144%@5K	Ikeda et al.(2008) [39]

TMR 比はそれを凌駕しており，低温においてはスピンフィルター効果だけではなくハーフメタル性の寄与も相乗的に働いていることが想像される．一方，材料により程度の差はあるものの，TMR 比の温度依存性は Al-O 障壁の場合と同様に顕著であり，室温での TMR 比は最大でも 400% 弱と CoFeB/MgO/CoFeB 系に及ばない．したがって，MgO 障壁を用いた MTJ の場合においても，室温におけるハーフメタル性は得られていないのが現状であり，室温で観測されている大きな TMR 比は MgO のスピンフィルター効果による寄与が支配的であると考えられる．

9.2.4 今後の課題と展望

以上のように，Al-O 障壁，MgO 障壁を用いたいずれの MTJ においても，低温ではホイスラー合金のハーフメタル性を示唆する巨大な TMR 効果が得られているが，室温では未だその観測には至っていないというのがホイスラー合金系ハーフメタルを用いた MTJ 研究の現状である．すなわち，ホイスラー合

金の組成によって程度の差はあるものの，TMR 比の温度依存性がバルクの強磁性転移温度から想定されるものよりはるかに大きいことが極めて重大な課題となっている．この問題の原因として，主に以下の2点が考えられている．

(1) トンネル障壁層界面においてホイスラー合金電極の強磁性転移温度が局所的に低下し，有限温度では熱励起した界面マグノンによるスピン分極率低下が生じる．

Mavropoulos ら[42]はハーフメタル電極を用いた MTJ においては，障壁層界面でハーフメタルギャップ中に生成する界面準位とマグノンなどの励起を伴うスピンフリップによって，反平行状態でも有限のトンネルコンダクタンスが生じることを予測している（図9-8参照，ギャップ間準位の形成については第6章を参照）．すなわち，界面においてマグノンなどの準粒子励起が起きやすいほど，反平行状態のコンダクタンスが大きくなり，TMR 比は小さくなると考えられる．佐久間ら[43]は CMS について，バルク状態と MgO 障壁層界面での各原子サイトの交換エネルギーを計算し，その結果，MgO 終端界面層となる Co においては交換エネルギーがバルクの4分の1程度にまで低下することを報告している．このようにトンネル障壁層界面において局所的にホイスラー合金電極の交換エネルギーの低下が起きた場合，界面において熱励起されるマグノンの影響が顕著になり，TMR 比が温度に対し急速に低下することが予想される．

(2) ホイスラー合金電極のフェルミ準位とハーフメタルギャップ端が近く，有限温度では熱ゆらぎによりスピン偏極率が低下する．

ハーフメタルギャップ中におけるフェルミ準位の位置がギャップ端に近く，そのエネルギー差が室温における熱ゆらぎのエネルギーに満たない場合，有限温度では熱ゆらぎによるスピン偏極率の低下が必然的に生じると予測される．

桜庭ら[44]は Co_2MnSi の Si サイトの一部を Al で置換した $Co_2MnAl_xSi_{1-x}$ (CMAS) 電極を作製し，CMAS/Mg/Al-O/CoFe 構造の MTJ において微分コンダクタンスのバイアス電圧依存性（G-V）を測定した．その結果，Al ドープ量 x に従い系の電子数が減少することから，ハーフメタルギャップ中でフェルミ準位が低エネルギー側にシフトすることを明瞭に観測した（**図 9-7**

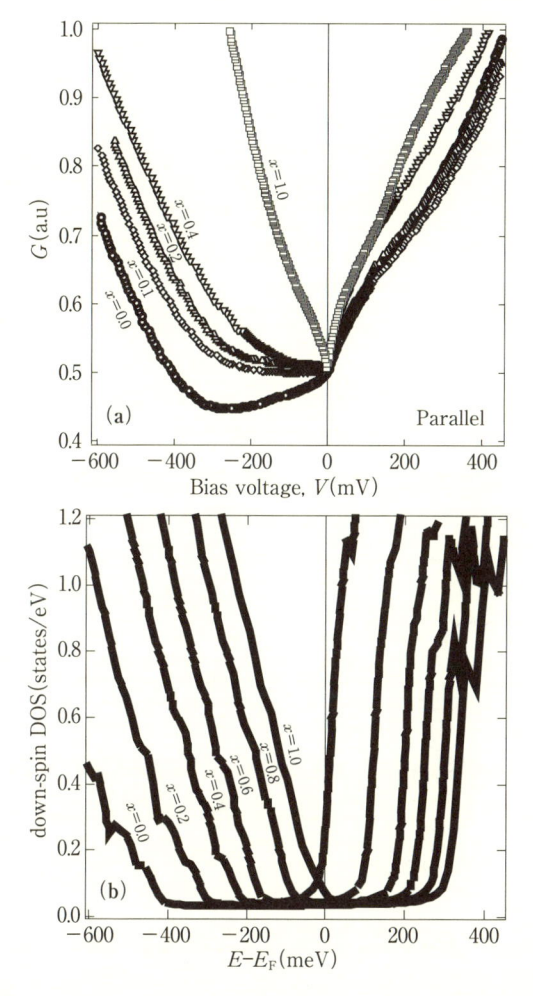

図 9-7 （a）$Co_2MnAl_xSi_{1-x}$/Mg/Al-O/CoFe MTJ の微分コンダクタンス G のバイアス電圧依存性．（b）第一原理計算による $Co_2MnAl_xSi_{1-x}$ のハーフメタルギャップ近傍の少数スピン電子の状態密度[44]．負バイアス側では x 依存性に実験と理論でよい一致が見られるが，正バイアス側では x に依存せず G が低バイアス領域で急激増大する．これは CMAS 界面でのマグノン励起を伴う非弾性的なコンダクタンスが大きいことを示唆する（図 9-8 を参照）．

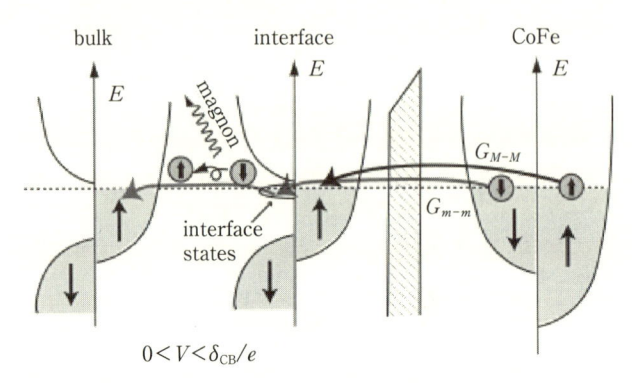

248　第9章　スピントロニクス材料としてのホイスラー合金

図9-8　$Co_2MnAl_xSi_{1-x}$/Mg/Al-O/CoFe MTJ における正バイアス時のトンネル過程の模式図（磁化平行状態）．界面領域において CMAS のハーフメタルギャップ中に形成する界面準位へ CoFe の少数スピン電子がトンネルし，マグノン励起を伴うスピンフリップによって CMAS バルク中の多数スピン電子状態への伝導が生じる[44]．

（a）負 V 側）．しかし，フェルミ準位がギャップの中心近傍にくる Al ドープ量 x が 0.4～0.6 の試料においても，観測される TMR 比の温度依存性に顕著な改善は見られなかった．一方，Al ドープ量に依存せず，CoFe から CMAS にトンネル電子が流れる際には低バイアス側で G が大きく増大することが確認されており（図9-7(a)正 V 側），CMAS の界面準位を介し，マグノン励起を伴うスピンフリップが常に大きいことを示唆する結果を得ている（**図9-8**）．これらの結果は，上述した(1)と(2)の二つの温度依存性の起源のうち，フェルミ準位のギャップ中での位置よりもホイスラー合金電極界面の交換エネルギーの低下の方が支配的に寄与していることを示唆している．もちろん，交換エネルギーの低下の大きさにはホイスラー合金の材料依存性がある．Shan ら[21]は CFAS を用いた MTJ の TMR 比の温度依存性を界面マグノンの熱励起によるスピン偏極率の低下を基に定量解析し，界面マグノンの寄与が CoFe などと同程度であることを報告している．しかし，この場合においてもマグノ

ンの影響は依然として存在しており，室温での TMR 比は 100% 程度である．

したがって，TMR 比の温度依存性の起源を解決し，室温においてもハーフメタル性を反映した巨大な TMR 比を実現するためには，（a）障壁層界面においてギャップ中に生じる界面準位の生成を抑制するか，（b）障壁層界面における強磁性転移温度の低下を改善する必要があると考えられる．三浦ら[45]は，Co_2MnSi と MgO の界面に 1 ML で Co_2CrAl を挿入することにより，界面準位の生成を抑制できる可能性があることを理論予測している．また常木ら[46]は，CMS と MgO の界面に数 ML の CoFeB 層を挿入することにより，室温でのTMR 比が向上することを報告している．山本ら[47]も同様に CMS/MgO 界面に極薄の CoFe を挿入することによって，室温で 450% もの大きな TMR 比を報告している．このような界面装飾効果によって，界面準位の生成や界面でのT_C 低下を改善し，スピンフリップを伴うトンネルコンダクタンスをどれだけ抑制できるかが，将来的に室温での巨大 TMR 効果を実現するための鍵となると考えられる．

9.3　ホイスラー合金ハーフメタルを用いた面直通電型巨大磁気抵抗（CPP-GMR）素子

9.3.1　面内通電型（CIP）と面直通電型（CPP）巨大磁気抵抗効果

1980 年代後半に P. Grünberg らと A. Fert らによって発見された巨大磁気抵抗効果（GMR 効果）は，スピン依存伝導の最も基礎的な現象の一つであり，現在に至るスピントロニクスの急速な発展をもたらした．GMR 効果には薄膜面内方向に電流を流す CIP（Current-in-plane）-GMR 効果と面直方向に電流を流す CPP（Current-perpendicular-to-plane）-GMR 効果があるが，近年ではCPP-GMR 効果を利用した磁気読み取りヘッドやスピントルク発振素子などの開発が注目を集めている．本節では，CIP- および CPP-GMR のメカニズムについて概説した後，CPP-GMR 素子においてハーフメタルホイスラー合金電極を用いる有用性とその研究の現状，今後の課題について言及する．

1986 年，ドイツの P. Grünberg らは Fe/Cr/Fe 構造の積層膜において，二

つの Fe 層の磁化に Cr 中間層を介した反強磁性的な層間交換結合が働くことを見いだした[48]．その後，1988 年，A. Fert らは，Fe/Cr 金属人工格子の膜面内方向に電流を流した際，反強磁性結合した Fe 層の磁化方向に依存し非常に大きな磁気抵抗効果が現れることを発見した[49]．このときの MR 比は 4.2 K で 85%，室温でも 20% と大きなものであり，異方性磁気抵抗効果（AMR 効果）よりも一桁大きな値であった．この現象はその MR 比の大きさから巨大磁気抵抗（GMR）効果と呼ばれ，特に CPP-GMR 効果との区別から CIP-GMR 効果と呼ばれるようになった．CIP-GMR 効果はその後の膨大な研究を経て，わずか 10 年足らずの内にハードディスクドライブ（HDD）の磁気読み取りヘッドとして応用され，現行の TMR ヘッドへと移行するまでの間，HDD 記録密度の飛躍的な向上をもたらした．これにより HDD は情報化社会の基盤となるストレージデバイスとなり，この功績から Grünberg と Fert は 2007 年のノーベル物理学賞を受賞するに至っている．

　CIP-GMR 効果は強磁性層/非磁性層界面において電子が受ける散乱が，上向きスピンと下向きスピン電子とで異なること（界面スピン依存散乱）によって生じる（**図 9-9**）．CIP-GMR 効果が発現するためには人工格子の周期が電子

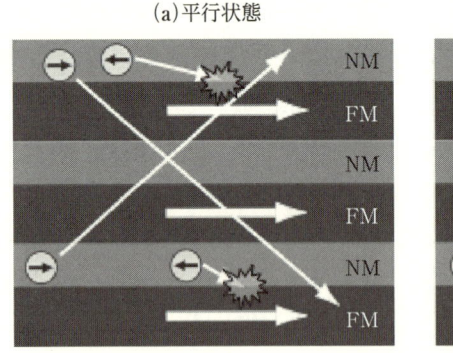

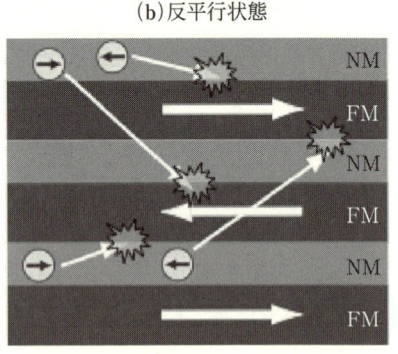

図 9-9　CIP-GMR 効果の模式図．強磁性金属層（FM）と非磁性金属層（NM）を交互に積層させた金属人工格子において，界面での電子散乱が電子スピンの方向と磁化方向に依存することによって磁気抵抗効果が生じる．

9.3 ホイスラー合金ハーフメタルを用いた面直通電型巨大磁気抵抗素子 251

の平均自由行程よりも短く，金属層内でのスピンに依存しない散乱よりも界面におけるスピン依存散乱での抵抗変化が顕著になる必要がある．すなわちCIP-GMR 効果においては，電子の平均自由行程が重要な特性長となる．一方，CPP-GMR 効果においては電子が強磁性層を完全に横切る形で伝導するため，界面だけではなく強磁性層内部における散乱（バルクスピン依存散乱）も磁気抵抗効果に寄与する．そのため，CPP-GMR 効果は一般的に CIP-GMR 効果より磁気抵抗比が大きく，また電子の平均自由行程ではなくスピン拡散長（電子がスピン情報を維持し移動できる距離）が重要な特性長となる．CPP-GMR 素子における磁気抵抗の大きさは1993年に Valet と Fert によって提唱された伝導電子スピンに依存した2流体モデルによって記述される[50]．例えば，図 9-10 のような5層（NM/FM/NM/FM/NM）の積層膜において，強磁性層と非磁性層の膜厚（t_{FM}, t_{NM}）がそれぞれのスピン拡散長（l_{FM}, l_{NM}）よりも十分に薄い場合，GMR 効果による抵抗変化（ΔR）と素子サイズ（A）の積

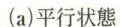

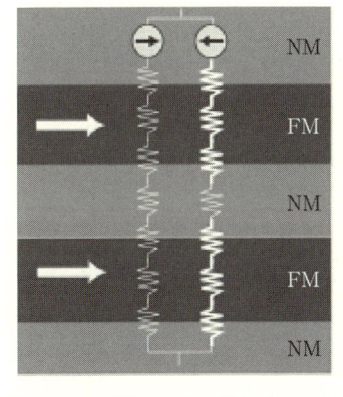

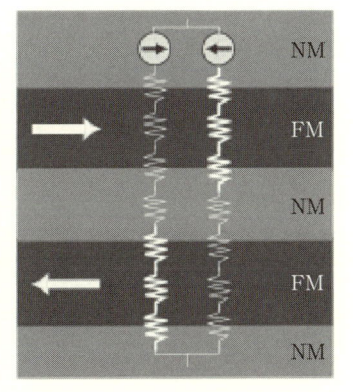

図 9-10　Valet-Fert モデルによる CPP-GMR 効果の概略図．スピンフリップは起きない前提とし，上向きスピン電子と下向きスピン電子の並列回路を考える．強磁性層（FM）/非磁性層（NM）界面と FM 内部におけるスピン依存電子散乱のスピン非対称性が大きいほど大きな MR 効果が得られる．

ΔRA は以下の式で与えられる.

$$\Delta RA = \frac{(2\beta\rho^*_{FM}t_{FM} + 2\gamma AR^*_{FM/NM})^2}{2\rho^*_{FM}t_{FM} + 2AR^*_{FM/NM} + \rho_{NM}t_{NM}} \quad (9\text{-}4)$$

ここで, γ と β は界面とバルク領域のスピン依存散乱のスピン非対称性を示す係数であり, 磁気抵抗比の大きさを決定する極めて重要なパラメータである. $R^{\uparrow(\downarrow)}_{FM/NM}$, $\rho^{\uparrow(\downarrow)}_{FM}$ をそれぞれ↑(↓)スピン電子の強磁性/非磁性界面抵抗とバルクの電気抵抗率とすると, γ と β は以下の式で定義される.

$$\gamma = \frac{R^{\downarrow}_{FM/NM} - R^{\uparrow}_{FM/NM}}{R^{\downarrow}_{FM/NM} + R^{\uparrow}_{FM/NM}}, \quad \beta = \frac{\rho^{\downarrow}_{FM} - \rho^{\uparrow}_{FM}}{\rho^{\downarrow}_{FM} + \rho^{\uparrow}_{FM}} \quad (9\text{-}5)$$

また $R^*_{FM/NM}$, ρ^*_{FM} はスピン非対称性を考慮した界面抵抗とバルク電気抵抗率であり, $R^*_{FM/NM} = R_{FM/NM}/(1-\gamma^2)$, $\rho^*_{FM} = \rho_{FM}/(1-\beta^2)$ で与えられる.

式(9-4)から CPP-GMR 素子においてより大きな MR 比と ΔRA を得るためには,

（ⅰ）界面抵抗 $R_{FM/NM}$ や強磁性層の電気抵抗率 ρ_{FM} を増大させる.

（ⅱ）スピン非対称性係数 γ, β を増大させる.

ことが必要であることがわかる.

2011年現在, HDD 用の磁気読み取りヘッドには MgO 障壁層を用いた MTJ が用いられている. MTJ は 100% を超える大きな MR 比が容易に得られる反面, トンネル現象を利用するため素子抵抗が大きい欠点がある. そのため TMR ヘッドでは, 今後, Tbit/inch^2 級の超高記録密度 HDD の高速動作に必要とされる超低抵抗素子（$RA < 0.5\,\Omega\cdot\mu m^2$）を実現することが困難であることが大きく懸念されている. そこで TMR ヘッドに代替する新たな磁気ヘッドとして注目されているのが CPP-GMR 素子である. CPP-GMR 素子は全層が金属で構成されるため, TMR 素子に比べて素子抵抗の低減に圧倒的に有利である. しかしながらその反面, スピン依存散乱による抵抗変化が素子全体の抵抗に対して小さいため, TMR 素子よりも MR 比が小さいことが重大な課題といわれている. この問題を打破する材料として, 特に 2000 年以降注目を集め始めたのがホイスラー合金系ハーフメタルである. ホイスラー合金系ハーフメタルは, その高いスピン偏極率からスピン非対称性の高いスピン依存散乱が期待

され，またホイスラー合金は一般的に高い電気抵抗率を持つことから，上述した高 MR 比実現のための条件（ⅰ），（ⅱ）の双方を満たす．さらに前節で述べた TMR 素子の場合と比較すると，CPP-GMR 素子では強磁性層/非磁性層界面のみならず強磁性層のバルク領域での散乱も MR に寄与するため，TMR 素子のような界面の問題（界面準位の生成，マグノン励起など）が顕在化せず，室温でもハーフメタル性を反映した良好な特性が得られることが期待される．

9.3.2 ホイスラー合金ハーフメタルを用いた CPP-GMR 素子の磁気抵抗効果

表 9-3 にホイスラー合金を電極とした CPP-GMR 素子における MR 比と ΔRA の報告値を纏めた．通常の 3d 型の強磁性体を電極とした CPP-GMR 素子（例えば CoFe/Cu/CoFe）の MR 比はシングルスピンバルブ型でおおよそ 0.5〜3% 程度，デュアル型でもせいぜい 6% 程度である[62]．この値と比較すると，ホイスラー合金を電極とした CPP-GMR 素子では CMS，CMG，CFAS などの電極材料によらず，室温においても一概に大きな MR 比が観測されていることがわかる．岩瀬ら[55]は，(001)配向させた CMS/Ag/CMS のフルエピタキシャル構造の CPP-GMR 素子を作製し（断面電子顕微鏡像，図 9-11），室温において 28.8% もの MR 比を実現した．この結果は，Co_2MnSi が室温においてもハーフメタル性に起因する高いスピン偏極率を有することを示唆する結果であり，室温では高い MR 比が得られていない TMR 効果の結果と対照的である．これは上述した通り，TMR 効果がトンネル障壁層界面に極めて敏感な現象であるのに対し，CPP-GMR 効果はバルクと界面の双方に依存することに由来すると考えられる．中谷ら[60]も同様に，CFAS と Ag 中間層を組み合わせたフルエピタキシャル構造の CPP-GMR 素子を作製し，室温で 34%，14 K で 80% もの MR 比を報告している．

これまでのところ，種々の非磁性中間層材料が試みられた中で Ag 中間層において最も良好な結果が得られているのには以下の理由があると考えられる．

 （1） ホイスラー合金電極(001)面との格子不整合が小さい．
 （2） Co，Fe，Si，Al などのホイスラー合金の主要な構成元素との固溶性

表 9-3 Co 基ホイスラー合金電極を用いた CPP-GMR 素子における MR 比と ΔRA の報告値（ΔRA は素子サイズ見積もりによる実験的誤差が大きい場合があることに注意）．

材料	CPP-GMR 構造	MR 比	ΔRA ($m\Omega \cdot \mu m^2$)	文献
Co$_2$MnSi (CMS)	epi-CMS/Cr/CMS	2.4%@RT	19@RT	Yakushiji et al. (2006)[51]
	epi-CMS/Cr/CMS	5.2%@RT	6.5@RT	Sakuraba et al. (2009)[52]
	poly-CMS/Cu/CMS	9.0%@RT	—	Mizuno et al. (2008)[53]
	epi-CMS/Cu/CMS	8.6%@RT, 30.7%@6K	14.2@RT, 35.2@6K	Kodama et al. (2009)[54]
	epi-CMS/Ag/CMS	28.8%@RT	8.9@RT	Iwase et al. (2009)[55]
	epi-CMS/Ag/CMS	36.4%@RT, 67.2%@110K	11.5@RT, 18.4@110K	Sakuraba et al. (2010)[56]
Co$_2$MnGe (CMG)	poly-CMG/Cu/CMG/Cu/CMG	11%@RT	9.1@RT	Saito et al. (2005)[57]
	CMG/Rh$_2$CuSn/CMG	6.7@RT	4.0@RT	Nikolaev et al. (2009)[58]
Co$_2$FeAl$_{0.5}$Si$_{0.5}$ (CFAS)	epi-CFAS/Ag/CFAS	6.9%@RT, 14%@6K	7.4@RT, 12.4@6K	Furubayashi et al. (2008)[59]
	epi-CFAS/Ag/CFAS	34%@RT, 80%@14K	8@290K, 17@14K	Nakatani et al. (2010)[60]
Co$_2$MnGa$_{0.5}$Sn$_{0.5}$ (CMGS)	epi-CMGS/Ag/CMGS	8.8%@RT, 17.2%@12K	4.0@RT, 6.5@12K	Hase et al. (2010)[61]
cf. CoFe	poly-CoFe/Cu/CoFe	1.3%@RT	1.6@RT	Yuasa et al. (2002)[62]

が極めて小さいため，相互拡散が起こりにくく，Ag 中間層上部のホイスラー合金電極も高温で熱処理することが可能であり，高いサイト規則度が得られる（Mn とはある程度固溶する）[63]．

（3）(001)配向したホイスラー合金電極/Ag 中間層界面では多数スピン電

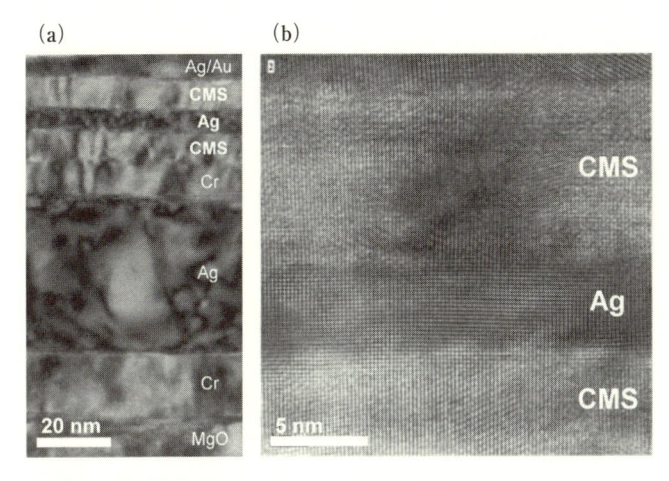

9.3 ホイスラー合金ハーフメタルを用いた面直通電型巨大磁気抵抗素子　　255

図 9-11　（a）(001)配向したフルエピタキシャル Co$_2$MnSi/Ag/Co$_2$MnSi CPP-GMR 素子の断面透過電子顕微鏡像，（b）Ag 中間層近傍の高分解能像[55].

子バンドの整合性が高いため，界面スピン依存散乱の大きなスピン非対称が得られる（次項にて詳細を説明）．

9.3.3　ホイスラー合金ハーフメタルを用いた CPP-GMR 素子の界面およびバルク散乱のスピン非対称性

　CPP-GMR 素子においては界面やバルク中でのスピン依存電子散乱のスピン非対称性（γ, β）の大きさが重要であることはすでに述べた．それではホイスラー合金を用いた CPP-GMR 素子においては，γ と β のどちらがどの程度 MR に寄与しているのだろうか？　また，測定温度やホイスラー電極の熱処理温度によってそれらはどう変化するのであろうか？　**図 9-12** に CMS/Ag/CMS における MR 比の CMS への熱処理温度依存性を示す．550℃までにおいては CMS の熱処理温度を増大させるに従って低温・室温ともに MR 比が向上していることがわかる．この MR 改善の起源はまだ明らかになっていないが，熱処理温度増大による CMS 電極のサイト規則化の促進が寄与していると考え

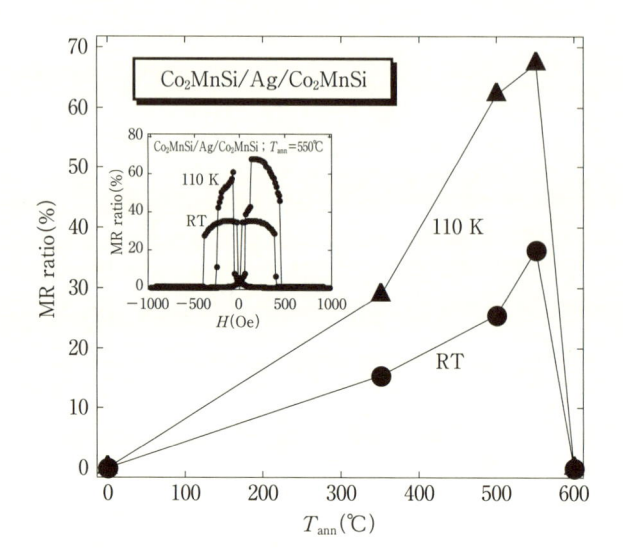

図 9-12 CMS/Ag/CMS CPP-GMR 素子における MR 比の CMS 電極の熱処理温度依存性[56]．600℃では CMS 電極と Ag 中間層との拡散が顕著になり，MR は観測されない．

られる．これらの試料について 350℃と 500℃の状態における γ と β の大きさを定量評価するため，上下の CMS 電極層の膜厚を変化させ ΔRA の膜厚依存性を調べた結果を**図 9-13** に示す．CMS 電極層の膜厚を増やした場合，バルク散乱の MR 比への寄与が増大するため，ΔRA は単調に増大していることがわかる．この結果から CMS のスピン拡散長は 11 nm よりも長いことを想定し，式(9-3)によってフィッティングした結果が図中の点線である．解析の結果，現在までのところ以下の知見が得られている．

（1） 室温と低温の両方において界面散乱の ΔRA への寄与が支配的である

フィッティングの結果，CMS/Ag 界面では界面スピン依存散乱の非対称性が非常に大きい（$\gamma = 0.82 \sim 0.87$）ことがわかった．これは後述する通り，CMS と Ag の(001)面界面で多数スピンバンドのマッチングが良好であること

9.3 ホイスラー合金ハーフメタルを用いた面直通電型巨大磁気抵抗素子

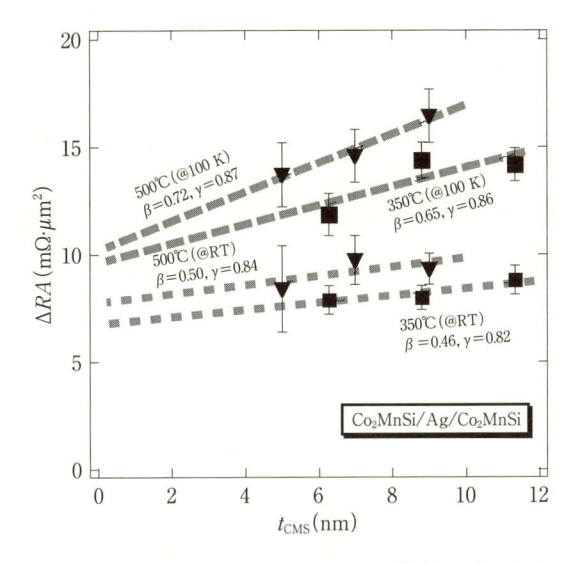

図 9-13 CMS/Ag/CMS CPP-GMR 素子における ΔRA の CMS 膜厚依存性と式(9-3)によるフィッティング結果（点線）[56].

に起因していると考えられる．中谷ら[60,64]も CFAS/Ag/CFAS CPP-GMR 素子についての γ, β を解析を行い，その結果，室温での γ が 0.85 低温では 0.92 と界面散乱の寄与が大きいことを見いだしている．

（2） 熱処理温度を高めた場合，界面とバルク散乱の両方が増大する．

熱処理温度を 350℃ から 500℃ へ増大させた際，γ と β の両方が改善されていることがわかった．このスピン非対称の増大の起源はまだはっきりとしていないが，熱処理温度増大によってサイト規則度が向上しハーフメタル性が改善したためではないかと考えられる．

図 9-14（a），（b）に三浦ら[56]によって計算された (001)-CMS/Ag/CMS 並びに CMS/Cr/CMS における多数スピン電子のバリスティック伝導度の $k_{\parallel}$ 依存性を示す．CMS/Ag/CMS では $k_{\parallel}=0$ の周りで大きな伝導度が得られており，CMS/Cr/CMS と比較して全体的な伝導度が大きいことが明瞭にわかる．

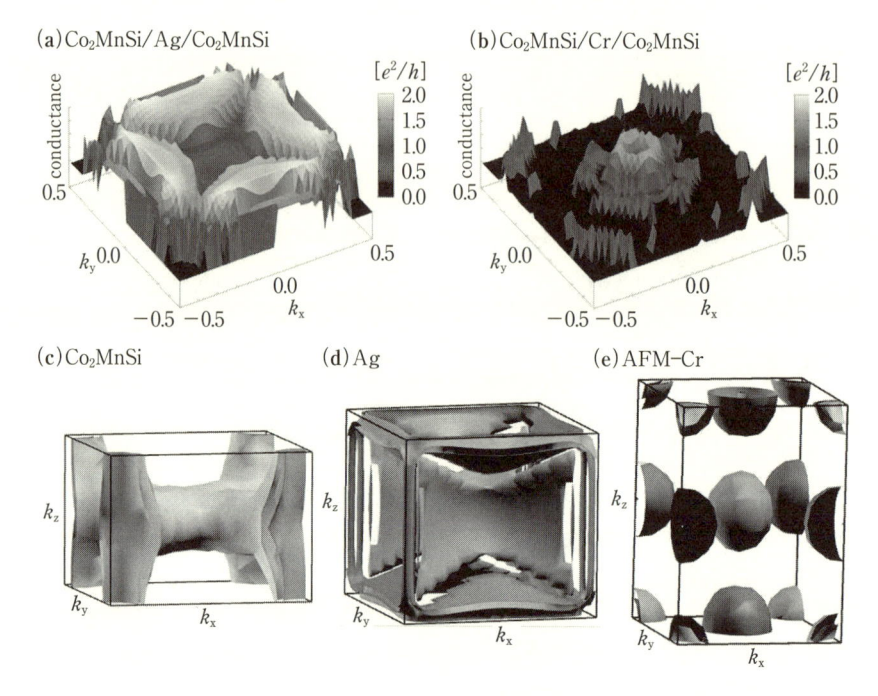

図 9-14 （a），（b）(001)-CMS/Ag/CMS，CMS/Cr/CMS のバリスティック伝導度の $k_\parallel$ 依存性．計算は磁化平行状態で多数スピン電子について行ったものである．（c）〜（e）CMS，Ag，Cr のフェルミ面．CMS と Ag ではフェルミ面の形が近く，整合性がいいことがわかる[56]．

これは CMS, Ag ではフェルミ面の形状が似通っており（図 9-14(c)〜(e)），界面における電子構造の整合性が非常に良好であることに起因している．計算上見積もられる CMS/Ag/CMS 並びに CMS/Cr/CMS の界面抵抗値はそれぞれ 3.2 mΩ·μm², 16.1 mΩ·μm² であり，その差となる 12.9 mΩ·μm² は実験で得られた CMS/Ag/CMS と CMS/Cr/CMS の RA の差分 15.5 mΩ·μm² と定量的にもよく一致している．すなわち，CMS/Ag/CMS の界面ではフェルミ面のマッチングがよいために多数スピン電子の界面抵抗（$R_{\text{CMS/Ag}}^\uparrow$）が低く，一方，少数スピン電子はハーフメタル性から大きな界面抵抗（$R_{\text{CMS/Ag}}^\downarrow$）を受けることが，観測された大きな界面スピン非対称性 γ の起源として解釈される．

9.3.4 今後の課題と展望

以上述べたように，ホイスラー合金系ハーフメタルを用いた CPP-GMR 素子では，室温においても高いスピン偏極率を反映した大きな MR 効果が観測されつつある．これは室温では高いスピン偏極率が得られなかった TMR 素子の結果と対照的であり，今後さらなる高 MR 比が得られれば，ホイスラー合金をベースとした CPP-GMR 素子の実デバイス応用の可能性も大いに期待できる．上述した通り，ホイスラー合金を用いた CPP-GMR 素子の有望なデバイス応用の一つとして，HDD の磁気読み取りヘッドが考えられる．**図 9-15** に 2 Tbit/inch^2 の超高密度 HDD を実現するためにヘッドに求められる RA と MR 比の見積値とこれまでの主要な実験結果を示した．灰色でハイライトした領域がヘッドへの応用可能領域を示しているが，高 RA 側の境界はヘッドの高速動作に必要なインピーダンスのマッチングによるもの，低 RA 側の境界はセンス電流によるスピントルクノイズによって決定されている．前述した通り，MgO 障壁層を用いた MTJ では MR 比の大きさに関しては申し分ないが，

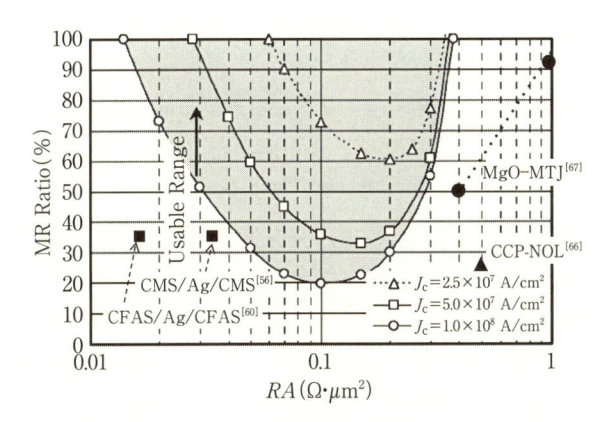

図 9-15 2 Tbit/inch^2 の記録密度を得るために HDD リードヘッドに要求される RA と MR 比とこれまでの主要な実験結果[65]．灰色でハイライトした部分がヘッドへの使用可能領域を示している．

トンネル障壁を用いるために低 RA 化に大きな課題がある．また東芝が主導的に進めている電流狭窄型（CCP-NOL）の GMR 素子も低 RA 化と高 MR 比の両立に課題を残している[66]．一方，CMS や CFAS を用いた CPP-GMR 素子は MR 比こそ徐々に増大しているものの，これに伴い RA が小さくなりすぎているのが課題である．今後は CCP-NOL 構造とホイスラー電極を組み合わせることなどにより適度な RA 値と高い MR 比を両立することがヘッド応用実現のための一つの方針になると考えられる．また，2 Tbit/inch^2 クラスの HDD の場合，リードギャップの長さが 20 nm 程度まで短くなるため，ホイスラー合金電極層の膜厚を極力薄くし，素子全体の膜厚をギャップ長に収めた上で高 MR 比を実現しなければいけない．この点に関して，CMS/Ag などで確認されている大きな界面スピン非対称性は非常に有望な特性であり，今後は界面散乱の寄与をさらに高めることも重要な指針となると考えられる．

　ホイスラー CPP-GMR 素子のもう一つの有望な応用としてスピントルク発振器（STO：Spin-Torque Oscillator）があげられる．スピントルク発振とは，CPP-GMR 素子や TMR 素子などにおいて，片方の強磁性層からもう一方の強磁性層に伝導電子を介して伝わるスピントルクと有効磁場が拮抗することによって，磁化の歳差運動が永続化する現象であり，これを応用した新規ナノサイズ発振器の開発が期待されている[68, 69]．実用化に向けた課題として，発振の線幅を狭くし高い周波数選択性を得ること，また高い発振出力を得ることが必要といわれている．ホイスラー合金を用いた CPP-GMR 素子は，高い MR 比を示すために高出力発振が期待でき，また後述の通り，CMS などのホイスラー合金は磁気緩和が小さいために，発振線幅が狭くなることが予想される．CPP-GMR 素子は TMR 素子と異なり MR 比のバイアス電圧依存性が小さく，またトンネル障壁を用いないために大きな電流を流せることも一つの魅力である．今後さらなる MR 比の増大は求められるが，STO はホイスラー合金を用いた CPP-GMR 素子の一つの有望なアプリケーションになると考えられる．

9.4 ホイスラー合金におけるスピンダイナミクス

　強磁性体中におけるスピンのダイナミクスは，磁化の反転や緩和，発振などと関わるものであり，基礎・応用の両観点からスピントロニクスにおいて重要なトピックである．特にナノサイズの磁性体においては，スピン偏極した伝導電子が媒介するスピントランスファートルクが磁化や磁壁，磁気渦などの運動に大きく影響するため，その重要度はさらに高くなる．前節まではホイスラー合金の有するハーフメタル性（スピン偏極率）に着目し，ホイスラー合金を用いた TMR と CPP-GMR について言及した．本節では，スピンのダイナミクスという別の観点から，ホイスラー合金の磁気緩和というもう一つの側面について紹介する．

　一般的に，磁性体の磁化の運動は現象論的に LLG（Landau-Lifshitz-Gilbert）方程式によって記述されることが知られている[70]．

$$\frac{d\bm{m}}{dt} = -\gamma \bm{m} \times \bm{H}_{\mathrm{eff}} + \alpha \bm{m} \times \frac{d\bm{m}}{dt} \quad (9\text{-}6)$$

ここで，$\bm{m}$ と $\bm{H}_{\mathrm{eff}}$ はそれぞれ磁化と有効磁場の単位ベクトルであり，γ は磁気回転比である．また α はダンピング定数（磁気緩和定数）と呼ばれ，磁化の有効磁場方向への緩和の大きさを示すパラメータである．磁気緩和定数は基本的には材料に固有であり，磁化（スピン）の運動を決定する重要なパラメータであるが，磁気緩和のそもそもの起源については実は未だに明らかになっていない部分が多い．Kambersky によれば，磁気緩和にはスピン軌道相互作用と d バンドによる電子散乱が寄与していると考えられており[71,72]，ギルバートダンピング定数 $G(=\gamma \alpha M_{\mathrm{S}})$ は $\xi^2 D(E_{\mathrm{F}})$ に比例するとされている．ここで ξ は d バンドのスピン軌道作用の大きさを示す係数であり，$D(E_{\mathrm{F}})$ はフェルミ準位における全状態密度を示す．ホイスラー合金系のハーフメタルは，軌道モーメントが非常に小さいことで知られ[73]，スピン軌道相互作用 ξ が小さい系であることが予想される．またハーフメタル性から E_{F} において片方のスピンバンドにエネルギーギャップを有するため，小さな $D(E_{\mathrm{F}})$ を得やすい材料でもある．

したがって，ホイスラー合金系のハーフメタル材料は高いスピン偏極率を持つと同時に，小さな磁気緩和を得やすい系であるといえる．実際に Yilgin[74] や水上ら[75] は，CMS や Co_2FeAl のエピタキシャル薄膜について強磁性共鳴を用いてその磁気緩和定数を調べ，$\alpha=0.001 \sim 0.002$ という金属としては非常に小さな値を観測している．また大兼ら[76,77]はホイスラー合金系ハーフメタルの E_F 近傍の状態密度が第4元素ドープによってリジットバンド的に変化することに着目し，$Co_2MnAl_{1-x}Si_x$ や $Co_2Fe_xMn_{1-x}Si$ 系の磁気緩和定数を元素ドープ量 x に対して系統的に調べている．その結果，第一原理計算から求められる $D(E_F)$ と観測された α の間に明確な相関があることを見いだしている（**図 9-16**）．この結果は，ホイスラー合金系ハーフメタルの電子構造を活かし，磁気緩和の起源解明の手がかりを得たものであり，基礎的観点からも非常に興味深い成果である．

以上のように，ホイスラー合金系のハーフメタルは磁気緩和の小さな材料であることが近年の研究から明らかにされつつある．磁気緩和が小さいことはスピントロニクスデバイスへの応用上も非常に有用である．例えば，磁気ランダムアクセスメモリの開発においては，メモリ素子となる TMR 素子の書き込み

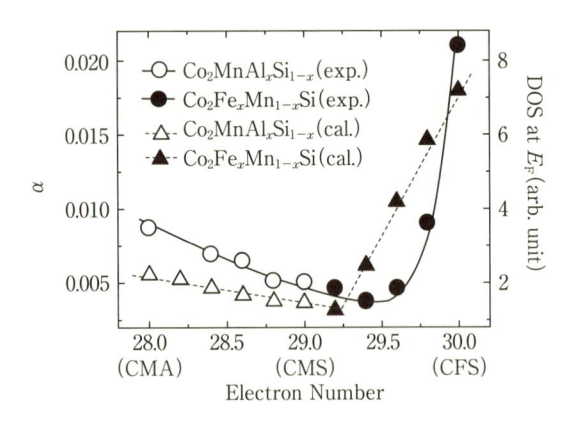

図 9-16 強磁性共鳴によって求められた磁気緩和定数 α とフェルミ準位における状態密度の $Co_2MnAl_xSi_{1-x}$, $Co_2Fe_xMn_{1-x}Si$ の価電子数依存性[77]．

手法としてスピン注入磁化反転が用いられるが，スピン注入磁化反転はスピントランスファートルクがダンピングトルクを上回ることによって生じるため，磁気緩和定数が小さいことは磁化反転に必要な電流密度を低減させることにつながる．また前述したスピントルク発振素子においても磁気緩和の大きさは発振線幅に影響するため，磁気緩和が小さいことは周波数選択制を高めるための重要な要素である．さらに，磁気緩和が小さいことにより，スピン波の薄膜面内方向への伝搬のコヒーレンシーが高いことが期待されるため，ホイスラー合金を用いた CPP-GMR 素子においてスピン波のモードロック現象を利用した発振などについて調査することも今後の興味深い課題の一つである[78]．

9.5 その他のトピックス

9.5.1 フェリ磁性・反強磁性を有するハーフメタルホイスラー合金

　本章では，これまで最も研究成果が上げられている Co 基のホイスラー合金材料に焦点を絞り，TMR や CPP-GMR，磁気緩和について言及してきたが，Co 基ホイスラー合金以外にもスピントロニクス材料として興味深いホイスラー合金材料は多い．例えば，Mn_2VAl や Mn_2VSi は Mn と V の磁気モーメントがフェリ磁性的にカップルするホイスラー合金であり，磁化が $1～2\mu_B$/f.u. と非常に小さいハーフメタル材料になることが理論的に予測されている（Co_2MnSi は $5\mu_B$/f.u.）[79, 80]（第3章参照）．これらの材料は T_C が室温を大きく超えるため実用的にも問題がない．スピン注入磁化反転においては反転電流密度が磁化の2乗に比例することから，磁化が小さいことは反転電流密度低減の上で非常に有用な特性である．また Galanakis らの計算によれば，Mn_2VAl や Mn_2VSi の Mn サイトを Co で置換することによって，正味の磁化の値を 0 m_B/f.u. まで小さくすることが可能であるとされ，磁化を持たない（外部磁場応答の小さい）ハーフメタルとなることが予測されている[81]．最近の実験では比較的良質なエピタキシャル膜が作られ，Mn と V のフェリ的なカップルが確認されるところまではきているものの[82]，TMR や CPP-GMR 素子を作

製した例は報告されていない．今後の進展が期待される．

9.5.2 半導体へのスピン注入源としてのホイスラー合金ハーフメタル

　SiやGaAsなどの半導体材料に高効率に高偏極したスピンを注入することは，スピントランジスタなどの新規デバイスを実現する上で，非常に重要なトピックである．しかしながら，半導体に強磁性金属からスピン注入を行った場合，界面における伝導度のミスマッチによって，スピン注入効率が急激に低下してしまうことが報告されている[83]．これを解決するために半導体と強磁性層との界面にMgOなどのトンネル障壁層を挿入する方法が数多く試みられ，CoFe/MgO/GaAs-AlGaAs-QWの構造では室温で32%のスピン注入効率が得られている[84]．しかし，MgOやAl-Oなどのトンネル障壁層を用いて半導体へのスピン注入を行った場合，障壁層界面の界面準位密度が高いために伝導帯への電子のトンネルが抑制され，電荷注入効率が極めて低いことが問題となっている．Schmidtらの計算によれば，ハーフメタルをスピン注入源とすることによって，トンネル障壁を用いずとも高効率なスピン注入が行えることが予測されており，ハーフメタルホイスラー合金は半導体へのスピン注入源の一つの候補として期待される[85]．しかしながら，現在まで実際にホイスラー合金を用いて半導体へのスピン注入を行った例は極めて限られており[86]，今後の展開が待たれる．

9.6　ま　と　め

　本章ではスピントロニクス分野におけるホイスラー合金系ハーフメタル材料について，その有用性と研究の現状，今後の展望について概説した．スピントロニクスという若い研究分野において，ホイスラー合金という歴史ある材料は現在日進月歩での成長を遂げている．とりわけCPP-GMR効果に関しては，ここ数年の研究において室温でもハーフメタル性を反映した高いスピン偏極率が観測され始めており，今後の発展が大きく期待される．またハーフメタルホ

イスラー合金が有する小さな磁気緩和と高いスピン偏極率を利用した，スピントルクによる磁化反転や発振現象も今後の重要なテーマである．さらに新規材料としてはハーフメタルフェリ磁性体や反強磁性体など，まだまだ開拓の余地が残されている．

　スピントロニクスが電子スピンに依存した現象を取り扱う以上，完全にスピン偏極した伝導電子を持つハーフメタルの有用性・重要性は今後も変わらないものと思われる．ホイスラー合金系のハーフメタル材料については，より高度なサイト規則制御や界面制御技術が確立され，さらに理想に近いハーフメタル性が実現されることが今後のブレークスルーにつながると考えられる．

参 考 文 献

[1] R. A. de Groot, F. M. Mueller, P. G. van Engen and K. H. J. Buschow : Phys. Rev. Lett. **50**（1983）2024.
[2] S. Ishida, S. Fujii, S. Kashiwagi and S. Asano : J. Phys. Soc. Jpn. **64**（1995）2152.
[3] M. Julliere : Phys. Lett. A **54**（1975）225.
[4] T. Miyazaki and N. Tezuka : J. Magn. Magn. Mater. **139**（1995）L231.
[5] J. S. Moodera, L. R. Kinder, T. M. Wong and R. Meservey : Phys. Rev. Lett. **74**（1995）3273.
[6] D. Wang, C. Nordman, J. M. Daughton, Z. Qian and J. Fink : IEEE Trans. Mang. **40**（2004）2269.
[7] M. Bowen, A. Barthélémy, M. Bibes, E. Jacquet, J.-P. Contour, A. Fert, F. Ciccacci, L. Duo and R. Bertacco : Phys. Rev. Lett. **97**（2005）137203.
[8] R. J. Soulen Jr., J. M. Byers, M. S. Osofsky, B. Nadgorny, T. Ambrose, S. F. Cheng, P. R. Broussard, C. T. Tanaka, J. Nowak, J. S. Moodera, A. Barry and J. M. D. Coey : Science **282**（1998）85.
[9] S. Kämmerer, A. Thomas, A. Hutten and G. Reiss : Appl. Phys. Lett. **85**（2004）79.
[10] Y. Sakuraba, J. Nakata, M. Oogane, H. Kubota, Y. Ando, A. Sakuma and T. Miyazaki : Jpn. J. Appl. Phys. **44**（2005）L1100.
[11] Y. Sakuraba, M. Hattori, M. Oogane, Y. Ando, H. Kato, A. Sakuma and T.

Miyazaki: Appl. Phys. Lett. **88** (2006) 192508.

[12] M. Hattori, Y. Sakuraba, M. Oogane, Y. Ando and T. Miyazaki: Appl. Phys. Express **10** (2008) 21301.

[13] H. Kubota, J. Nakata, M. Oogane, Y. Ando, A. Sakuma and T. Miyazaki: Jpn. J. Appl. Phys. **43** (2004) L984.

[14] Y. Sakuraba, J. Nakata, M. Oogane, Y. Ando, H. Kato, H. Kubota, A. Sakuma and T. Miyazaki: Appl. Phys. Lett. **88** (2006) 022503.

[15] K. Inomata, S. Okamura, A. Miyazaki, M. Kikuchi, N. Tezuka, M. Wojcik and E. Jedryka: J. Phys. D: Appl. Phys. **39** (2006) 816-823.

[16] M. Oogane, M. Shinano, Y. Sakuraba and Y. Ando: J. Appl. Phys. **105** (2009) 07C903.

[17] S. Okamura, A. Miyazaki, S. Sugimoto, N. Tezuka and K. Inomata: Appl. Phys. Lett **86** (2005) 232503.

[18] N. Tezuka, N. Ikeda, A. Miyazaki, S. Sugimoto, M. Kikuchi and K. Inomata: Appl. Phys. Lett. **89** (2006) 112514.

[19] K. Inomata, S. Okamura, R. Goto and N. Tezuka: Jpn. J. Appl. Phys **42** (2003) L419.

[20] 桜庭裕弥, 服部正志, 大兼幹彦, 久保田均, 安藤康夫, 佐久間昭正, N. D. Telling, P. Keatley, G. van der Laan, E. Arenholz, R. J. Hicken and 宮﨑照宣: J. Magn. Soc. Jpan. **31** (2007) 338.

[21] R. Shan, H. Sukegawa, W. H. Wang, M. Kodzuka, T. Furubayashi, T. Ohkubo, S. Mitani, K. Inomata and K. Hono: Phys. Rev. Lett. **102** (2009) 246601.

[22] W. H. Butler, X.-G. Zhang, T. C. Schulthess and J. M. MacLaren: Phys. Rev. B **63** (2001) 054416.

[23] J. Mathon and A. Umerski: Phys. Rev. B **63** (2004) 220403 (R).

[24] S. Yuasa, T. Nagahama, A. Fukushima, Y. Suzuki and K. Ando: Nat. Mater. **3** (2004) 868.

[25] Y. Miura, H. Uchida, Y. Oba, K. Nagao and M. Shirai: J. Phys.: Cond. Matt. **19**, (2007) 365228.

[26] Y. Miura: unpublished.

[27] T. Ishikawa, T. Marukame, H. Kijima, K.-i. Matsuda, T. Uemura, M. Arita and M. Yamamoto: Appl. Phys. Lett. **89** (2006) 192505.

[28] T. Ishikawa, S. Hakamata, K.-i. Matsuda, T. Uemura and M. Yamamoto: J.

Appl. Phys. **103** (2008) 07A919.
- [29] S. Tsunegi, Y. Sakuraba, M. Oogane, K. Takanashi and Y. Ando : Appl. Phys. Lett. **93** (2008) 112506.
- [30] T. Ishikawa, H. Liu, T. Taira, K. Matsuda, T. Uemura and M. Yamamoto : Appl. Phys. Lett. **95** (2009) 232512.
- [31] T. Taira, H.-x. Liu, S. Hirata, K.-i. Matsuda, T. Uemura and M. Yamamoto : 55th Annual Conference on Magnetism & Magnetic Materials, Abstracts (CD-ROM), pp. 118-119, BH-10, Atlanta, Georgia, USA, November 14-18 (2010).
- [32] T. Taira, T. Ishikawa, N. Itabashi, K. Matsuda, T. Uemura and M. Yamamoto : J. Phys. D : Appl. Phys. **42** (2009) 084015.
- [33] M. Yamamoto, T. Ishikawa, T. Taira, G. Li, K. Matsuda and T. Uemura : J. Phys. : Condens. Matter. **22** (2010) 164212.
- [34] W. H. Wang, H. Sukegawa, R. Shan, S. Mitani and K. Inomata : Appl. Phys. Lett. **95** (2009) 182502.
- [35] N. Tezuka, N. Ikeda, S. Sugimoto and K. Inomata : Jpn. J. Appl. Phys. **46** (2007) L454.
- [36] N. Tezuka, N. Ikeda, F. Mitsuhashi and S. Sugimoto : Appl. Phys. Lett. **94**, (2009) 162504.
- [37] T. Marukame, T. Ishikawa, S. Hakamata, K. Matsuda, T. Uemura and M. Yamamoto : Appl. Phys. Lett. **90** (2007) 012508.
- [38] T. Marukame and M. Yamamoto : J. Appl. Phys. **101** (2007) 083906.
- [39] S. Ikeda, J. Hayakawa, Y. Ashizawa, Y M. Lee, K. Miura, H. Hasegawa, M. Tsunoda, F. Matsukura and H. Ohno : Appl. Phys. Lett. **93** (2008) 082508.
- [40] W. H. Wang, E. Liu, M. Kodzuka, H. Sukegawa, M. Wojcik, E. Jedryka, G. H. Wu, K. Inomata, S. Mitani and K. Hono : Phys. Rev. B **81** (2010) 140402.
- [41] T. Marukame, T. Ishikawa, T. Taira, K. Matsuda, T. Uemura and M. Yamamoto : Phys. Rev. B **81** (2010) 134432.
- [42] P. Mavropoulos, M. Ležaić and S. Blügel : Phys. Rev. B **72** (2005) 174428.
- [43] A. Sakuma, Y. Toga and H. Tsuchiura : J. Appl. Phys. **105** (2009) 07C910.
- [44] Y. Sakuraba, Y. Kota, T. Kubota, M. Oogane, A. Sakuma, Y. Ando and K. Takanashi : Phys. Rev. B **81** (2010) 144422.
- [45] Y. Miura, H. Uchida, Y. Oba, K. Abe and M. Shirai : Phys. Rev. B **78** (2008) 064416.

第9章 スピントロニクス材料としてのホイスラー合金

[46] S. Tsunegi, Y. Sakuraba, M. Oogane, H. Naganuma, K. Takanashi and Y. Ando : Appl. Phys. Lett. **94** (2009) 252503.

[47] H.-x. Liu, T. Taira, Y. Honda, K.-i. Matsuda, T. Uemura and M. Yamamoto : 55th Annual Conference on Magnetism & Magnetic Materials, Abstracts (CD-ROM), pp. 370-371, ET-11, Atlanta, Georgia, USA, November 14-18 (2010).

[48] P. Grünberg, R. Schreiber, Y. Pang, M. B. Brodsky and H. Sowers : Phys. Rev. Lett. **57** (1986) 2442.

[49] M. N. Baibich, J. M. Brot, A. Fert, F. Nguyen Van Dau, F. Petroff, P. Eitenne, G. Creuzet, A. Friederich and J. Chazelas : Phys. Rev. Lett. **61** (1988) 2472.

[50] T. Valet and A. Fert : Phys. Rev. B **48** (1993) 7099.

[51] K. Yakushiji, K. Saito, S. Mitani, K. Takanashi, Y. K. Takahashi and K. Hono : Appl. Phys. Lett. **88** (2006) 222504.

[52] Y. Sakuraba, T. Iwase, K. Saito, S. Mitani and K. Takanashi : Appl. Phys. Lett., **94** (2009) 012511.

[53] T. Mizuno, Y. Tsuchiya, T. Machita, S. Hara, D. Miyauchi, K. Shimazawa, T. Chou, K. Noguchi and K. Tagami : IEEE Trans. Magn. **44** (2008) 3584.

[54] K. Kodama, T. Furubayashi, H. Sukegawa, T. M. Nakatani, K. Inomata and K. Hono : J. Appl. Phys. **105** (2009) 07E905.

[55] T. Iwase, Y. Sakuraba, S. Bosu, K. Saito, S. Mitani and K. Takanashi : Appl. Phys. Express **2** (2009) 063003.

[56] Y. Sakuraba, K. Izumi, Y. Miura, K. Futasukawa, T. Iwase, S. Bosu, K. Saito, K. Abe, M. Shirai and K. Takanashi : Phys. Rev. B **82** (2010) 094444.

[57] M. Saito, N. Hasegawa, Y. Ide, T. Yamashita, Y. Hayakawa, Y. Nishiyama, M. Ishizone, S. Yanagi, K. Nishimura and A. Takahashi : Digest of the Intermag Conference (2005) (unpublished) Paper No. FB-02.

[58] K. Nikolaev, P. Kolbo, T. Pokhil, X. Peng, Y. Chen, T. Ambrose and O. Mryasov : Appl. Phys. Lett. **94** (2009) 222501.

[59] T. Furubayashi, K. Kodama, H. Sukegawa, Y. K. Takahashi, K. Inomata and K. Hono : Appl. Phys. Lett. **93** (2008) 122507.

[60] T. M. Nakatani, T. Furubayashi, S. Kasai, H. Sukegawa, Y. K. Takahashi, S. Mitani and K. Hono : Appl. Phys. Lett. **96** (2010) 212501.

[61] N. Hase, B. S. D. Ch. S. Varaprasad, T. M. Nakatani, H. Sukegawa, S. Kasai, Y. K. Takahashi, T. Furubayashi and K. Hono : J. Appl. Phys. **108** (2010) 093916.

[62] H. Yuasa, M. Yoshikawa, Y. Kamiguchi, K. Koi, H. Iwasaki, M. Takagishi and M. Sahashi : J. Appl. Phys. **92** (2002) 2646.

[63] Y. Sakuraba, K. Izumi, S. Bosu, K. Saito and K. Takanashi : J. Phys. D : Appl. Phys. **44** (2011) 064009.

[64] T. M. Nakatani, T. Furubayashi and K. Hono : Abstract of the 55th Magnetism and Magnetic Materials Conference (2010) Paper No. DF-02.

[65] M. Takagishi, K. Yamda, H. Iwasaki, H. N. Fuke and S. Hashimoto : IEEE Trans. Magn. **46** (2010) 2086.

[66] H. Yuasa, M. Hara, S. Murakami, Y. Fuji, H. Fukuzawa, K. Zhang, M. Li, E. Schreck, P. Wang and M. Chen : Appl. Phys. Lett. **97** (2010) 112501.

[67] Y. Nagamine, H. Maehara, K. Tsunekawa, D. D. Djayaprawira, N. Watanabe, S. Yuasa and K. Ando : Appl. Phys. Lett. **89** (2006) 162507.

[68] S. I. Klselev, J. C. Sankey, I. N. Krivorotov, N. C. Emley, R. J. Schoelkopf, R. A. Buhrman and D. C. Ralph : Nature **425** (2006) 380.

[69] M. Deac, A. Fukushima, H. Kubota, H. Maehara, Y. Suzuki, S. Yuasa, Y. Nagamine, K. Tsunekawa, D. D. Djayaprawira and N. Watanabe : Nature Physics **4** (2008) 803.

[70] T. L. Gilbert : IEEE Trans. Magn. **40** (2004) 3443.

[71] V. Kambersky : Can. J. Phys. **48** (1970) 2906.

[72] B. Heinrich : in Ultrathin Magnetic Structures, edited by J. A. C. Bland and B. Heinrich, Springer, New York (2005) Vol. 3.

[73] I. Galanakis : Phys. Rev. B **71** (2005) 012413.

[74] R. Yilgin, Y. Sakuraba, M. Oogane, S. Mizukami, Y. Ando and T. Miyazaki : Jpn. J. Appl. Phys., Part 2. **46** (2007) L205.

[75] S. Mizukami, D. Watanabe, M. Oogane, Y. Ando, Y. Miura, M. Shirai and T. Miyazaki : J. Appl. Phys. **105** (2009) 07D306.

[76] T. Kubota, S. Tsunegi, M. Oogane, S. Mizukami, T. Miyazaki, H. Naganuma and Y. Ando : Appl. Phys. Lett. **94** (2009) 1222504.

[77] M. Oogane, T. Kubota, Y. Kota, S. Mizukami, H. Naganuma, A. Sakuma and Y. Ando : Appl. Phys. Lett. **252501** (2010) 96.

[78] F. B. Mancoff, N. D. Rizzo, B. N. Engel and S. Tehrani : Nature **437** (2005) 393.

[79] I. Galanakis, P. H. Dederichs and N. Papanikolaou : Phys. Rev. B **66** (2002) 174429.

[80] R. Weht and W. E. Pickett : Phys. Rev. B **60** (1999) 13006.
[81] I. Galanakis, K. Özdoğan, E. Şaşioğlu and B. Aktaş : Phys. Rev. B **75** (2007) 092407.
[82] T. Kubota, K. Kodama, T. Nakamura, Y. Sakuraba, M. Oogane, K. Takanashi and Y. Ando : Appl. Phys. Lett. **95** (2009) 222503.
[83] D. L. Smith and R. N. Silver : Phys. Rev. B **64** (2001) 045323.
[84] X. Jiang, R. Wang, R. M. Shelby, R. M. Macfarlane, S. R. Bank, J. S. Harris and S. S. P. Parkin : Phys. Rev. Lett. **94** (2005) 056601.
[85] G. Schmidt, D. Ferrand, L. W. Molenkamp, A. T. Filip and B. J. van Wees : Phys. Rev. B **62** (2000) R4790.
[86] X. Y. Dong, C. Adelmann, J. Q. Xie, C. J. Palmstrom, X. Lou, J. Strand, P. A. Crowell, J.-P. Barnes and A. K. Petford-Long : Appl. Phys. Lett. **86** (2005) 102107.

機能材料としてのホイスラー合金

第**10**章

ホイスラー合金の熱電変換材料への応用

10.1 序　　論

10.1.1 はじめに

　ホイスラー合金の中には熱電変換材料として優れた特性を示すものが存在し，近年，盛んに研究が進められている材料系の一つである．本章では，熱電変換技術について概観し，熱電変換システムの心臓部とも言える熱電変換材料に求められる特性と材料設計指針についてまとめ，熱電変換材料として有望なFe_2VAl系フルホイスラー合金および$MNiSn$，$MCoSb$（$M=Ti, Zr, Hf$）系ハーフホイスラー合金を中心に組成と構造，熱電特性について概説する．

　熱電変換技術とは熱を電気に，または電気を熱に直接変換する技術のことである．前者は熱電発電技術と呼ばれ，エネルギー・環境問題への関心が高まる昨今，捨てられている熱を電気に変える革新的省エネルギー技術の一つとして注目を集めている．例えば，自動車の排熱から電気エネルギーを回収できればオルタネータへの負担が低減され，炭酸ガス排出量の低減と燃費改善が可能となる．地熱や工場の廃熱，ごみ焼却炉の燃焼熱を回収しようという試みもあり，小規模・分散型排熱エネルギーの有効利用，ひいては二酸化炭素排出量削減に資する技術として期待されている．

　一方，後者は熱電冷却技術と呼ばれ，電気エネルギーを用いて熱エネルギーを移動させる技術のことである．従来の冷却システムにおける冷媒の代わりに電子や正孔といったキャリアを用い，①モータなどの可動部が不要（無振動・静穏），②応答が速く精密な温度制御が可能，③フロンガスのような冷媒が不

要などの特徴を有する．熱電冷却素子（ペルチェ冷却素子とも呼ばれる）はこのような特徴を活かして光通信用や光増幅器の励起用レーザーダイオードや各種電子部品の精密な温度制御に，また近年では無振動・静穏の利点を活かして病院，ホテルなどの小型冷蔵庫に適用が進んでいる．

10.1.2 熱電変換の原理

　熱電変換システムは通常，図10-1に示すような熱電素子対を基本としている．n型熱電変換材料とp型熱電変換材料を電極を介して電気的に直列に接続させ上端と下端に温度差を付けると各々の熱電変換材料に起電力が発生し，これに外部回路（負荷）を接続すればn型材料においては電子が，p型材料においては正孔がそれぞれ高温側から低温側に向かって移動することによって，電力を取り出すことが可能となる（熱電発電）．これとは逆に，図10-1の熱電素子対に電流を流すと，一方の面が吸熱し，反対面に発熱が起こる．吸熱面を対象物と接触させて熱を汲み上げることにより冷却が可能となる（熱電冷却）．このように，熱電発電と熱電冷却は表裏一体の現象であり，総称して熱電変換技術と呼ばれている．

　熱電変換材料において温度差1K当たり発生する起電力の大きさ（V/K）はゼーベック係数（熱電能とも呼ばれる）と呼ばれ，物質固有の値を持っている．通常用いられる熱電変換材料のゼーベック係数は100 μV/K～数100 μV/K程度であり，一対の素子の起電力は小さい．そのため，素子を多数直列に

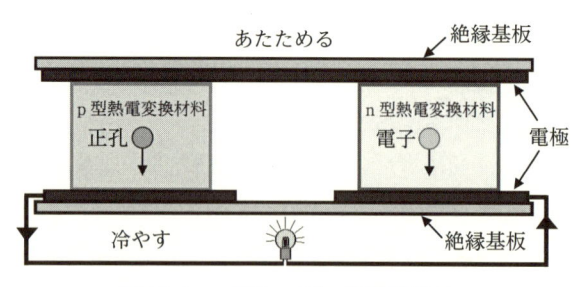

図10-1　p型とn型の熱電素子対．

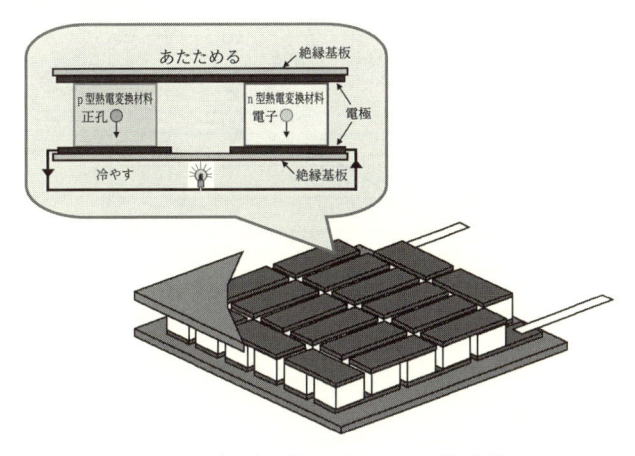

図 10-2 熱電変換モジュールの構成例.

集合させたモジュールを形成して起電力を高める工夫がなされている．図 10-2 には熱電変換モジュールの構成例が示されている．この例では熱電素子対が17個直列に接続されており，その上下面には対象物と効率よく熱交換しながら接触による電気的短絡を防ぐ目的で絶縁基板が接合されている．このように，熱電モジュールは熱電変換材料，電極，絶縁基板といった異種材料の接合体であり，さまざまな熱負荷，熱サイクルの中で長期間安定して使用するためには，高信頼性接合技術が大変重要となる．

10.1.3 熱電変換材料の設計指針[1,2]

熱電変換技術にとって応用上最も重要な指標は熱エネルギーと電気エネルギーとの間の変換効率，すなわち熱電変換効率である．

両端の温度が T_H と T_L の温度勾配の下に置かれた物質による最大変換効率 η_{max} は，次式で与えられる．

$$\eta_{max} = \frac{\Delta T}{T_H} \frac{\sqrt{1+ZT}-1}{\sqrt{1+ZT}+\frac{T_L}{T_H}} \tag{10-1}$$

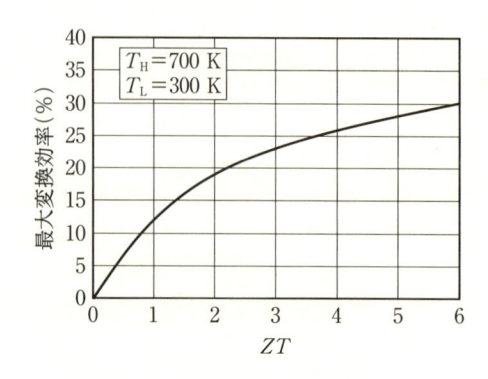

図 10-3　ZT と最大変換効率の関係．

$$T = \frac{T_\mathrm{H} + T_\mathrm{L}}{2} \tag{10-2}$$

$$\Delta T = T_\mathrm{H} - T_\mathrm{L} \tag{10-3}$$

式(10-1)における最初の $\Delta T/T_\mathrm{H}$ という係数はカルノー効率であり，式(10-1)は最大変換効率がカルノー効率を超えられないことを示している．式(10-1)中の Z は素子の性能指数と呼ばれ，Z は温度の逆数の次元を持つため Z と T の積 ZT は無次元性能指数と呼ばれている．

図 10-3 に，Z が温度変化に対して一定とした場合の ZT と最大変換効率の関係を示す．最大変換効率は ZT の増大とともに単調に増大することがわかる．すなわち，最大変換効率を増大させるためには ZT の大きな素子を使用することが必要である．素子の性能指数 Z は，素子の寸法と素子に用いられる p 型，n 型それぞれの熱電変換材料の性能指数 Z_p, Z_n によって決定付けられる．

$$Z = \frac{(\alpha_\mathrm{p} - \alpha_\mathrm{n})^2}{\left(\sqrt{\kappa_\mathrm{p} \rho_\mathrm{p}} + \sqrt{\kappa_\mathrm{n} \rho_\mathrm{n}}\right)^2} \tag{10-4}$$

$$Z_\mathrm{p} = \frac{\alpha_\mathrm{p}^2}{\kappa_\mathrm{p} \rho_\mathrm{p}}, \quad Z_\mathrm{n} = \frac{\alpha_\mathrm{n}^2}{\kappa_\mathrm{n} \rho_\mathrm{n}} \tag{10-5}$$

Z_p, Z_n は材料固有の物性値であるゼーベック係数（α），電気抵抗率（ρ），熱伝導率（κ）で表され，これら材料の Z 値（$Z_\mathrm{p}, Z_\mathrm{n}$）を高めることによって素

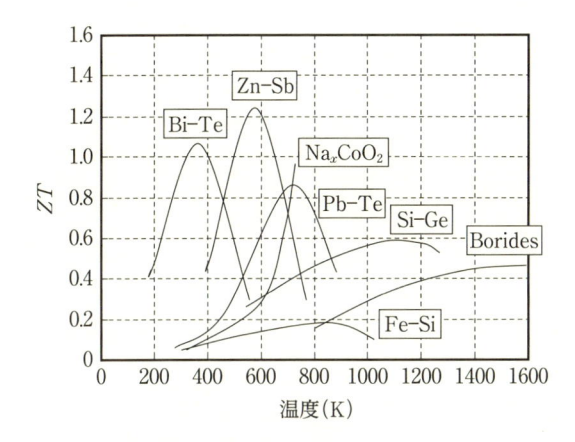

図10-4 各種熱電変換材料におけるZTの温度依存性.

子のZ値が増大し，熱電変換効率が向上する．図10-4に代表的な熱電変換材料のZTの温度変化を示した．各材料とも固有のピーク温度を有しており，使用される温度領域に応じて使い分けられている．なお，α^2/ρは材料の出力因子と呼ばれ，発電能力を示す指標の一つとして用いられる．

式(10-5)より高いZ値を持つ材料を実現するためには，大きなゼーベック係数，小さな電気抵抗率，小さな熱伝導率の3要素を同時に兼ね備えた材料の開発が必要であることがわかる．しかしながらこれら三つの物性はいずれもキャリア濃度の関数であり，独立に制御できないという難しさがある．例えば，電気抵抗率を低下させるためにキャリア濃度を高めると，ゼーベック係数が低下し熱伝導率が大きくなる．これら相互のトレードオフの中で，以下の指針に従ってZ値を最大化する試みがなされてきた．

（1）Mottによれば，フェルミ準位近傍における状態密度が小さく，状態密度変化が急峻なほどゼーベック係数は大きくなる（式(10-6)）[3]．

$$\alpha = -\frac{\pi^2}{3}\frac{k_\mathrm{B}T}{e}\frac{1}{D(E_\mathrm{F})}\left[\frac{\partial D(E)}{\partial E}\right]_{E=E_\mathrm{F}} \quad (10\text{-}6)$$

k_Bはボルツマン定数，$D(E)$は状態密度を表す．

（2） 少量のドーピングによってキャリア濃度を制御して電気抵抗率を低下させる．

（3） 熱伝導率はキャリア成分（κ_e）と格子成分（κ_{ph}）に分解できる（式(10-7)）．κ_e の増大を極力抑制しながら κ_{ph} を低下させる．

$$\kappa = \kappa_e + \kappa_{ph} \tag{10-7}$$

実際には，まず（1）を満たす候補材料を見いだし，次にその候補材料に対して（2）および（3）の検討により Z 値をどこまで高められるかという観点で材料開発が行われてきた．こうして見いだされてきた熱電変換材料が図 10-4 に示した各種材料であると言える．

現在までに開発されてきた熱電変換材料を用いた場合，システムの熱電変換効率は 3～6% 程度であるが，これが 10% を超えることができれば，熱電の応用は大きく広がるものと考えられている．この目標を実現するためには，熱交換の効率を 50% と仮定すると図 10-3 からわかるように $ZT>2$ の材料開発が不可欠であり，新材料の探索研究が盛んに行われている[2]．また，超格子，量子細線，量子ドットなど，従来材料を用いたナノ構造制御技術によって ZT の飛躍的向上を図る研究も活発に行われている．

10.1.4　熱電変換材料としてのホイスラー合金

ホイスラー合金は前章までに述べられているように，古くから知られ，特にその興味深い磁性を中心に研究が進められてきたが，これを熱電変換材料に適用しようという試みは比較的新しい．ホイスラー合金はその結晶構造から大きく 2 種類に分けられる．**図 10-5** に示すように，X_2YZ という $L2_1$ 構造を示すフルホイスラー合金と XYZ という $C1_b$ 構造をとるハーフホイスラー合金とに分類される（第 2 章および第 3 章参照）．

詳しくは次節以降で述べるが，フルホイスラー合金の中には，フェルミ準位における状態密度が極めて小さく，擬ギャップと呼ばれるバンド構造を示すものが存在する．また，ハーフホイスラー合金の中には 0.1～0.5 eV 程度のバンドギャップエネルギーを持ち，フェルミ準位近傍に急峻な状態密度変化を示すものがある．これらは 10.1.3 項で述べた熱電変換材料の設計指針のうち，

フルホイスラー(L2$_1$構造)　　ハーフホイスラー(C1$_b$構造)

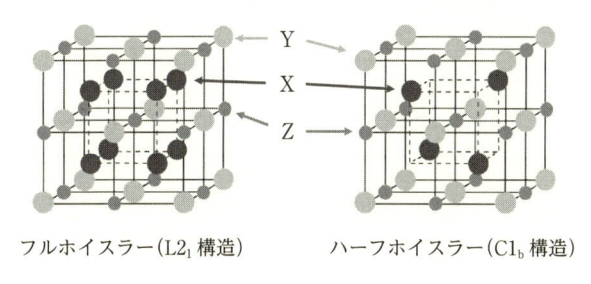

図 10-5　ホイスラー合金の結晶構造.

（1）を満足する候補材料という見方もできる．実際に，ホイスラー合金の中には，n型材料で $-200 \sim -400\,\mu$V/K，p型材料で $+150 \sim +300\,\mu$V/K という大きなゼーベック係数が報告されている．ゼーベック係数の低下を極力抑えながら，微量のドーピングによって電気抵抗率を低下させたり，構成元素や合金製造プロセスを工夫してミクロな結晶組織を制御することによって熱伝導率の低下を図ることができれば，ZT の向上につながる（10.1.3項の(2)，(3)の指針）．ホイスラー合金を熱電変換材料に適用しようという研究のほとんどは，このような目的で行われている．これまでの研究によって，従来材料に匹敵する熱電性能を示すものもいくつか見いだされており，今後，一層の性能向上が期待される．

　熱電モジュールを実用化するためには，高効率化，低コスト化はもちろんのこと，これからは環境に優しい材料で構成されることが要求される．この点，ホイスラー合金はさまざまな遷移金属元素や非金属元素で L2$_1$ 構造や C1$_b$ 構造が観測されており，元素選択の自由度が大きいため，希少元素や有害元素の使用を避けることも比較的容易であると言える．

10.1.5　まとめ

　本章では，熱を電気に，または電気を熱に直接変換する熱電変換技術において，その原理と応用，変換効率向上のために求められる材料物性と設計指針について紹介した．熱電変換材料の高性能化とは，材料の性能指数 Z または無

次元性能指数 ZT を高めることにつきる．つまり，使用温度領域で大きなゼーベック係数，小さな電気抵抗率，小さな熱伝導率の3要素を同時に兼ね備えた材料をいかにして実現するかが最大のポイントである．現在，その候補材料の一つとして，ホイスラー合金が盛んに研究されている．ホイスラー合金の熱電変換材料への適用例として，10.2 節ではフルホイスラー合金，10.3 節ではハーフホイスラー合金の熱電特性について紹介する．

10.2 フルホイスラー合金の熱電特性

10.2.1 はじめに

フルホイスラー合金の組成を X_2YZ と表すとき，熱電変換材料への適用が研究されている材料組成は，そのほとんどが X=Fe の場合についてである．これに対して Y については Ti と V，Z については Si，Al，Ga の場合について主に研究されている．以下では最も報告が多い Fe_2VAl 系に対象を絞って紹介する．

10.2.2 Fe_2VAl フルホイスラー合金のバンド構造

DO_3 型結晶構造を持つ Fe_3Al は，B2 構造への変態温度付近で高い降伏強度を示すため，高温構造材料としての応用が期待されている．Fe_3Al における Fe の 1/3 を Ti または V で置換した Fe_2TiAl または Fe_2VAl はフルホイスラー構造（$L2_1$ 構造）を持つことが中性子回折によって確認されている[4]．

Fe_3Al は Fe の 3d 電子の磁気モーメントに起因して強磁性を示すが，Fe の一部を非磁性元素で置換すると置換元素や置換量に応じて磁化が低下し，例えば V で置換した場合には，Fe の 1/3 を V で置換した Fe_2VAl において強磁性が消失する．このような V 置換量の増大とともに低温での電気抵抗率が著しく増大し，Fe_2VAl においては温度低下に伴って電気抵抗率が上昇，いわゆる半導体的挙動を示すことが Nishino らによって報告され，注目を集めた[5]．その後，バンド計算による電子構造の研究が精力的に行われ，Fe_2VAl においてはフェルミ準位付近に擬ギャップと呼ばれるエネルギーギャップが存在する

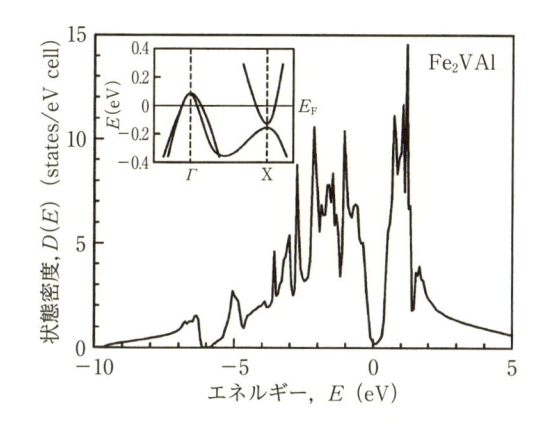

図 10-6 Fe$_2$VAl の状態密度曲線[11].
（挿入図はフェルミ準位近傍のバンド構造模式図）

ことが明らかになっている[6〜10]．図 10-6 にバンド計算によって求められた Fe$_2$VAl の状態密度曲線を示す[11]．擬ギャップとは，通常のバンドギャップとは異なり，フェルミ準位における状態密度がゼロではないが，図 10-6 に示されるように上下の状態密度に対して落ち込みが大きいものを言う．このような擬ギャップの存在は，光電子分光，光反射率測定，ホール効果測定，核磁気共鳴などによって実験的に確認されており，観測された擬ギャップのバンドギャップエネルギーは 0.1〜0.3 eV 程度と言われている[12〜15]．

図 10-6 に示した状態密度の急激な変化は Fe$_2$VAl が 10.1.3 項で述べた熱電変換材料の設計指針のうち(1)を満たす，つまり Mott 理論（式(10-6)）に基づく高ゼーベック係数が得られる可能性を示している．

次項では Fe$_2$VAl を熱電変換材料に適用しようとする試みについて述べる．

10.2.3 Fe$_2$VAl 系の熱電変換材料への適用

(1) ゼーベック係数の増大

Fe$_2$VAl は図 10-6 のバンド構造に示されるようにフェルミ準位付近に急激な状態密度の落ち込みが観測されており，Mott 理論に基づく高いゼーベック

係数が期待されるものの，実際の値は +20～+30 μV/K とそれほど大きくない．この理由としては，図 10-6 挿入図に示すように Fe$_2$VAl はフェルミ準位において Γ 点に正孔ポケット，X 点に電子ポケットが共存し，正孔と電子双方の寄与が相殺していることがあげられる[6, 11]．このようなモデルに立つと，バンド構造そのものには大きな影響を与えずに，つまりリジッドバンド的に価電子数を制御してフェルミ準位の位置を調整することができれば，ゼーベック係数の上昇が期待できる．原子当たりの価電子数は Fe が 8，V が 5，Al が 3 であるので，Fe$_2$VAl では合計 24 となり，原子当たりの平均価電子数は 6 である．この数は後述するハーフホイスラー合金においても重要となる．

　実際に価電子数を制御した例としては，Fe$_2$VAl の組成比を化学量論組成である 2：1：1 からわずかにずらす方法と，Fe$_2$VAl に対して Fe，V，Al のいずれかの元素を他の元素で置換する方法がある．前者については，Al の配合量を変化させる方法が報告されている[16]．Al の配合量を Fe$_2$VAl（Al は 25 原子%）に対して増減させた場合のゼーベック係数の変化を図 10-7 に示す．Al を増やすことにより平均価電子数は 6 よりも減少し，これに伴ってゼーベック係数は 300 K で +70 μV/K 程度まで増大した後，減少する．一方，Al を減らした場合，つまり平均価電子数を 6 よりも増やした場合には，逆にゼーベック係数は低下して符号が負（n 型）となり，絶対値としては 130 μV/K まで増大する．このように，Al の配合量を変化させて価電子数を制御することによってフェルミ準位の位置がシフトし，ゼーベック係数の大きさや符号に影響を及ぼすことがわかる．

　次に Fe$_2$VAl に対して Fe，V，Al のいずれかの元素を他の元素で置換した場合について紹介する[17]．図 10-8 に各種元素で置換した場合のゼーベック係数の平均価電子数依存性を示す．元素置換をしない場合，つまり 6 を境として，平均価電子数の増減によってゼーベック係数は符号の変化も含めて大きく変化し，先に述べた Al の配合量を変化させた場合と同様の振る舞いを示す．興味深いのは，添加元素の種類には大きく依存せず，同じ 1 本の曲線に乗っている点である．このことは，Al の配合量変化と同様，価電子数制御に伴うフェルミエネルギーの調整によって，符号を含めてゼーベック係数を制御でき

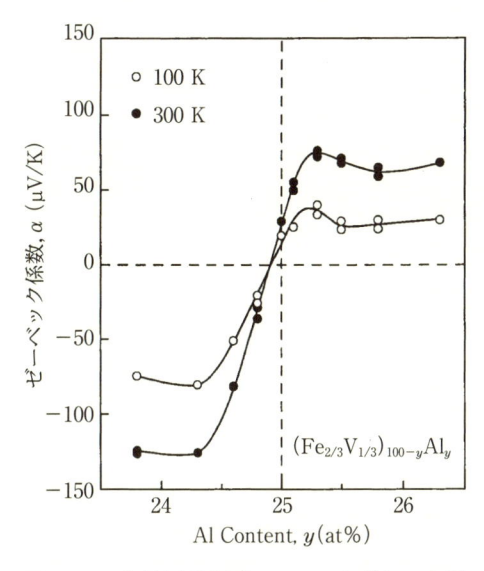

10.2 フルホイスラー合金の熱電特性　281

図 10-7 化学量論組成から Al をずらした場合のゼーベック係数[16].

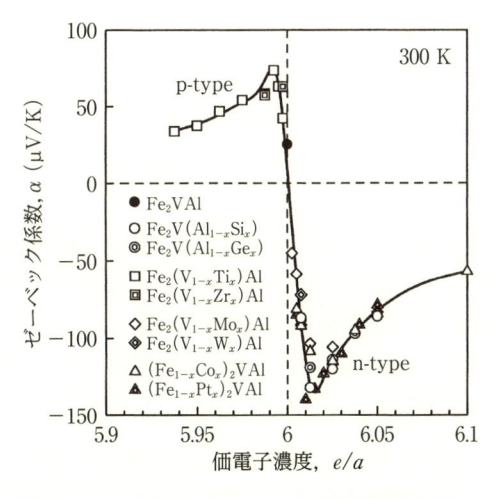

図 10-8 Fe$_2$VAl 系における価電子数とゼーベック係数の関係[17].

ることを示すものである．なお，Fe₂VAl に対して Fe と V の比率を 2：1 からずらした場合にもゼーベック係数は符号を含めて大きく変化することが観測されているが[18,19]，V 組成が変化するとバンド構造自体が変化してしまうため，上述したリジッドバンドモデルに立った平均価電子数制御は成立しない[10]．

(2) 電気抵抗率の低減

前述したように Fe₂VAl は温度低下に伴って電気抵抗率が上昇，いわゆる半導体的挙動を示す．室温における電気抵抗率は 0.7〜0.8 mΩcm 程度である．これに対して，V の一部を Ti で置換した場合 (Fe₂(V, Ti)Al) および Al の一部を Si で置換した場合 (Fe₂V(Al, Si))，いずれも元素置換によって電気抵抗率が急激に減少することが観測されている[20,21]．図 10-8 に示したように，Fe₂(V, Ti)Al においては +70 μV/K 程度（p 型），Fe₂V(Al, Si) においては −130 μV/K 程度（n 型）のゼーベック係数が室温で得られており，これらの元素置換によってゼーベック係数の絶対値増大と電気抵抗率の低下とが同時に達成されていることになる．

10.1.3 項で述べたように α^2/ρ は出力因子と呼ばれ，発電能力を示す指標の一つである．**図 10-9** は Fe₂(V, Ti)Al，Fe₂V(Al, Si) における出力因子の温度依存性である[11]．ベースとなる Fe₂VAl の出力因子は 10^{-4} W/mK² のオーダーで小さいが，元素置換によって Fe₂(V₀.₉Ti₀.₁)Al では 2.6×10^{-3} W/mK² (p 型)，Fe₂V(Al₀.₉Si₀.₁) では 5.5×10^{-3} W/mK² (n 型) へと大幅に向上することが明らかになっている．いずれも室温付近かやや高い温度（300〜350 K）で出力因子は最大値を示す．n 型と比べると p 型がやや低めであるが，Fe と V の比率をわずかに変化させた Fe₂.₀₄(V₀.₈₆Ti₀.₁)Al では，3.9×10^{-3} W/mK² (p 型) が得られたとの報告もある[22]．現在，室温付近でもっとも高い熱電性能を示し実用化されている Bi-Te 系熱電変換材料の出力因子が p 型，n 型ともに $4 \sim 5 \times 10^{-3}$ W/mK² 程度であることを考えると，元素置換した Fe₂VAl 系は出力因子の観点ではすでに Bi-Te 系と同等レベルの性能にあると言うことができる．

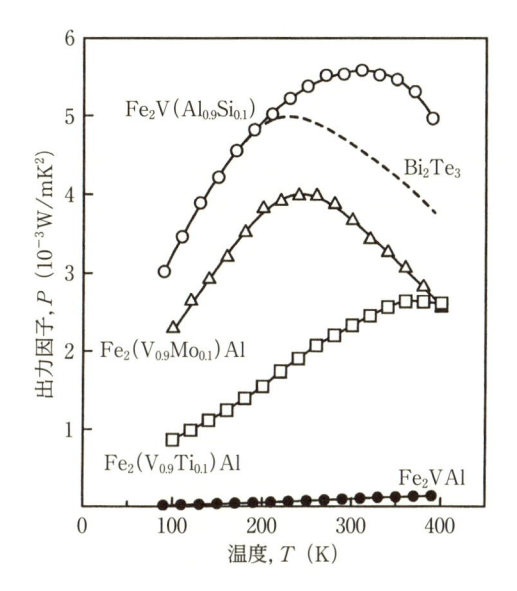

図 10-9 元素置換した Fe₂VAl 系フルホイスラー合金の出力因子の温度依存性[11].

(3) 熱伝導率の低減

　熱電変換材料の性能指数 Z を高めるためには，出力因子（α^2/ρ）を極力低下させることなく，熱伝導率を低下させる必要がある．Fe₂VAl の室温における熱伝導率は合金の作製方法にも依存するが，15～30 W/mK とされている．Bi-Te 系熱電変換材料の熱伝導率は 1 W/mK 程度であるから，一桁，あるいはそれ以上高い．熱伝導率は 10.1.3 項で述べたように，キャリア成分（κ_e）と格子成分（κ_{ph}）に分解できる．κ_e は Wiedeman-Franz 則（$\kappa_e = L_0 T/\rho$，L_0 はローレンツ数）によって電気抵抗率と結びついており，κ_e を低下させても ρ の増大を招くのみで，Z の増大には効果がない．Z を高めるためには κ_{ph} を低下させることが重要である．κ_{ph} を低下させる手法としては合金化と結晶微細化が有効であることが古くから知られている．合金化は質量の異なる原子で置換して固有振動数を変化させたり，原子半径の異なる原子で置換して局所的な格子歪を導入したりしてフォノン散乱を増大させる．また，結晶微細化は結晶

粒界を増やすことにより，粒界でのフォノン散乱を増大させる．Fe$_2$VAl系においても，これらの適用によってκ_{ph}を低下する試みがなされているので，以下で紹介する．

Fe$_2$VAlにおけるAlの一部をSiまたはGeで置換した場合の熱伝導率がNishinoらによって報告されている[23]．これによると，Si，Geいずれの場合も置換によって熱伝導率が低下するが，原子量の大きなGeの方が効果が高く，20原子％のGe置換によって26 W/mKから11 W/mKへと大幅な低下が観測されている（**図 10-10**）．Geの置換によって電気抵抗率が低下するため，前述したWiedeman-Franz則によってκ_eは増大するものの，それを上回るκ_{ph}の低下によってトータルの熱伝導率（$\kappa=\kappa_e+\kappa_{ph}$）は減少する．

また，Fe$_2$VAlにおけるFeの一部をPt，Co，Rh，Ir，Reといった元素で置換して熱伝導率を低下させる試みもなされている[24～26]．中でもIrで置換した場合が最も効果が高く，6原子％の置換で8 W/mK程度まで熱伝導率が低下することが報告されている[25]．

一方，Fe$_2$VAl結晶粒子の微細化によって熱伝導率を低下させる試みもなさ

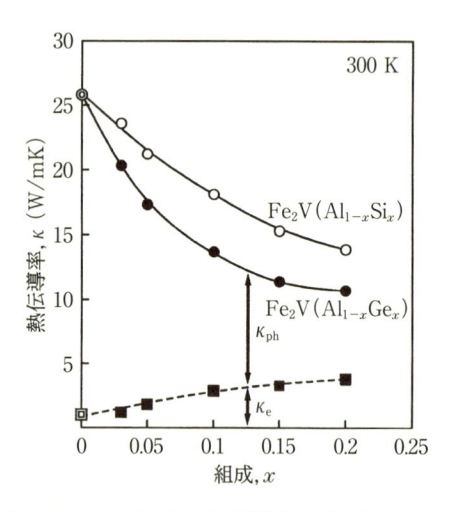

図 10-10 Fe$_2$VAlの熱伝導率に及ぼすSi，Ge置換の影響[23]．

れている．結晶を微細化させるには液体急冷やメカニカルアロイングといった方法が一般的である．液体急冷とは，溶けた合金を高速回転している銅などのロールの表面に吹きつけて急速に冷やし，厚さ数 10 μm 程度の薄い薄帯やフレークを作製する技術である．溶けた合金が固まる際，結晶が十分成長する前に固化させることで微細な金属組織が得られたり，究極的には溶けた状態，つまり，原子が不規則に配列した状態のまま固化させてアモルファス（非晶質）を作ったりすることができる．一方，メカニカルアロイングとは原料の金属粉末をボールミルなどを使って混合し機械的に合金化することを言う．これによってナノメーターオーダーの非常に微細な結晶が得られたり，従来の融解凝固では得られなかった特異な合金相ができたりする．液体急冷やメカニカルアロイングで作製した合金は薄帯やフレーク，または粉末状であるため，これを熱電変換材料とするためには何らかの方法で固めてバルク化する必要がある．粉末をバルク化するためには粉末冶金法が一般的である．粉末をプレス成型した後，高温で焼結することで高密度のバルク体が得られる．しかし，焼結する際，結晶粒の粗大化を引き起こしては元も子もない．そこで，加圧しながらパルス通電によるジュール熱と電場効果によって低温，短時間で焼結を完了させる放電プラズマ焼結法がよく利用されている．Fe_2VAl をメカニカルアロイングによって合金化した後，1000℃でパルス通電加熱することにより，アーク溶解材とほぼ同等の密度を示し粒子径が 200～300 nm の微細なフルホイスラー合金結晶からなる焼結体が得られ，その熱伝導率は 15 W/mK と通常の溶解凝固法で作製される結晶粒子径が数 100 μm の合金よりも低下することが報告されている[27]．結晶微細化によって結晶粒界が増え，粒界でのフォノン散乱増大によって熱伝導率が低下したものと考えられている．このような結晶微細化と前述した元素置換を組み合わせた例としては，Al の一部を Ga で置換し，かつ液体急冷と放電プラズマ焼結法を採用することによって熱伝導率が 8 W/mK まで低下することが明らかになっている[28]．

　以上で述べたように，これまでの研究によって Fe_2VAl 系の熱伝導率は 1/2～1/3 に低下できることは明らかになってきた．しかし，一般的な熱電変換材料，例えば Bi-Te 系材料と比較するとまだまだ高い．今後，前述した元素

286　第10章　ホイスラー合金の熱電変換材料への応用

置換と結晶微細化を推し進め，一層の熱伝導率低下を図る必要がある．

10.2.4　Fe₂VAl 系材料を用いた熱電変換モジュール[29, 30]

　p型材料に $Fe_2V_{0.9}Ti_{0.1}Al$，n型材料に $Fe_2VAl_{0.9}Si_{0.1}$ を用いて 18 個の熱電素子対からなる熱電変換モジュールが試作されている（**図 10-11**）[29]．電極には銅が使用され，p, n 各材料と拡散接合で接合されている．この熱電変換モジュールの片方の面は水冷ヒートシンクを用いて 20℃ で一定とし，もう片方の面をホットプレート上に設置して表面温度を 200℃ または 300℃ に加熱して上下面に温度差を付与して発電試験が実施されている．発電試験の結果を図 10-11 に示す[29]．300℃ に加熱した場合，無負荷（電流ゼロ）状態での起電力は 0.39 V である．また，10.1.2 項で述べたように，外部回路によって負荷を

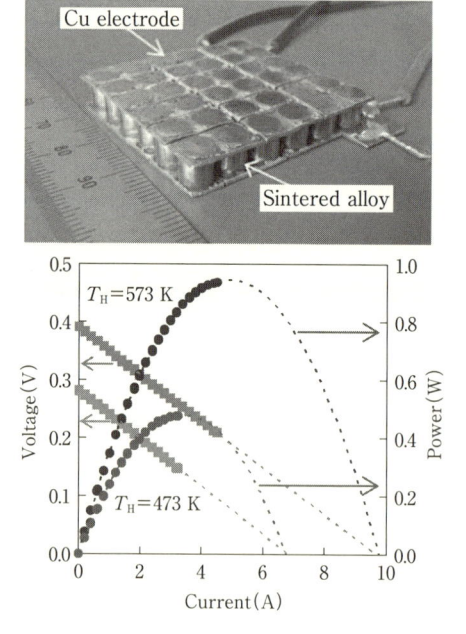

図 10-11　Fe₂VAl 系熱電変換モジュールの試作例と熱電特性[29, 30]．

接続することでn型材料においては電子が，p型材料においては正孔がそれぞれ高温側から低温側に向かって移動し電力が取り出せる．図10-11のI-V特性から求めた内部抵抗は40.3 mΩであり，熱電変換材料の電気抵抗率から算出される電気抵抗値（40.0 mΩ）とほぼ同等であることから，電極内部および接合部の電気抵抗はほとんど無視できることがわかる．I-V特性に示されるように，このモジュールで高温側300℃，低温側20℃において取り出せる最大出力は0.94 Wである．熱電変換材料の物性値からは6 W程度が見込まれていたが，これよりも大幅に下回っている．この原因としては，各熱電変換材料の両端の温度差が実際には280℃には達していない可能性が考えられる．電極部分での温度降下や放熱など，さまざまな要因が考えられるが，やはり熱電変換材料の熱伝導率が高すぎることがモジュール両端の温度差を保持することを難しくしているものと思われる．出力アップのためには一層の熱伝導率低減が望まれる．

10.2.5 まとめ

フルホイスラー合金を熱電変換材料に適用する試みとして，Fe_2VAl系合金の研究について紹介した．鉄やアルミニウムをベースとし，希少金属や有害元素を含まない環境にやさしい材料として期待される．特性面では，熱電変換材料に適したバンド構造に基づいて高いゼーベック係数と低い電気抵抗率が実現されており，すでにBi-Te系と同等の出力因子が得られている．しかし，熱伝導率がBi-Te系と比較してまだ高い．今後，出力因子をさらに高めると同時に熱伝導率の低下が重要な課題である．そしてこれらの解決によってモジュールの最大出力をアップすることで高効率化の議論へと進み，応用の道が開けることが期待される．

10.3 ハーフホイスラー合金の熱電特性

10.3.1 はじめに

ハーフホイスラー合金は，フルホイスラー合金X_2YZにおけるXの半分が

取り除かれて空孔となった構造を示す（図10-5）．熱電変換材料への適用が検討されたのはフルホイスラー合金よりも古く，特に1990年代の後半から研究が活発化してきた．10.2.3項（1）で述べたように，ハーフホイスラー合金においてもフルホイスラー合金と同様，原子当たりの平均価電子数が6の場合に半導体的挙動を示すものがいくつか存在し，熱電変換材料への適用が検討されている．代表的な化合物がMNiSn（M＝Ti, Zr, Hf）である．この場合，原子当たりの価電子数はMが4，Niが10，Snが4であるので，MNiSnでは合計18となり，平均すると原子当たり6である．平均価電子数6の化合物としては，この他にMCoSb(M＝Ti, Zr, Hf)，R(Ni, Pd)Sb(R：希土類元素)[31,32]，NbCoSn[33]，(V, Nb)FeSb[34]などがあり，いずれも熱電変換材料としての特性が調べられている．以下では報告が多いMNiSn系とMCoSb系（M＝Ti, Zr, Hf）について紹介する．

10.3.2　MNiSn(M＝Ti, Zr, Hf)系材料の熱電特性

(1)　MNiSn(M＝Ti, Zr, Hf)のバンド構造

F. G. Alievらは，MgAgAs型結晶構造（C1$_b$構造，ハーフホイスラー構造）を持つMNiSn（M＝Ti, Zr, Hf）が半導体的挙動を示すことを電気的測定や光学測定によって見いだし，0.1～0.2 eV程度のバンドギャップを観測した[35～37]．バンドギャップの存在はバンド計算により明らかにされている[38,39]．例として，ZrNiSnのバンド構造を**図10-12**に示す[38]．図に見るように，Fe$_2$VAlで見られた擬ギャップとは異なり，Γ点とX点の間に明確なギャップが見られる．また，図10-12に示すようにフェルミ準位付近に大きな状態密度が存在し，10.1.3項で述べた熱電変換材料の設計指針のうち（1）を満たす，つまりMott理論に基づく高ゼーベック係数が得られる可能性を持つという見方もできる．

(2)　熱電変換材料への適用

MNiSn（M＝Ti, Zr, Hf）は前節で述べたバンド構造に基づいて-200～$-400\,\mu$V/Kに達する高いゼーベック係数を示すことが報告され[40,41]，これを契機に熱電変換材料に適用しようとする試みが活発化した．これら合金の熱伝

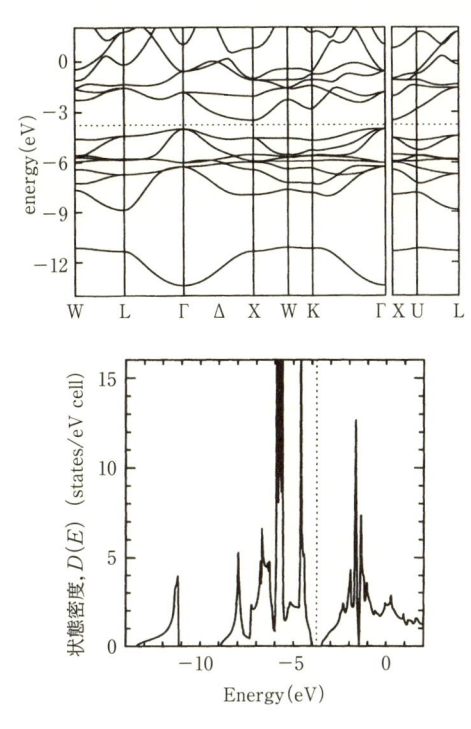

10.3 ハーフホイスラー合金の熱電特性　289

図 10-12 ZrNiSn のバンド構造と状態密度曲線[38].

導率は作製方法によってバラツキがあるもののおおむね 8〜17 W/mK と高く，この低減が当初からの課題であった．この問題に対して Hohl らは，M 元素 (Ti, Zr, Hf) の中の 2 種類を混合することで熱伝導率の低減を図った[42]．Hohl らによると $Zr_{0.5}Hf_{0.5}NiSn$ の熱伝導率は室温で 4.4 W/mK と，M 元素を混合しない場合と比べて熱伝導率が半減されることが報告されている（**図 10-13**)[42]．このような M 元素の混合によってもゼーベック係数 α は -200〜$-300\,\mu V/K$ の高い値を維持し，温度の上昇に伴ってその絶対値は増大する．電気抵抗率 ρ は室温では 10 mΩcm 程度と高いものの 700 K では 2〜3 mΩcm に低下する．つまり，出力因子（α^2/ρ）は温度上昇とともに増大し，700 K では 3.8×10^{-3} W/mK^2 に達する．熱伝導率の温度依存性は明らかではないが，

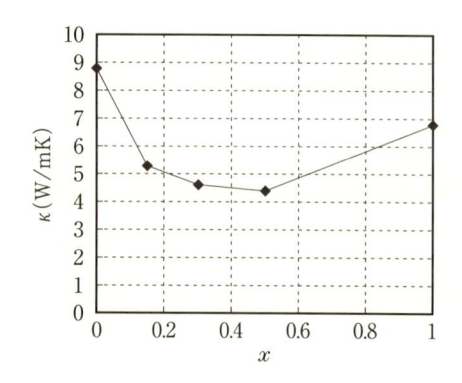

図 10-13 $Zr_{1-x}Hf_xNiSn$ の 300 K における熱伝導率[42].

Hohl らによると $Zr_{0.5}Hf_{0.5}NiSn$ において 700 K で $ZT=0.41$ が観測されている[42].

Hohl らは $Zr_{0.5}Hf_{0.5}NiSn$ や $Ti_{0.5}Hf_{0.5}NiSn$ をベースに M の一部を Nb, V, Ta といった元素で微量置換した場合の熱電特性に与える影響についても検討している[43]. このように同属元素以外の元素で微量置換する場合, より電子数が多い元素で置換するとフェルミ準位の位置が上がって電子伝導性が増すため, このような添加（ドープ）のことを n ドープと呼ぶ. 一方, これと反対に電子数が少ない元素で微量置換するとフェルミ準位の位置が下がってホール伝導性が増すため p ドープと呼ばれる. M (Ti, Zr, Hf) の一部を Nb, V, Ta で置換するのは n ドープである. Hohl らの結果によると, これらの n ドープ元素の中で最も優れた特性を示すのは Ta であり, $(Zr_{0.5}Hf_{0.5})_{0.99}Ta_{0.01}NiSn$ において室温で出力因子 2.2×10^{-3} W/mK^2, 熱伝導率 5.4 W/mK, $ZT=0.12$ を報告している[43]. また, 温度上昇とともに出力因子が増大し, 700 K では 4×10^{-3} W/mK^2 程度が得られ, これに伴って ZT は 0.5 程度まで向上することも明らかにしている[43].

一方, 同じような時期に, 同様の系が Uher らによっても研究された[44]. Uher らは ZrNiSn に対して Zr の半分をより原子量の大きな Hf で置換するこ

とによって熱伝導率が大きく低下するとともに，Sn の 1 原子 % を Sb で置換（n ドープ）することによって電気抵抗率が 16.1 mΩcm から 0.8 mΩcm へと大幅に低下することを見いだした．ゼーベック係数は −200 μV/K 程度であり，その結果，室温で Hohl らと同様，0.12 程度の ZT が得られている[44]．

(3) 熱電変換特性の向上

前述した Hohl ら[43]，および Uher ら[44]の先駆的研究によって MNiSn (M=Ti, Zr, Hf) 系は室温で ZT=0.12，700 K で ZT=0.5 程度が達成された．以降，これらの結果に基づいて，さらに ZT 向上を目指した試みが多数なされ，着実に進展を見せている．ZT 向上のための方策としては，すでにフルホイスラー合金でも見てきたように，構成元素を種々工夫することによってバンド構造を最適化して出力因子を向上させること，構成元素の工夫と合わせて組織微細化により格子熱伝導率を低減させること，の二つのアプローチが一般的であり，これらの観点から研究が進められている．主なものを紹介すると，例えば，Shen らは $Zr_{0.5}Hf_{0.5}NiSn_{0.99}Sb_{0.01}$ における Ni の一部をより原子量が大きな同属元素である Pd で置換することを検討，室温で出力因子 $2.2×10^{-3}$ W/mK²，熱伝導率 4.5 W/mK (ZT=0.15)，800 K で ZT=0.7 という値を報告している (**図 10-14**)[45]．

その後，Chen らは，上述した Pd 置換合金と ZrO_2 の粉末を混合し，放電プラズマ焼結によってバルク化することで熱伝導率のさらなる低下を試み，9 体積 % ZrO_2 を添加した試料において，室温で 3.4 W/mK (800 K では約 2.6 W/mK) まで低下させることに成功，800 K で ZT=0.75 が得られている[46]．また，Hf を多く含む材料の熱電特性が Culp らによって調べられており，$Zr_{0.25}Hf_{0.75}NiSn_{0.975}Sb_{0.025}$ 組成において 1025 K で ZT=0.81 が報告されている[47]．

一方，Ti を含む系においても同様に ZT 向上を目指した検討が行われている．Bhattacharya らは，TiNiSn における Sn の一部を Sb で置換 (n ドープ) することによって，650 K にて $6.9×10^{-3}$ W/mK² という高い出力因子を得ている[48]．さらに，Bhattacharya らは TiNi(Sn, Sb) に対してボールミルと衝撃圧縮法を併用することで，ハーフホイスラー結晶粒子を 1 μm 以下に微細化したバルク体が得られ，その結果，格子熱伝導率 ($κ_{ph}$) を約 10 W/mK から

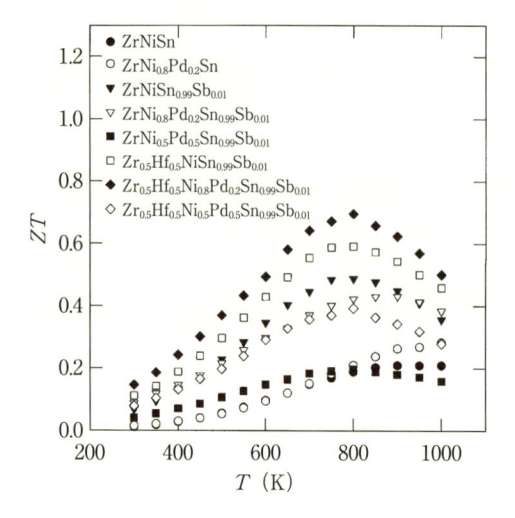

図 10-14 (Zr, Hf)(Ni, Pd)(Sn, Sb) における ZT の温度依存性[45].

凡例:
- ● ZrNiSn
- ○ ZrNi$_{0.8}$Pd$_{0.2}$Sn
- ▼ ZrNiSn$_{0.99}$Sb$_{0.01}$
- ▽ ZrNi$_{0.8}$Pd$_{0.2}$Sn$_{0.99}$Sb$_{0.01}$
- ■ ZrNi$_{0.5}$Pd$_{0.5}$Sn$_{0.99}$Sb$_{0.01}$
- □ Zr$_{0.5}$Hf$_{0.5}$NiSn$_{0.99}$Sb$_{0.01}$
- ◆ Zr$_{0.5}$Hf$_{0.5}$Ni$_{0.8}$Pd$_{0.2}$Sn$_{0.99}$Sb$_{0.01}$
- ◇ Zr$_{0.5}$Hf$_{0.5}$Ni$_{0.5}$Pd$_{0.5}$Sn$_{0.99}$Sb$_{0.01}$

3.7 W/mK に低減できることを示した[49]. その後, Bhattacharya らは TiNi(Sn, Sb) と Ti$_{0.5}$Zr$_{0.5}$Ni(Sn, Sb) の熱伝導機構を詳細に検討し, 前者は粒界散乱が支配的であるのに対して後者は Ti と Zr の原子量のバラツキによる散乱が支配的であると結論付けている[50].

このような原子量のバラツキや局所的な格子歪をさらに増大させて熱伝導率をより低減することを目的とし, Sakurada らは M 元素として Ti, Zr, Hf 全てを組み合わせた系について検討した[51,52]. 粉末をホットプレスで焼結することにより粒成長の抑制にも配慮している. これらの結果, 室温で 3 W/mK (700 K でも約 3 W/mK) の低い熱伝導率が実現された. さらに, Sn の一部を Sb で置換することにより出力因子が向上し, Ti$_{0.5}$Zr$_{0.25}$Hf$_{0.25}$NiSn$_{0.998}$Sb$_{0.002}$ 組成において 700 K で 1.5 の ZT が得られている (**図 10-15**)[51,52].

最近, Lee らはこれと類似の系として, V を微量添加した Ti$_{0.3}$(Zr, Hf)$_{0.69}$V$_{0.01}$(Ni$_{0.9}$Pd$_{0.1}$)Sn$_{0.99}$Sb$_{0.01}$ 組成の熱電特性について報告しており, 熱伝導率は室温で約 5 W/mK (820 K でも約 5 W/mK) とそれほど低くないにもかかわら

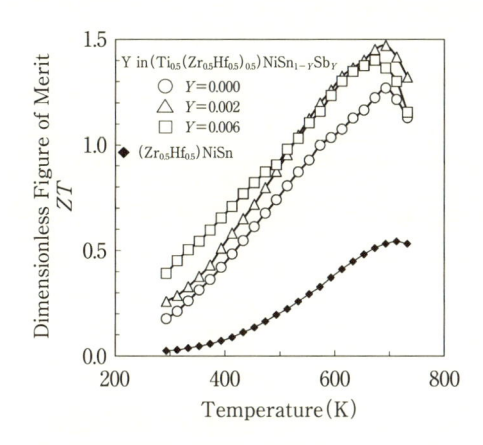

図 10-15 $Ti_{0.5}Zr_{0.25}Hf_{0.25}Ni(Sn,Sb)$における ZT の温度依存性[52].

ず，820 K にて $ZT=0.92$ の値を得ている[53]．ホットプレスなどの粉末冶金法によって出力因子を低下させることなく熱伝導率を 3 W/mK 程度まで低下させることができれば，$ZT=1.5$ 程度が実現されることになる．Lee らは V の替わりに Nb を微量添加した材料についても検討しているが[54]，この場合の ZT は 900 K における 0.66 が最大であり，熱電特性は置換元素の量や種類によって非常に敏感であることを如実に示す結果と言える．また，このように多元素系になればなるほど，合金作製プロセスの違いによって出現する金属組織は種々な様相を呈し[55]，ハーフホイスラー相以外の異相が析出する場合や，同じハーフホイスラー相であっても構成される元素の比率が異なるいくつかの相が生成される場合がある．当然のことながら熱電特性は，ゼーベック係数，電気抵抗率，熱伝導率，全てにおいて金属組織の違いによって敏感に変化する．このような問題に対して，まずは単一のハーフホイスラー合金を作製してその物性を調べることが有用であり，光学式浮遊帯域溶融法を用いた一方向凝固によって単相化する試みが Kimura らによって検討されている[56,57]．Ti を含む系ではまだ単相化には至っていないようであるが，今後の研究の進展が期待される．その他の合金作製プロセスとしては 10.2.3 項(3)で述べた液体急冷

法[58, 59]やスパッタ法[60]による薄膜作製が検討されている．さまざまな観点から最適な金属組織を模索することで，熱電特性をさらに高めるためのヒントが得られ，特性向上につながることが望まれる．

一方，MNiSn 系において電子数の少ない元素で置換して p 型材料とすることも検討されている．具体的には M 元素の一部を Y，Sc で置換[61, 62]，または Ni の一部を Co，Rh，Ir で置換した場合[63, 64]が検討されており，これまでに 800 K で 1×10^{-3} W/mK^2 程度の出力因子が得られている．ZT は室温で 0.03〜0.04 程度である．

10.3.3 MCoSb(M＝Ti, Zr, Hf)系材料の熱電特性

MCoSb 系も MNiSn 系と同様，平均価電子数 6 の化合物（M：4 個，Co：9 個，Sb：5 個）であり，MNiSn 系と類似のバンド構造を示す．Sb の一部を Sn で置換した MCo(Sb, Sn) の熱電特性が Xia らによって調べられ，M が Zr の場合，Sb の 10% を Sn で置換（p ドープ）することにより，室温におけるゼーベック係数の符号が正に転じて ＋130 μV/K を示すことが報告された[65]．電気抵抗率も 1.4 mΩcm と比較的低いことから，p 型熱電変換材料として期待されている．M が Ti の場合にも，Sb サイトへの Sn 置換（p ドープ）によって 843 K で ＋222.7 μV/K という大きなゼーベック係数が Sekimoto らにより報告されている[66]．Sekimoto らは，アーク溶解した合金に 900℃で 1 週間の真空熱処理を施して試料を作製しているが，熱処理の有無によってゼーベック係数の値が大きく変化することを見いだした[67]．この結果をもとに，Xia らが検討した ZrCoSb$_{0.9}$Sn$_{0.1}$ にて同様の熱処理を適用した結果，958 K で ZT＝0.45 が得られている[67]．これに対し，Wu らは TiCoSb における Co の一部を Fe で置換（p ドープ）することを検討，室温で ＋150 μV/K 程度のゼーベック係数を得ている[68]．TiFe$_{0.15}$Co$_{0.85}$Sb のゼーベック係数は 850 K で ＋300 μV/K まで増大し，出力因子 2.3×10^{-3} W/mK^2，熱伝導率 4.4 W/mK，ZT＝0.45 が実現されている（図 10-16）[68]．

MCoSb 系においても MNiSn 系と同様，複数の M 元素を混合することで熱伝導率の低下が検討されている．Culp らは Zr の一部を Hf で置換することに

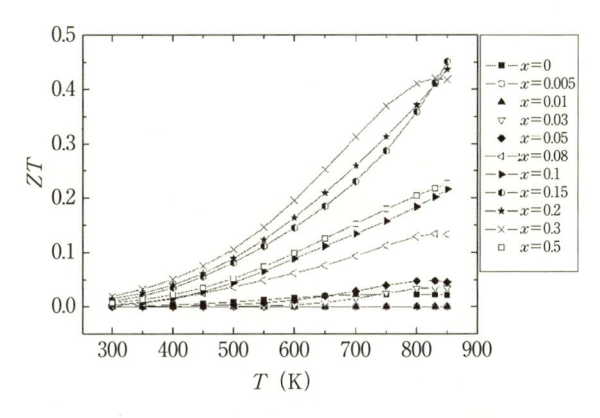

図 10-16 TiFe$_x$Co$_{1-x}$Sb における ZT の温度依存性[68].

より熱伝導率の低下を観測, Zr$_{0.5}$Hf$_{0.5}$CoSb$_{0.8}$Sn$_{0.2}$ 組成において 1000 K で熱伝導率 3.6 W/mK, $ZT=0.5$ が得られている[69]. また, Sakurada らは M 元素として Ti, Zr, Hf 全てを組み合わせることを検討し, 700 K にて 2.7 W/mK まで熱伝導率が低下することを見いだした[70]. さらに, Ti$_{0.3}$Zr$_{0.35}$Hf$_{0.35}$CoSb における Sb の一部を Sn で置換することで電気抵抗率が低下し, $ZT=0.9$ が得られている[70]. ここで紹介したいくつかの測定結果を見ると, いずれも温度上昇に伴って ZT が単調に増大し, 測定限界温度の ZT 値を最大値として報告している. つまり, より高温側でさらに ZT が向上する可能性を有している.

MCoSb 系において電子数の多い元素で置換して n 型材料とすることも検討されている. Xie らの報告によると, Co の一部を Ni で置換することにより, ゼーベック係数の符号は負のままその絶対値が増大し, Ti$_{0.5}$Zr$_{0.25}$Hf$_{0.25}$Co$_{0.95}$Ni$_{0.05}$Sb の組成において n 型材料として $ZT=0.51$ が 813 K で得られている[71].

10.3.4 まとめ

ハーフホイスラー合金を熱電変換材料に適用する試みとして, MNiSn (M=Ti, Zr, Hf)系合金と MCoSb(M=Ti, Zr, Hf)系合金について紹介した.

MNiSn(M=Ti, Zr, Hf)系は n 型材料, MCoSb(M=Ti, Zr, Hf)系は p 型材料としての研究例が多いが, これまでのところ, フルホイスラー合金とは異なり, 室温付近の熱電特性は低く, Bi-Te 系には及ばない. ただし, 700～1000 K の高温領域では n 型では ZT が 1 を超える材料が, また, p 型でも $ZT=1$ に迫る材料が報告されている. この温度域の熱電変換材料としては従来, Pb-Te, TAGS(GeTe-AgSbTe), Na_xCoO_2, フィルドスクッテルダイト, Zn-Sb などの材料系が知られているが, これらと比較して勝るとも劣らない特性と言える. また, ハーフホイスラー合金の融点は通常 1200℃以上であり, 化合物の熱安定性に優れるという特徴も有している. ハーフホイスラー合金を用いた熱電変換モジュールの検討は始まったばかりであり, モジュールの出力や効率を向上していくためには p, n 各熱電変換材料の特性改善が重要である. ハーフホイスラー合金にはその可能性が十分に秘められており, 今後, 一層の特性向上が期待される.

10.4 おわりに

ホイスラー合金は元々はその興味深い磁性の研究が中心であった. 比較的単純な結晶構造を持ち, 構成元素の組み合わせによって強磁性が出現したり消失したりする. 磁性の本質は主に 3d 電子の電子状態であり, 構成元素の組み合わせの違いがバラエティー豊かな電子状態を作り出す. 種々の元素で置換した際の幅広い固溶域が組み合わせの自由度を高めているのである. 電子状態のバラエティーの豊かさは磁性の興味にとどまらない. 熱電変換材料にはギャップの狭い半導体が好適であるが, ホイスラー合金の中にはそのような電子状態も数多く見いだされている. そして, 幅広い固溶域に支えられて, さまざまな元素置換が試され, 熱電変換特性の向上に役立っている.

熱を電気に, または電気を熱に直接変換する熱電変換技術は革新的省エネルギー技術の一つとして注目を集めている. 応用を大きく広げるための課題は熱電変換効率の向上であり, 熱電変換材料に要求されるブレークスルーは $ZT>2$ と言われている. ホイスラー合金においてそのような材料はまだ見い

だされていない．しかし，n 型では ZT が 1 を超える材料が，また，p 型でも $ZT=1$ に迫る材料が報告されており，$ZT>2$ の可能性が最も高い材料系の一つと言える．ホイスラー合金というバラエティー豊かな材料系の中から，そう遠くない将来に $ZT>2$ の解が見いだされ，エネルギー・環境問題解決の一翼を担い社会に貢献する技術として発展することを期待してやまない．

参 考 文 献

[1] 坂田　亮 編：熱電変換-基礎と応用-, 新教科書シリーズ, 裳華房（2005）.
[2] （社）日本セラミック協会・日本熱電学会 編：熱電変換材料, 環境調和型材料シリーズ, 日刊工業新聞社（2005）.
[3] N. F. Mott and H. Jones：The Theory of the Properties of Metals, Clarendon Press（1936）.
[4] D. E. Okpalugo, J. G. Booth and C. A. Faunce：J. Phys. F：Met. Phys. **15**（1985）681-692.
[5] Y. Nishino, M. Kato, S. Asano, K. Soda, M. Hayasaki and U. Mizutani：Phys. Rev. Lett. **79**（1997）1909-1912.
[6] G. Y. Guo, G. A. Botton and Y. Nishino：J. Phys.：Condens. Matter. **10**（1998）L119-L126.
[7] D. J. Singh and I. I. Mazin：Phys. Rev. B **57**（1998）14352-14356.
[8] R. Weht and W. E. Pickett：Phys. Rev. B **58**（1998）6855-6861.
[9] M. Weinert and R. E. Watson：Phys. Rev. B **58**（1998）9732-9740.
[10] A. Bansil, S. Kaprzyk, P. E. Mijnarends and J. Tobola：Phys. Rev. B **60**（1999）13396-13412.
[11] 西野洋一：まてりあ **44**, 8（2005）648-652.
[12] K. Soda, T. Mizutami, O. Yoshimoto, S. Yagi, U. Mizutani, H. Sumi, Y. Nishino, Y. Yamada, T. Yokoya, S. Shin, A. Sekiyama and S. Suga：J. Synchrotron Rad. **9**（2002）133-236.
[13] H. Okamura, J. Kawahara, T. Nanba, S. Kimura, K. Soda, U. Mizutani, Y. Nishino, M. Kato, I. Shimoyama, H. Miura, K. Fukui, K. Nakagawa, H. Nakagawa and T. Kinoshita：Phys. Rev. Lett. **84**（2000）3674-3677.
[14] 加藤雅章, 西野洋一, 浅野　滋, 大原繁男：日本金属学会誌 **62**, 7（1998）669-674.

- [15] C. S. Lue and J. H. Ross, Jr. : Phys. Rev. B **58** (1998) 9763-9766, Phys. Rev. B **61** (2000) 9863-9866.
- [16] Y. Nishino, H. Kato, M. Kato and U. Mizutani : Phys. Rev. B **63** (2001) 233303.
- [17] Y. Nishino : The Science of Complex Alloy Phases, ed. by T. B. Massalski and P. E. A. Turch : TMS (2005) 325-344.
- [18] Y. Hanada, R. O. Suzuki and K. Ono : J. Alloys Compd. **329** (2001) 63-68.
- [19] C. S. Lue and Y.-K. Kuo : Phys. Rev. B **66** (2002) 085121.
- [20] 松浦 仁, 西野洋一, 水谷宇一郎, 浅野 滋：日本金属学会誌 **66**, 7 (2002) 767-771.
- [21] 加藤英晃, 加藤雅章, 西野洋一, 水谷宇一郎, 浅野 滋：日本金属学会誌 **65**, 7 (2001) 652-656.
- [22] 三大寺悠介, 井手直樹, 西野洋一, 大和田毅, 原田翔太, 曽田一雄：粉体および粉末冶金 **57**, 4 (2010) 207-212.
- [23] Y. Noshino, S. Deguchi and U. Mizutani : Phys. Rev. B **74** (2006) 115115.
- [24] 宮下亜紀, 西野洋一：日本金属学会秋期大会講演概要 **247** (2004).
- [25] 宮下亜紀, 西野洋一, 水谷宇一郎：日本金属学会秋期大会講演概要 **343** (2005).
- [26] 小林史典, 井手直樹, 西野洋一：日本金属学会秋期大会講演概要 **178** (2006).
- [27] M. Mikami, A. Matsumoto and K. Kobayashi : J. Alloys Compd. **461** (2008) 423-426.
- [28] 桜田新哉, 首藤直樹：日本金属学会春期大会講演概要 **330** (2006).
- [29] M. Mikami, K. Kobayashi, T. Kawada, K. Kubo and N. Uchiyama : J. Electron. Mater. **38** (2009) 1121-1126.
- [30] 西野洋一：粉体および粉末冶金 **57**, 4 (2010) 201-206.
- [31] S. Sportouch, P. Larson, M. Bastea, P. Brazis, J. Ireland, C. R. Kannewurf, S. D. Mahanti, C. Uher and M. G. Kanatzidis : MRS Symp. Proc. **545** (1999) 421-433.
- [32] K. Mastronardi, D. Young, C. C. Wang, P. Khalifah and R. J. Cava : Appl. Phys. Lett. **74** (1999) 1415-1417.
- [33] Y. Ono, S. Inayama, H. Adachi and T. Kajitani : Japan. J. Appl. Phys. **45** (2006) 8740-8743.
- [34] D. P. Young, P. Khalifah, R. J. Cava and A. P. Ramirez : J. Appl. Phys. **87** (2000) 317-321.
- [35] F. G. Aliev, N. B. Brandt, V. V. Moshchalkov, V. V. Kozyrkov, R. V. Skolozdra and A. I. Belogorokhov : Z. Phys. B : Condens. Matter **75** (1989) 167-171.

[36] F. G. Aliev, V. V. Kozyrkov, V. V. Moshchalkov and R. V. Skolozdra : Z. Phys. B : Condens. Matter **80** (1990) 353-357.
[37] F. G. Aliev : Physica B **171** (1991) 199-205.
[38] S. Öğüt and K. M. Rabe : Phys. Rev. B **51** (1995) 10443-10453.
[39] J. Tobola, J. Pierre, S. Kaprzyk, R. V. Skolozdra and M. A. Kouacou : J. Magn. Magn. Mater. **159** (1996) 192-200.
[40] B. A. Cook, J. L. Harringa, Z. S. Tan and W. A. Jesser : Proc of 15th International Conference on Thermoelectrics **122** (1996).
[41] Ch. Kloc, K. Fess, W. Kaefer, K. Riazi-Nejad and E. Bucher : Proc of 15th International Conference on Thermoelectrics **155-158** (1996).
[42] H. Hohl, A. P. Ramirez, W. Kaefer, K. Fess, Ch. Thurner, Ch. Kloc and E. Bucher : Mater. Res. Soc. Symp. Proc. **478** (1997) 109-114.
[43] H. Hohl, A. P. Ramirez, C. Goldmann, G. Ernst, B. Wolfing and E. Bucher : J. Phys. : Condens. Matter **11** (1999) 1697-1709.
[44] C. Uher, J. Yang, S. Hu, D. T. Morelli and G. P. Meisner : Phys. Rev. B **59** (1999) 8515-8621.
[45] Q. Shen, L. Chen, T. Goto, T. Hirai, J. Yang, G. P. Meisner and C. Uher : Appl. Phys. Lett. **79** (2001) 4165.
[46] L. D. Chen, X. Y. Huang, M. Zhou, X. Shi and W. B. Zhang : J. Appl. Phys. **99** (2006) 064305.
[47] S. R. Culp, S. J. Poon, N. Hickman, T. M. Tritt and J. Blumm : Appl. Phys. Lett. **88** (2006) 042106.
[48] S. Bhattacharya, A. L. Pope, R. T. Littleton, T. M. Tritt, V. Ponnambalam, Y. Xia and S. J. Poon : Appl. Phys. Lett. **77** (2000) 2476-2478.
[49] S. Bhattacharya, T. M. Tritt, Y. Xia, V. Ponnambalam, S. J. Poon and N. Thadhani : Appl. Phys. Lett. **81** (2002) 43-45.
[50] S. Bhattacharya, M. J. Skove, M. Russell, T. M. Tritt, Y. Xia, V. Ponnambalam, S. J. Poon and N. Thadhani : Phys. Rev. B **77** (2008) 184203.
[51] S. Sakurada and N. Shutoh : Appl. Phys. Lett. **86** (2005) 082105.
[52] N. Shutoh and S. Sakurada : J. Alloys Compd. **389** (2005) 204-208.
[53] P. J. Lee, S. C. Tseng and L. S. Chao : J. Alloys Compd. **496** (2010) 620-623.
[54] P. J. Lee and L. S. Chao : J. Alloys Compd. **504** (2010) 192-196.
[55] T. Katayama, S. W. Kim, Y. Kimura and Y. Mishima : J. Electron. Mater. **32**

(2003) 1160-1165.
- [56] Y. Kimura, T. Kuji, A. Zama, Y. Shibata and Y. Mishima : Mater. Res. Soc. Symp. Proc. **886** (2006) 331-336.
- [57] Y. Kimura, H. Ueno and Y. Mishima : J. Electron. Mater. **38** (2009) 934-939.
- [58] M. Hasaka, T. Morimura, H. Sato and H. Nakashima : J. Electron. Mater. **38** (2009) 1320-1325.
- [59] T. Morimura, M. Hasaka, S. Yoshida and H. Nakashima : J. Electron. Mater. **38** (2009) 1154-1158.
- [60] S. H. Wang, H. M. Cheng, R. J. Wu and W. H. Chao : Thin Solid Films **518** (2010) 5901-5904.
- [61] S. Katsuyama, R. Matsuo and M. Ito : J. Alloys Compd. **428** (2007) 262-267.
- [62] A. Horyn, O. Bodak, Y. Gorelenko, A. Tkachuk, V. Davydov and Y. Stadnyk : J. Alloys Compd. **363** (2004) 10-14.
- [63] S. Katsuyama, H. Matsushima and M. Ito : J. Alloys Compd. **385** (2004) 232-237.
- [64] 神谷俊広, 西野洋一 : 粉体および粉末冶金 **57**, 4 (2010) 218-223.
- [65] Y. Xia, S. Bhattacharya, V. Ponnambalam, A. L. Pope, S. J. Poon and T. M. Tritt : J. Appl. Phys. **88** (2000) 1952-1955.
- [66] T. Sekimoto, K. Kurosaki, H. Muta and S. Yamanaka : J. Alloys Compd. **407** (2006) 326-329.
- [67] T. Sekimoto, K. Kurosaki, H. Muta and S. Yamanaka : Jpn. J. Appl. Phys. **46** (2007) L673-L675.
- [68] T. Wu, W. Jiang, X. Li, Y. Zhou and L. Chen : J. Appl. Phys. **102** (2007) 103705.
- [69] S. R. Culp, J. W. Simonson, S. J. Poon, V. Ponnambalam, J. Edwards and T. M. Tritt : Appl. Phys. Lett. **93** (2008) 022105.
- [70] S. Sakurada, N. Shutoh, S. Hirono and M. Okamura : 2005 MRS Fall Meeting ABSTRACTS **140-141** (2005).
- [71] W. Xie, Q. Jin and X. Tang : J. Appl. Phys. **103** (2008) 043711.

総索引

あ
RKKY 相互作用 …………………… 37, 52
α-Mn ……………………………………… 1, 89
アロットプロット …………………………… 43

い
イジング模型 ……………………………… 84
1 次磁気変態 …………………………… 203
1 次変態 …………………………………… 209
異方性磁界 ……………………………… 205

え
液体急冷 ………………………………… 285
SCR 理論 …………………………………… 43
SW 理論 …………………………………… 43
X 線磁気円二色性(XMCD) ……… 97, 98
　　──スペクトル…… 100, 101, 112, 114
MKS 単位系 ………………………………… 6

お
オーステナイト相 ………………… 125, 152

か
回転座標系 ………………………………… 75
外部光電効果 ……………………………… 95
界面準位 …………………………… 246, 253
界面スピン依存散乱 ……… 250, 255, 256
化学ポテンシャルシフト ……………… 119
核散乱振幅 ………………………………… 32
核四重極共鳴(NQR) ………………… 67, 68
核四重極モーメント ……………………… 69
Kataoka 理論 ……………………………… 55
価電子帯光電子スペクトル
　　　　　　　　　　 104, 112, 121
間接交換相互作用 ………………………… 37

き
擬ギャップ ……………………… 41, 118, 278
規則格子線 ………………………………… 31
規則-不規則変態 ………………………… 10
　　──温度 …………………………… 171
気体冷凍 ………………………………… 195
軌道角運動量 …………………………… 87
軌道磁気モーメント ………… 84, 102, 116
基本線 ……………………………………… 31
逆磁気熱量効果 ………………………… 214
キャント磁性 ……………………………… 33
90°パルス ………………………………… 76
キュリー温度 …………………………… 208
　　常磁性── ……………………… 37, 47
強磁性 ……………………………………… 33
　　──共鳴 ………………………… 136
　　──形状記憶合金 ……… 35, 120, 167
　　──トンネル接合(MTJ)
　　　　　　　 5, 234, 238, 241, 245
共鳴光電子スペクトル ………………… 107
共鳴光電子分光 ………………………… 97
巨大磁気抵抗(GMR) …………………… 131
　　──効果 ………………………… 249
巨大磁気熱量効果 ……………………… 199
巨大スピンゆらぎ ……………………… 54
金属-非金属転移 ………………………… 55
金属誘起ギャップ状態 ………………… 140

く
グリューナイゼン定数 …………………… 44

け
形状記憶効果 …………………… 154, 155
形状記憶合金 …………………………… 151
　　強磁性── ……………… 35, 120, 167

メタ磁性 …………………… 4, 159
結晶磁気異方性エネルギー
　……………………… 169, 170, 182
ケミカルシフト ………………… 66
減磁過程 ……………………… 223
原子散乱因子 …………………… 31
原子内交換相互作用 …………… 33

こ

光学式浮遊帯域溶融法 ……… 293
交換相互作用 …………… 36, 40, 52
　──曲線 …………………… 37
交換分裂 …………………… 33, 50
格子振動 ……………………… 198
格子負荷 ……………………… 199
高スピン偏極材料 …………… 103
構造因子 ……………………… 30
光電子分光 …………………… 95
コリンガの関係式 …………… 80

さ

残留抵抗比 …………………… 53
残留抵抗率 …………………… 53

し

cgs 単位系 ……………………… 6
磁気異方性 …………………… 206
磁気エントロピー変化 ……… 198
磁気円二色性(MCD) ………… 98
磁気応力効果 ………………… 162
磁気回転比 …………………… 64
磁気緩和 ………………… 136, 261
　──定数 ……………… 233, 261
磁気共鳴(NMR) ……………… 61
磁気光学総和則 ………… 102, 114
磁気散乱 ……………………… 53
磁気体積効果 ……………… 45, 50
磁気抵抗(MR)効果 ………… 234
磁気的せん断応力 …………… 184

磁気トンネル接合素子(MTJ)
　……………… 5, 234, 238, 241, 245
磁気熱量効果 ……………… 4, 198
磁気モーメント ……………… 112
　軌道 ……………… 84, 102, 116
　スピン ……………… 101, 102, 114
磁気ランダムアクセスメモリ … 262
磁気冷凍 ……………………… 195
自己無撞着繰込み(SCR)理論 … 43
室温磁気冷凍 ………………… 198
　──材料 …………………… 207
自発磁化 …………………… 33, 40
磁場誘起 ……………………… 210
　──逆マルテンサイト変態 … 159
　──マルテンサイト正変態 … 185
終状態多重項スペクトル …… 116
従属変数 ……………………… 196
出力因子 ……………………… 275
昇磁過程 ……………………… 223
常磁性キュリー温度 ……… 37, 47
状態図 …………………………… 11

す

スピンエコー ……………… 74, 77
スピン軌道相互作用 ………… 136
スピングラス転移温度 ……… 48
スピン格子緩和時間 (T_1) …… 77, 78
スピン磁気モーメント …… 101, 102, 114
スピンスピン緩和時間 (T_2) …… 77
スピンダイナミクス ………… 261
スピン注入 …………………… 139
スピントルク発振器(STO) … 260
スピントロニクス ……… 131, 233
　──材料 …………………… 5
スピン波 ……………………… 36
スピン反転トンネル過程 …… 142
スピンフィルター ……… 242, 244
スピン不規則散乱 …………… 54
スピン偏極率 ………… 39, 233, 237

スピンゆらぎ ················ 45, 50
　　巨大—— ···················54
　　熱—— ·····················43
　　量子—— ····················43
スレーター–ポーリング則
　　················ 40, 51, 133, 135

せ
ゼーベック係数 ········· 41, 117, 274
ゼーマンエネルギー ············62
セミホイスラー ············ 29, 204
潜熱 ···························199

そ
層間交換結合 ··················250
双晶磁歪 ··········· 165, 167, 182, 185
相律 ···························12
束縛エネルギー ················95

た
第一原理計算 ··········· 104, 112, 125
Takahashi 理論 ············· 43, 50
縦断面状態図 ········· 171, 172, 173
断熱温度変化 ··················198

ち
中性子回折 ················ 21, 32
中性子散乱 ···················114
超交換相互作用 ·················52
長周期構造 ··········· 169, 174, 177
超弾性効果 ····················156
長範囲規則度 ···················18
超微細磁場 ················ 65, 84
超微細相互作用 ·················65

て
デバイ温度 ····················199
デバイモデル ··················199
電荷密度の波(CDW) ·············74

電気抵抗率 ············ 52, 117, 274
電子-格子相互作用 ·············53
電子状態密度 ·············· 96, 125
電場勾配 ······················69
天秤の法則 ····················12

と
動的平均場理論 ················112
独立変数 ······················196
トランスファー超微細磁場 ·······66
トンネル磁気抵抗(TMR) ··· 131, 234
　　——効果 ············ 234, 253
　　——比 ········ 111, 237, 239, 245
トンネル接合素子 ·············111

な
内殻吸収磁気円二色性スペクトル ···· 112
内殻吸収スペクトル ······· 112, 114
内殻光電子スペクトル ·········118
内殻シフト ···················118
ナイトシフト ··················66

に
2次変態 ······················206

ね
ネール温度 ····················37
熱交換流体 ···················201
熱サイクル ···················214
熱磁気曲線 ············· 200, 221
熱スピンゆらぎ ················43
熱損失 ······················203
熱弾性型マルテンサイト変態 ·····153
熱伝導特性 ···················202
熱伝導率 ············ 117, 203, 274
熱電変換効率 ·················273
熱電変換材料 ······· 5, 41, 117, 271
熱電変換システム ·············272
熱電変換モジュール ···········273

な

熱分離 …………………………… 201
熱履歴 …………………………… 213, 221

の

ノンコリニア磁気構造 ………… 144, 145

は

ハードディスクドライブ(HDD)
　………………………………… 250, 259
ハーフホイスラー ……………… 9, 29, 204
　──合金 ……………… 117, 276, 287
　──構造 ……………………………… 10
ハーフメタル ……… 39, 41, 132, 237, 261
　──強磁性体 ………………… 103, 111
パウリ常磁性 …………………………… 47
バリアントの再配列 ………………… 169
バルクスピン依存散乱 ……………… 251
反強磁性 …………………… 33, 37, 41, 263
バンドヤーンテラー効果 ……………… 47
半値幅 …………………………… 217, 220

ひ

光イオン化断面積 …………………… 107
非擬粒子状態 ………………………… 112
非対称性パラメータ ………………… 69
非熱弾性型マルテンサイト変態 …… 153
180°パルス ……………………………… 77

ふ

フェリ磁性 …………………………… 263
　──体 …………………………………… 39
フェルミ準位 ………………………… 96
部分状態密度 ………………… 106, 110
部分置換量 …………………………… 210
ブラッグ-ウィリアムズ-ゴルスキー
　(BWG)近似 ………………………… 17
フリーディケイ(FID) ………… 74, 76
フルホイスラー ………………… 9, 29, 204
　──合金 …………………………… 276
　──構造 ……………………………… 10

へ

ペルチェ素子 …………………………… 5
変態温度 ……………………………… 210
変態ヒステリシス …………………… 152
変態履歴 ……………………………… 202
遍歴電子強磁性体 ………………… 42, 49
遍歴電子磁性体 …………………… 43, 44

ほ

放電プラズマ焼結法 ………………… 285

ま

マクスウェルの関係式 ……………… 197
マグノン ……………………… 246, 253
マジックアシンメトリー ……………… 74
マルテンサイト相 ……… 125, 152, 204
マルテンサイト変態 …… 121, 152, 205
　磁場誘起逆── ……………………… 159
　磁場誘起── ………………………… 185
　熱弾性型── ………………………… 153
　非熱弾性型── ……………………… 153
　──温度 ……………………… 204, 209

む

無次元性能指数(ZT) ……… 5, 117, 274

め

メカニカルアロイング ……………… 285
メタ磁性形状記憶効果 …… 158, 161, 181
メタ磁性形状記憶合金 …………… 4, 159

も

モット理論 …………………………… 279

り

リジッドバンドモデル ………… 119, 122
量子スピンゆらぎ ……………………… 43

欧字先頭語索引

A
AMR(Active Magnetic Regenerator)方式 ……………… 201
AMR 効果 ………………………… 250
α-Mn ……………………………… 1,89

B
B2/L2$_1$ 規則-不規則温度 ……… 18
Bi$_2$Te$_3$ ……………………………… 5
BWG 近似 ………………………… 17

C
C1$_b$ 構造 ………………… 10,50,276
CDW ……………………………… 74
cgs 単位系 ………………………… 6
CIP (Current-in-plane) ……… 249
CIP-GMR ………………………… 249
Co$_2$FeAl ……………………… 80,83
Co$_2$FeSi ………………………… 83
Co$_2$MnAl$_{1-x}$Si$_x$ ……………………… 24
Co$_2$MnGa$_{1-x}$Si$_x$ ……………………… 24
Co$_2$MnGe ……………………… 88,112
Co$_2$MnSi ……………… 88,104,109,111
Co$_2$MnSn ………………………… 88
Co$_2$NbSn ………………………… 90
Co$_2$TiAl ………………………… 84
Co$_2$TiGa ………………………… 85
Co$_2$TiSn ………………………… 84
Co$_2$VGa ………………………… 85
Co$_3$S$_4$ …………………………… 70
Co-Cr-Al ………………………… 14
Co-Cr-Ga ………………………… 14
Co-Fe-Al ………………………… 14
Co-Fe-Si ………………………… 14
Co L$_{23}$ 吸収端 ………………… 112

Co-Mn-Si ………………………… 15
Co-Mn-Al ………………………… 15
core polarization ……………… 66
CoVSb …………………………… 89
CPP(Current-perpendicular-to-plane)
 ………………………………… 249
CPP-GMR ……… 249,253,255,259
Cu$_2$MnAl ……………………… 90
Cu$_2$MnSn ……………………… 90
Cu-Mn-Al ……………………… 17
Curie 温度 …………………… 208
　　常磁性—— ……………… 37,47

D
D0$_3$ 構造 ……………………… 224
Debye モデル ………………… 199
Debye 温度 …………………… 199
dipole field …………………… 65

F
Fe$_2$VAl ………………………… 118
　　——系 ……………………… 278
Fe$_2$VSi ………………………… 88
Fe$_{3-x}$V$_x$Si …………………… 118
Fe-Mn-Al ……………………… 13
Fermi contact ………………… 65
Fermi 準位 …………………… 96
Fe-Ti-Al ………………………… 13
FID ………………………… 74,76

G
GMR ………………………… 131
　　——効果 ……………… 249

H
HDD ·· 250, 259

J
Julliere の式 ······························· 237

K
Kataoka 理論 ································ 55

L
L2$_1$ 構造 ······················· 10, 30, 276

M
Maxwell の関係式 ······················ 197
MCD ·· 98
MCoSb(M=Ti, Zr, Hf)系 ········ 294
MKS 単位系 ·································· 6
MNiSn(M=Ti, Zr, Hf)系 ········ 288
Mn L$_{23}$ 内殻吸収スペクトル ······ 109, 114
Mott 理論 ··································· 279
MR 効果 ···································· 234
MTJ ····················· 5, 234, 238, 241, 245

N
Ni$_2$MnGa ································ 90, 120
Ni$_2$MnSn ····································· 121
Ni$_2$MnZ (Z=In, Sn, Sb) ············· 120
Ni-Fe-Ga ······································ 16
Ni-Mn-Ga ····································· 16
Ni-Mn-In ······································ 16
Ni-Ti-Sn ······································· 16
NMR ·· 61
NQR ······································ 67, 68

O
orbital field ·································· 65

P
Pauli の常磁性 ····························· 47

R
Ramsdell の記号 ························ 175
RCP (Relative Cooling Power) ······ 202
RKKY 相互作用 ······················ 37, 52

S
SCR 理論 ····································· 43
Slater-Pauling 則 ········ 40, 51, 133, 135
STO ·· 260
SW (Stoner-Wohlfarth) 理論 ········· 43

T
T_1 ·· 77, 78
T_2 ·· 77
Takahashi 理論 ······················ 43, 50
TMR ·································· 131, 234
　　──比 ············· 111, 237, 239, 245
　　──効果 ······················ 234, 253

W
Wiedeman-Franz 則 ····················· 283

X
XMCD ···································· 97, 98
　　──スペクトル ···· 100, 101, 112, 114
XNiSn ·· 117

Z
Zhdanov の記号 ························· 174
ZT ······························· 5, 117, 274

2011年 8月 25日 第1版 発行

著者の了解により検印を省略いたします

機能材料としての
ホイスラー合金

編著者Ⓒ鹿 又　　武
発行者　内 田　　学
印刷者　山 岡　景 仁

発行所　株式会社　内田老鶴圃　〒112-0012 東京都文京区大塚3丁目34-3
電話 (03) 3945-6781(代)・FAX (03) 3945-6782
http://www.rokakuho.co.jp
印刷/三美印刷 K.K.・製本/榎本製本 K.K.

Published by UCHIDA ROKAKUHO PUBLISHING CO., LTD.
3-34-3 Otsuka, Bunkyo-ku, Tokyo 112-0012, Japan

U. R. No. 590-1

ISBN 978-4-7536-5134-4 C3042

材料設計計算工学 計算熱力学編 CALPHAD法による熱力学計算および解析

阿部太一 著　　　　　　　　　　　　　　　A5判・208頁・本体3200円

第1章　熱力学基礎
1.1　CALPHAD法／1.2　熱力学基礎／1.3　相平衡／1.4　まとめ

第2章　熱力学モデル
2.1　純物質のギブスエネルギー／2.2　ギブスエネルギーの圧力依存性／2.3　磁気過剰ギブスエネルギー／2.4　ガス相のギブスエネルギー／2.5　溶体相のギブスエネルギー／2.6　ラティススタビリティ／2.7　副格子モデル／2.8　化学量論化合物のギブスエネルギー／2.9　副格子への分け方／2.10　不定比化合物のギブスエネルギー／2.11　平衡副格子濃度／2.12　規則-不規則変態をする化合物のギブスエネルギー／2.13　短範囲規則度／2.14　液相中の短範囲規則度／2.15　まとめ

第3章　計算状態図
3.1　ギブスエネルギーと状態図の関係／3.2　三元系状態図／3.3　状態図の相境界のルール／3.4　実際の計算状態図／3.5　アモルファス相の取り扱い／3.6　まとめ

第4章　熱力学アセスメント
4.1　実験データ／4.2　第一原理計算／4.3　熱力学アセスメントの手続き／4.4　熱力学アセスメント例（Ir-Pt二元系状態図）／4.5　熱力学アセスメントのキーポイント／4.6　まとめ

付録A1　レシプロカルパラメーターのR-K級数形／付録A2　溶体相のギブスエネルギーと対結合エネルギー／付録A3　規則相（B2）と不規則相（A2）間のパラメーター関係式／付録A4　スプリットコンパウンドエナジーモデルにおける純物質項（$^0G^{B2}_{A:A}$, $^0G^{B2}_{B:B}$）の与え方／付録A5　ギブスエネルギーにおける短範囲規則化の影響／付録A6　準正則溶体における溶解度ギャップ／付録A7　直交座標系と三角図の関係／付録A8　元素AとBの安定結晶構造が異なる場合の二元系状態図／付録A9　シュライマーカース則に関する補足／付録A10　純物質のギブスエネルギーの記述

材料設計計算工学 計算組織学編 フェーズフィールド法による組織形成解析

小山敏幸 著　　　　　　　　　　　　　　　A5判・156頁・本体2800円

第1章　フェーズフィールド法
1.1　秩序変数について／1.2　全自由エネルギーの定式化／1.3　発展方程式／1.4　保存場と非保存場の発展方程式の物理的意味

第2章　多変数系の熱力学
2.1　熱力学関係式／2.2　変数の拡張／2.3　一般的な多変数系への熱力学の拡張

第3章　不均一場における自由エネルギー（1）―勾配エネルギー―
3.1　濃度勾配エネルギー／3.2　平衡プロファイル形状と勾配エネルギー係数について／3.3　まとめ

第4章　不均一場における自由エネルギー（2）―弾性歪エネルギー―
4.1　弾性歪エネルギーの定式化／4.2　エシェルビーサイクル／4.3　スピノーダル分解理論における弾性歪エネルギー／4.4　ハチャトリアンの弾性歪エネルギー評価／4.5　まとめ

第5章　エネルギー論と速度論の関係
5.1　拡散方程式と熱力学／5.2　非線形拡散方程式（カーン-ヒリアードの非線形拡散方程式）／5.3　まとめ

第6章　拡散相分離のシミュレーション
6.1　A-B二元系におけるα相の相分離の計算／6.2　Fe-Cr二元系におけるα（bcc）相の相分離の計算／6.3　まとめ

第7章　変位型変態のシミュレーション
7.1　計算手法／7.2　計算結果／7.3　まとめ

第8章　おわりに
8.1　組織形成のモデル化法としてのフェーズフィールド法／8.2　材料特性を最適化する組織形態の探索法としてのフェーズフィールド法／8.3　フェーズフィールド法とマルチスケールシミュレーション／8.4　まとめ

付録A1　汎関数微分について／付録A2　エシェルビーサイクルについての詳細説明／付録A3　ランジュバン方程式からフィックの第一法則へ／付録A4　式（7-9）の導出／付録A5　Javaによる非常に簡単な科学技術プログラミング―実行環境の設定，実行方法，およびプログラムのダウンロードについて―

表示価格は税別の本体価格です．　　　　　　　　　　　　　http://www.rokakuho.co.jp